边缘计算中的智能调度与资源部署

Intelligent Scheduling and Resource Allocation
in Edge Computing

陈 卓 著

重庆大学出版社

图书在版编目(CIP)数据

边缘计算中的智能调度与资源部署 / 陈卓著.

重庆:重庆大学出版社,2025.1. -- ISBN 978-7-5689-
5015-2

Ⅰ. TN929.5

中国国家版本馆 CIP 数据核字第 2025TN1713 号

边缘计算中的智能调度与资源部署
BIANYUAN JISUAN ZHONG DE ZHINENG DIAODU YU ZIYUAN BUSHU

陈 卓 著

策划编辑:苟荟羽

责任编辑:杨育彪   版式设计:苟荟羽

责任校对:谢 芳   责任印制:张 策

*

重庆大学出版社出版发行

出版人:陈晓阳

社址:重庆市沙坪坝区大学城西路 21 号

邮编:401331

电话:(023) 88617190　88617185(中小学)

传真:(023) 88617186　88617166

网址:http://www.cqup.com.cn

邮箱:fxk@cqup.com.cn(营销中心)

全国新华书店经销

重庆升光电力印务有限公司印刷

*

开本:720mm×1020mm　1/16　印张:14　字数:245 千

2025 年 1 月第 1 版　　2025 年 1 月第 1 次印刷

ISBN 978-7-5689-5015-2　定价:88.00 元

前　言

随着大数据、物联网及人工智能等交叉技术的快速发展与融合,越来越多的终端设备,如智能传感器、智能家电、医疗设备、各类物联网摄像头甚至智能车和无人机等,需接入网络并请求服务。虽然云计算提供了强大的数据处理能力,但在需要实时响应和低延迟的场景中,云计算的远程处理模式可能会导致延迟。边缘计算通过将计算资源部署在数据源和终端设备附近,能够实时处理数据,减少了数据传输和延迟,从而提高了响应速度。此外,边缘计算还能降低对网络带宽的依赖,减轻云端的计算压力,并在一定程度上提高数据的安全性。因此,以边缘计算为代表的近端计算和云计算互补性强,共同构建了一个更加高效、灵活和安全的计算环境。

在边缘计算的研究中,其任务调度与资源部署是具有相关性的两个主要研究方向。边缘计算将计算和数据存储推向了网络的边缘服务节点,这使得实时处理和分析数据成为可能。在这个过程中,任务调度起着至关重要的作用。合理的任务调度可以将可处理的任务分配给合适的边缘节点,实现任务的高效处理,减少延迟。另外,边缘计算中的资源主要包括计算资源(CPU/GPU)、存储资源和网络资源(网络链路/网络带宽)等。这些资源的合理分配和部署直接影响到系统的性能、能耗和稳定性。优化资源部署可以充分利用边缘节点的计算能力,减少资源的浪费,降低运营成本,同时确保网络的稳定性和可靠性。任务调度与资源部署是边缘计算研究中的两个核心问题,它们的优化设计不论从边缘服务商的角度还是从用户的角度都颇为重要。

虽然产学界近年来对边缘计算开展了持续的研究和产品研发,但还没有就边缘计算任务调度和资源部署进行深入探讨并提供最新研究方法的专门论著。希望本书的出版能够填补这一空白,一方面为该领域的研究者和应用开发者提供有价值的理论参考,另一方面也可以作为本科生或研究生系统学习边缘计算的参考用书。

由于作者水平有限,书中难免存在不妥之处,敬请读者指正。

作　者

2024 年 12 月

目　录

第1章　边缘计算及其任务调度与资源部署

1.1　边缘计算概述

在讨论边缘计算以前,先简单回顾一下早期的计算范式。最早的计算范式是单机计算。早在 30~40 年前,我们只能直接访问或通过终端访问计算机,计算能力很有限且访问存在时间或者空间的严格限制。个人计算机的发明产生了个人计算,这时候计算可以以一种更加分散的方式进行,个人计算机的普及使这种计算范式成为占主导地位的计算形式。但个人计算机处理能力的受限使云计算范式快速形成,从而使得主要的数据和应用服务端都部署到了云数据中心,用户可通过互联网访问云端的各种数据或应用。云计算属于一种集中式的计算范式。集中式部署的大量服务器、网络设备和链路以及存储单元,使得云计算的服务能力远高于个人计算机,因此对于信息技术(Information Technology, IT)基础设施要求更高的应用,例如,卫星云图分析、科学计算和面向大规模用户的电商平台,采用云计算则不失为一种合理的服务模式。同时,由于云计算的 IT 设施扩容相对容易,用户可以根据自己的业务需要动态租用云计算的资源,即所谓的"随用随付原则",这也使得云计算能够较好地服务各种用户规模或动态变化的应用需求。

随着大数据、物联网及人工智能等交叉技术的快速发展与融合,万物互联的智能世界正快速到来。一方面,各类连接到无线互联网的设备数量及产生的数据都增长迅速。据 IDC 最近的预测[1],世界数据的总和将从 2020 年的 33 泽字节(ZettaByte, ZB)增长到 2025 年的 175 ZB,复合年增长率达到 61%,其中由物联网各类终端产生的数据将占到总数据量的 45% 甚至以上。在基于物联网各类应用激增的大背景下,越来越多的终端设备通过接入网络,如:各类智能传感器、智能家电、医疗设备、各类物联网摄像头甚至智能车和无人机等。这些物联网终端将生成海量数据并需要进一步处理,为服务提供商和用户提供智了能分析数据基础。各类数据规模的激增及各种互联网应用对于服务质量提出了更高的要求,给 IT 基础设施带来了极大压力和挑战,迫切需要与之相适应的新的计算范式。另一方面,在芯片技术的快速发展基础上使得算力得到了极大的提升,如机器视觉、语音识别、自然语言处理等应用能够广泛地部署和应用。但随着机器学习应用日趋多元化和广泛化的部署,需要 IT 基础设施被部署到更广泛以及更合适的位置。

在面对大数据和人工智能应用的诸多需求时,云计算模型虽然能提供弹性和按需计算能力,但仍然存在诸多不足,主要包括以下几个方面:

(1)较长的服务时延。越来越多的应用对任务处理的时延(或实时性)要求很高。例如,无人车应用、在线互动类应用、元宇宙沉浸式应用以及工业实时控制应用等。而如果采用云计算的服务模式,需要将数据传送到距离应用端位置较远处的云数据中心进行计算处理,再将请求数据的处理结果返回至应用端,这无疑增加了由于远距离的数据传输所带来的整体服务时延。对于那些时延敏感类应用就难以获得满意的服务质量。

(2)网络带宽资源受限。各种感知设备实时产生大量数据,若将所有数据传输至云数据中则会对接入网和主干网造成巨大的带宽压力甚至形成网络拥塞,这不仅会导致网络传输时延显著增加,同时也会严重影响其他基于云的各类应用。

(3)过高的能耗开销。云数据中心由于部署了大量的服务器,因此能耗开销极大。目前我国云数据中心所消耗的电能已超过了欧洲一些中等国家一年的耗电量。因此过多地将数据传输至数据中心,将使得基于云计算的计算模式由于能耗过大而成为业务发展的制约因素。

(4)潜在的数据安全风险。万物互联背景下的各种应用会采集各种类型的数据,而且部分数据属于涉及用户隐私的敏感数据。例如:许多采集用户当前地理位置的互联网应用或者联网的网络摄像头等,这些采集到的数据若都传输到云端,会使得数据脱离用户所能够控制的安全区域,必然增加泄露用户隐私的风险。伴随着企业和个人用户对数据安全和隐私问题的越发重视,基于云计算的各种应用面临着由于数据安全问题带来的各种挑战。

为了应对上述挑战,一种致力于使 IT 将基础设施尽可能靠近数据源或用户端,让应用请求就近获得服务的计算范式应运而生[2,3]。通过基于边缘计算的服务模式的部署,意味着可以将云数据中心的一些需要高效、就近服务的应用迁移到距离用户更近的位置,如:网络边缘端的服务器、物联网终端或基站连接的服务节点等。边缘计算这种"近端计算"实际上是云计算这种"集中计算"的一种有益补充,可以让云计算集中处理需要海量计算资源、存储资源和网络带宽占用的应用。边缘计算范式具有如下几个明显的优点:

(1)有效降低云数据中心的负载。从用户端采集的数据或者来自用户端的任务不再全部上传至云数据中心而是部分甚至全部由边缘服务节点提供服务,这极大地减轻了云端的带宽和功耗的开销,保证了云数据中心服务节点的合理资源占用率。

(2)更满意的服务质量。由于用户可以就近获得 IT 资源并完成服务,而不需要通过电信网络将数据传输至云数据中心,以及从云数据中心获得服务后的结果数据,因此这大大减少了应用的服务延迟,显著改善了时延敏感型应用的服务质量。

(3)更好的隐私保护。由于从用户端获得的多元数据,如:视频、语音和文本等只传输至边缘服务节点,而边缘服务节点可以由用户自己或者用户信赖的第三方加以部署,而这就使得用户数据在不脱离受控的安全区域同时获得高质量的服务,显著减少了网络数据传输以及将数据放置于不受约束的云服务商所带来的泄露的风险,保护了用户数据安全和隐私。

1.1.1　边缘计算中的关键技术

边缘计算作为一种新的计算范式,它将计算任务、数据存储和网络带宽从中心化的云数据中心推向网络的边缘,以提高响应速度、降低网络带宽消耗并增强数据安全性。在边缘计算中,涉及多种关键技术,它们共同构成了边缘计算的技术体系。以下是对边缘计算中关键技术的分类描述:

(1)计算卸载与协同技术[4,5]。计算卸载与协同技术是边缘计算中的核心关键技术之一。由于边缘设备的计算资源有限,当面临复杂的计算任务时,需要将部分计算任务卸载到云端或其他边缘设备上执行,以提高计算效率并降低延迟。这涉及任务划分、卸载决策以及计算协同等多个方面。任务划分需要根据任务的特性和需求,将其划分为适合在边缘设备执行的部分和适合在云端执行的部分。卸载决策则需要根据网络状况、设备负载等因素,动态地选择最佳的卸载目标。计算协同则是确保不同设备之间能够高效、协同地完成任务。

(2)边缘存储与数据管理技术[6,7]。边缘存储与数据管理技术对于提高边缘计算的性能和效率至关重要。由于边缘设备通常分布在不同的地理位置,并且网络环境复杂多变,因此需要设计高效的存储和数据管理机制。这包括数据的分布式存储、数据同步与一致性保障、数据压缩与加密等。分布式存储能够充分利用边缘设备的存储资源,提高数据的可靠性和可用性。数据同步与一致性保障则确保不同设备之间的数据能够保持一致,避免数据冲突和错误。数据压缩与加密则能够减少数据的传输量和存储空间占用,同时保护数据的安全性和隐私性。

(3)边缘网络通信技术[8,9]。边缘网络通信技术是实现边缘计算的基础。由于边缘设备通常部署在网络的边缘,因此需要高效、可靠的网络通信技术来支持数据的传输和服务的访问。这包括低延迟、高带宽的无线通信技术、网络协议优化以及网络拓扑设计等方面。其中,低延迟、高带宽的无线通信技术涉及从用户端到边缘服务节点以及从边缘服务节点连接云数据中心的链路,能够确保数据的快速传输和服务的实时响应。而网络协议优化则能够减少网络拥塞和丢包,提高数据传输的可靠性和稳定性。网络拓扑设计则需要考虑设备的分布和网络的拓扑结构,以实现高效的数据传输和服务访问。

(4)边缘智能技术[10,11]。边缘智能技术是当前边缘计算中重要的发展方向之一。通过将人工智能和机器学习技术引入边缘计算,可以实现智能化的数据处理、分析和决策。这包括边缘设备上的模型训练、推理加速以及智能决策等方面。模型训练可以利用边缘设备上的数据进行分布式训练,提高模型的准确性和泛化能力。推理加速则是通过优化算法和硬件加速技术,提高模型推理的速度和效率。智能决策则是基于数据分析和模型推理的结果,做出智能化的决策和响应。

(5)安全与隐私保护技术[12,13]。安全与隐私保护技术也是边缘计算中不可或缺的一部分。由于边缘设备通常直接与用户交互并处理用户的敏感数据,因此需要采取有效的安全措施来保护数据和服务的安全。这包括身份认证和访问控制、数据加密与完整性保护、入侵检测与防御等方面。身份认证和访问控制能够确保只有经过授权的用户才能访问边缘设备上的数据和服务。数据加密与完整性保护则能够防止数据在传输和存储过程中被泄露或篡改。入侵检测与防御则能够及时发现和应对潜在的安全威胁和攻击。

上述关键技术涵盖了计算卸载与协同、边缘存储与数据管理、边缘网络通信、边缘智能以及安全与隐私保护等多个方面。这些技术的发展和应用将推动边缘计算的不断进步和广泛应用。随着技术的不断创新和突破,边缘计算将在未来发挥更加重要的作用,为各行各业带来更高效、更智能的解决方案。

1.1.2　边缘计算与云计算

　　边缘计算和云计算分别作为近端计算和集中式计算的代表性形式,各自具有独特的优势和适合的应用场景。同时,边缘计算和云计算也并非孤立存在,它们之间存在着紧密的联系和相互影响。我们可以从下面几个方面来看待它们之间的关系。

　　(1)互补性。云计算以其强大的计算能力和数据存储能力,成为处理海量数据和复杂计算任务的首选。然而,基于云计算部署的应用在处理实时性要求高的应用,如:无人自动驾驶、数字孪生应用等,由于网络延迟和数据传输的限制,往往难以达到理想的效果。而边缘计算则通过在数据产生的源头进行处理和分析,减少了数据传输的延迟,提高了实时性。因此,云计算和边缘计算在处理能力上形成了互补关系,共同满足了不同应用场景的需求[14]。

　　(2)协同性。云计算和边缘计算在处理任务时,往往需要协同工作。例如:在物联网应用中,大量的传感器数据需要在边缘节点进行预处理和过滤,然后将有价值的数据传输到云端进行进一步的分析和存储。这种协同工作模式充分发挥了云计算和边缘计算的优势,提高了整个系统的效率和性能。同时,云计算还可以为边缘计算提供必要的支持和资源,如算法、模型等,进一步增强了边缘计算的智能化水平。因此,边缘计算有望通过和云计算高效协同,建立起一种边云协同的新型服务模式[15]。

　　(3)融合性。随着技术的不断发展,云计算和边缘计算的融合趋势日益明显。一方面,云计算开始向边缘扩展,将部分计算能力和存储资源部署到边缘节点,以满足对实时性要求高的应用需求;另一方面,边缘计算也在逐渐融入云计算生态系统中,成为云计算的重要组成部分。云端的一些技术,如:软件定义网络(Software Defined Networks, SDN)[16]和网络功能虚拟化(Network Function Virilization, NFV)[17]等也越来越多地被运用、部署到边缘侧。这种融合不仅提高了系统的灵活性和可扩展性,还降低了运维成本和复杂性。

　　(4)资源分配的关联性。在资源分配方面,云计算和边缘计算也呈现出互补性。云计算通过集中管理和调度计算资源,实现了资源的高效利用和成本优化。然而,在某些特定场景下,例如:在偏远地区或网络环境不稳定的地方,云计算的资源分配可能面临挑战。此时,边缘计算便可以通过在本地部署计算资源,提供更为灵活和可靠的服务。因此,云计算和边缘计算在资源分配上形成了互补关系,共同保障了系统的稳定性和可靠性。同时,由于边缘计算和云计算的相互融合协作,使得资源管理与分配成为一个全局性的智能化决策工作,也越来越受到产学界的关注[18-20]。

边缘计算和云计算通过强大的计算能力和数据处理能力,支持了各类智能化应用和数据壁垒,为数字经济的发展奠定了坚实基础。

1.2 边缘计算中的服务构建与服务迁移

1.2.1 边缘计算中的服务构建

在边缘计算中,各种服务的提供通常需要依靠服务功能链(Service Function Chain,SFC)实现。SFC 是一组按特定顺序排列的虚拟网络功能,旨在实现特定的业务目标。每个服务功能链都是针对特定服务需求而构建的,确保数据流能够按照预定的路径和顺序通过不同的服务功能模块,以满足业务的实时性、安全性或其他特定要求。SFC 的灵活性和可配置性使得边缘计算能够更好地适应不同业务场景的需求,提升整体服务效率和用户体验。因此,SFC 是服务在边缘计算环境中实现其目标的重要手段和方式。在边缘计算中,SFC 的高效构建尤其重要,直接关系到边缘设备处理数据的能力、资源利用效率、服务的实时性和质量。SFC 在多个边缘服务节点上的构建通常涉及以下几个关键问题:

(1)分析业务需求。在建立 SFC 之前,首先需要进行详细的需求分析。这包括明确业务需求、服务目标、实时性要求、数据流量和类型等。通过深入理解业务需求,决定需要为之配置哪些主要的功能模块。

(2)确定 SFC 的逻辑结构[22-24]。SFC 的逻辑结构也即是 SFC 的拓扑结构,包括确定需要哪些网络功能(Network Function, NF)参与构建 SFC、NFs 之间的顺序和交互方式、数据流的路径和转发规则等。同时,还需要考虑 SFC 的可靠性、可扩展性和可管理性等因素。在设计过程中,可以借助 NFV 技术,将传统的物理网络设备功能软件化,以便更灵活地构建和部署 SFC。NFV 技术的使用,使得 SFC 的逻辑结构的建立更具弹性。

(3)确定网络功能[25-27]。根据 SFC 架构的设计,选择适合的 NF 或 VNF。NFs

可以是物理网络设备提供的网络功能,也可以是虚拟网络设备提供的 VNFs。在选择时,需要考虑 NFs 的性能、兼容性、可靠性和成本等因素。同时,还需要确保所选的 NFs 或 VNFs 能够满足 SFC 的实时性要求和服务质量需求。

(4)配置和部署 SFC[28,29]。在选择好 NFs 或 VNFs 后,需要进行配置和部署。这包括将 NFs 或 VNFs 按照 SFC 架构中的顺序链接起来,配置数据流的路径和转发规则,以及设置相关的参数和策略。在配置过程中,需要确保 SFC 的可靠性和稳定性,避免出现单点故障或性能瓶颈。同时,还需要考虑 SFC 的可扩展性和可管理性,以便在后续运营和维护过程中能够方便地进行调整和优化。

(5)结构优化[30]。在 SFC 部署完成后,需要进行测试和优化。通过模拟实际业务场景和数据流量,测试 SFC 的性能和稳定性,确保其能够满足业务需求和服务质量需求。同时,还需要根据测试结果对 SFC 进行优化,调整 NFs 或 VNFs 的配置和参数,以提高 SFC 的性能和效率。在优化过程中,可以借助自动化工具和智能算法,实现快速迭代和优化。

在边缘计算中,通过上述关键问题的处理及实施智能化的算法,可以构建出高效、可靠、可扩展的 SFC,满足边缘计算环境中的业务需求和服务质量需求。

1.2.2　边缘计算中的服务迁移

在边缘计算中,当资源出现稀缺或者不合理的使用,甚至服务节点出现故障时,要求 SFC 进行迁移,使得业务能够更好地被服务或者资源能够更高效率地被利用。SFC 的迁移实际是指将现有的 SFC 从一个位置或环境转移到另一个位置或环境,以满足业务需求、提高性能或优化资源配置。SFC 的迁移是一个复杂的过程,需要考虑到多个因素,例如:网络拓扑、服务功能、数据流等。以下是 SFC 迁移需要解决的主要问题。

第一,在 SFC 迁移之前,需要对现有系统进行全面的评估和规划。这包括分析 SFC 的组成、网络拓扑、数据流和服务功能等,以确定迁移的可行性和目标。同时,还需要评估目标环境的能力和资源,以确保迁移后 SFC 能够正常运行。第二,则是对迁移策略进行设计。这包括确定迁移的时间窗口、迁移的顺序和步骤、数据的备份和恢复策略等。迁移策略的设计需要充分考虑到现有系统的稳定性和业务需求,以确保迁移的顺利进行。第三,就是准备目标环境。在迁移之前,需要准备好目标环境。这包括安装和配置必要的软件和硬件资源,确保目标环境能够满足 SFC 的运行需求。同时,还需要对目标环境进行测试和验证,以确保其稳定性和可靠性。第四,就是执行 SFC 的迁移,即按照迁移策略执行 SFC 的迁移。这包括将 SFC 的配置和数据从源环境传输到目标环境,以及在目标环境中重新部署 SFC。在迁移过程中,需要确保数据的完整性和一致性,以及服务的连续性。第五,对迁移方案进行调优。在迁移完成后,需要对新的 SFC 进行验证和调优。这包括测试 SFC 的性能和稳定性,确保其能够满足业务需求。除此之外,还需要根据测试结果对 SFC 进行优化和调整,以提高其性能和效率。

边缘计算中 SFC 的迁移是一个复杂而重要的过程。通过上述关键步骤的执行,可以确保 SFC 的迁移顺利进行,并满足业务需求。特别是对于多层部署的边缘服务节点,可以在较短的时间内做出调度方案并尽可能在理论最优上做出服务匹配决策。

1.3　边缘计算中的任务调度与资源部署

1.3.1　边缘计算中的任务调度

边缘计算中的任务调度是确保系统高效运行、优化资源利用以及提升服务质量的关键技术。随着物联网设备的迅速增加以及 5G/6G 网络的快速部署,边缘计算的任务调度面临着前所未有的挑战和机遇。在边缘计算环境中,任务调度的主要目标是将计算任务分配给最适合的边缘节点,以最小化任务执行时间、降低能耗、提高系统吞吐量和保障服务质量。然而,这一过程中面临着如下挑战。

(1)资源受限性:边缘节点的计算和存储资源有限,且受到物理环境和电力供应等因素的限制。因此,在任务调度时需要充分考虑资源的可用性和限制。

(2)网络不确定性:边缘节点之间的网络通信可能不稳定,延迟较大,甚至可能出现网络中断或网络拥塞等问题。这要求任务调度算法能够应对网络的不确定性,确保任务的可靠执行。

(3)任务多样性:边缘计算中的任务类型多样,包括实时任务、批处理任务、交互式任务等。不同类型的任务对资源的需求和服务质量的要求不同,因此需要在任务调度中考虑任务的特性。

（4）动态变化性：边缘计算环境是动态变化的，包括节点的加入和离开、任务的到达和离开等。这要求任务调度算法能够适应环境的动态变化，及时调整调度策略。

针对上述挑战，边缘计算中的任务调度面临以下几个主要研究问题：

（1）任务划分与优先级分配。在边缘计算中，任务通常被划分为多个子任务，并在多个边缘节点上并行执行。因此，如何合理地划分任务、确定子任务的优先级以及分配资源成为一个关键问题。任务划分需要考虑任务的依赖关系、数据局部性和资源利用率等因素。优先级分配则需要根据任务的紧急程度、服务质量要求和资源需求等因素来确定。

（2）资源感知与自适应调度。边缘计算中的资源受限性和网络不确定性要求任务调度算法能够感知资源的状态和变化，并自适应地调整调度策略。这包括实时监测节点的资源使用情况、网络状态和任务执行情况等信息，并根据这些信息来动态地分配资源和调整任务执行顺序。此外，还需要考虑节点的负载均衡问题，以避免某些节点过载而其他节点空闲的情况。

（3）实时性与可靠性保障。对于实时性要求高的任务，任务调度需要确保任务能够在规定的时间内完成，并满足一定的可靠性要求。这要求任务调度算法能够预测任务的执行时间和资源需求，并提前分配足够的资源来保障任务的实时性和可靠性。同时，还需要考虑容错和恢复机制，以应对可能出现的故障和异常情况。

（4）安全性与隐私保护。随着边缘计算应用的不断扩展，安全性和隐私保护问题也日益凸显。在任务调度过程中，需要确保任务数据的安全传输和存储，防止数据泄露和篡改。此外，还需要考虑节点的安全性和可信度问题，避免恶意节点对系统造成损害。因此，任务调度算法需要集成安全机制，如加密、认证和访问控制等，以确保系统的安全性和隐私保护。

（5）多目标优化与协同调度。在边缘计算中，任务调度的目标通常是多个的，如最小化任务执行时间、降低能耗、提高系统吞吐量和保障服务质量等。这些目标之间可能存在冲突和制约关系，因此需要采用多目标优化方法来平衡各个目标。此外，边缘计算环境中的多个任务可能共享相同的资源和节点，因此还需要考虑任务之间的协同调度问题，以提高资源的整体利用率和系统的性能。

1.3.2　边缘计算中的资源部署

在边缘计算中的资源涉及多维的 IT 资源,包括:计算资源(CPU/TPU/GPU 等)、存储资源、网络资源(网络带宽/网络链路)等。边缘计算中的多维资源的部署是一个复杂且关键的研究领域,它需要解决如何有效地在网络的边缘部署和管理各种资源,在满足应用需求的同时合理优化地使用计算、存储、网络等各种资源,提高资源使用效率、降低能耗、提高系统的可靠性和稳定性。以下将详细阐述边缘计算中多维资源部署的主要研究问题。

(1)资源感知与预测。在边缘计算中,资源的有限性和动态性是一个重要的挑战。为了有效地部署和管理多维资源,首先需要具备对资源的感知和预测能力。这包括实时监测和收集各种资源的使用情况、状态信息及历史数据,并通过人工智能方法、数据挖掘等技术对资源的使用趋势进行预测。通过资源感知与预测,可以为资源部署提供重要的决策依据,从而实现资源的优化配置和高效利用。

(2)多维资源协同调度。在边缘计算中,各种资源之间是相互关联、相互影响的。因此,多维资源的协同调度是一个重要的问题。协同调度需要考虑不同资源之间的耦合关系、依赖关系以及冲突关系,通过制定合理的调度策略来优化资源的整体使用效率。例如:在计算资源和存储资源的协同调度中,需要根据应用的需求和数据的特性来合理地分配计算资源和存储资源,以实现计算任务和数据的高效处理。

(3)边缘节点选择与部署。边缘节点是边缘计算中的关键组成部分,它们负责处理和分析来自物联网设备的数据。因此,边缘节点的选择和部署对于多维资源部署具有重要的影响。在选择边缘节点时,需要考虑节点的计算、存储和网络带宽等因素,以及节点的地理位置、能源供应等实际条件。在部署边缘节点时,需要综合考虑应用的需求、数据的分布以及网络拓扑结构等因素,以实现资源的均衡分布和高效利用。

(4)负载均衡与故障恢复。在边缘计算中,由于各种资源的有限性和动态性,负载均衡和故障恢复是两个重要的问题。负载均衡可以通过合理的任务调度和资源分配来实现,以避免某些节点过载而其他节点空闲的情况。故障恢复则需要考虑在节点出现故障时如何快速地将任务和数据迁移到其他节点上,以保证系统的可靠性和稳定性。为了实现负载均衡和故障恢复,需要设计有效的算法和机制来监测节点的状态、预测故障的发生及实现任务的迁移和数据的备份。

（5）可扩展性与灵活性。随着应用需求的不断变化和技术的不断发展，边缘计算中的多维资源部署需要具备可扩展性和灵活性。可扩展性意味着系统能够根据需要增加或减少资源的部署数量，以适应不同的应用需求。灵活性则意味着系统能够根据不同的应用场景和需求来调整资源的配置和使用方式。为了实现可扩展性和灵活性，需要设计灵活的资源部署架构和动态调配机制来支持不同的应用场景和需求。

1.4　本书内容组织

本书围绕着边缘计算中的任务调度和资源部署两个重要且相关的关键问题展开，给出了我们团队近年来在这两个问题上的最新研究成果。第 2—5 章是调度和部署问题的基础和底层问题，因此我们先行讨论。其中第 2、3 章着重针对边缘计算中的服务构建，分别从面向服务质量和面向资源优化的不同目标给出了两种优化的解决方案。然后，在第 4、5 章则分别基于强化学习和服务时延优化的方法给出了不同的服务功能链迁移方案。接着在第 6—9 章则重点探讨了边缘计算中的任务调度方案。其中，第 6、7 章分别基于新设计的混合调度方案和图到序列的调度方案，不断权衡和改善调度解的求解效率和求解质量。而第 8、9 章则分别面向基于边缘计算的区块链应用和联邦学习应用的新型业务场景，给出了优化的调度方案。最后在第 10、11 章中，分别针对边云协同的新场景和基于容器的虚拟资源给出了资源部署的方案。本书各章内容相互关联但又自成体系，可以按照章节顺序阅读也可以单独阅读感兴趣的章节。

本章小结

本章将本书所涉及的主要内容进行了概要介绍。首先，简单介绍了边缘计算的概念及尚存在的主要研究问题，同时介绍了边缘计算的关键技术，还介绍了边缘计算与云计算之间的关联关系。其次，介绍了边缘计算中的服务构建与服务迁移的主要步骤和关键技术问题。最后，对边缘计算中的任务调度和资源部署的主要研究问题进行了概要介绍。

参考文献

［1］国际数据公司(IDC).数字化世界—从边缘到核心(白皮书)［EB/OL］.(2018-11)［2024-12-01］.https://wenku.ofweek.com/show-41934.html.

［2］SATYANARAYANAN M. The emergence of edge computing［J］. Computer, 2017, 50(1): 30-39.

［3］ABBAS N, ZHANG Y, TAHERKORDI A, et al. Mobile edge computing: A survey［J］. IEEE Internet of Things Journal, 2018, 5(1): 450-465.

［4］DENG Y Q, CHEN Z G, CHEN X H, et al. Task offloading in multi-hop relay-aided multi-access edge computing［J］. IEEE Transactions on Vehicular Technology, 2023, 72(1): 1372-1376.

［5］SONG H, GU B, SON K, et al. Joint optimization of edge computing server deployment and user offloading associations in wireless edge network via a genetic algorithm［J］. IEEE Transactions on Network Science and Engineering, 2022, 9(4): 2535-2548.

［6］LI W M, LI Q, CHEN L, et al. A storage resource collaboration model among edge nodes in edge federation service［J］. IEEE Transactions on Vehicular Technology, 2022, 71(9): 9212-9224.

［7］LUO R K, JIN H, HE Q, et al. Enabling balanced data deduplication in mobile edge computing［J］. IEEE Transactions on Parallel and Distributed Systems, 2023, 34(5): 1420-1431.

［8］SONG Y L, LIU Y Q, ZHANG Y, et al. Latency minimization for mobile edge computing enhanced proximity detection in road networks［J］. IEEE Transactions on Network Science and Engineering, 2023, 10(2): 966-979.

［9］WU D P, YAN J J, WANG H G, et al. User-centric edge sharing mechanism in software-defined ultra-dense networks［J］. IEEE Journal on Selected Areas in Communications, 2020, 38(7): 1531-1541.

［10］SHUVO M M H, ISLAM S K, CHENG J L, et al. Efficient acceleration of deep learning inference on resource-constrained edge devices: A review［J］. Proceedings of the IEEE, 2023, 111(1): 42-91.

［11］HENNA S, DAVY A. Distributed and collaborative high-speed inference deep learning for mobile edge with topological dependencies［J］. IEEE Transactions on Cloud Computing, 2022, 10(2): 821-834.

［12］WANG C, YUAN Z H, ZHOU P, et al. The security and privacy of mobile-edge computing: An artificial intelligence perspective［J］. IEEE Internet of Things Journal, 2023, 10(24):

22008-22032.

［13］ LI X H, CHEN T, CHENG Q F, et al. Smart applications in edge computing: Overview on authentication and data security［J］. IEEE Internet of Things Journal, 2021, 8(6): 4063-4080.

［14］ KO H, JEONG H, JUNG D, et al. Dynamic split computing framework in distributed serverless edge clouds［J］. IEEE Internet of Things Journal, 2024, 11(8): 14523-14531.

［15］ LUO F, KHAN S, LI A N, et al. EdgeActNet: Edge intelligence-enabled human activity recognition using radar point cloud［J］. IEEE Transactions on Mobile Computing, 2024, 23(5): 5479-5493.

［16］ WU Y Y. Retraction Note: Auto scheduling through distributed reinforcement learning in SDN based IoT environment［J］. EURASIP Journal on Wireless Communications and Networking, 2024, 2024(1): 38.

［17］ NGUYEN D H P, LIEN Y H, LIU B H, et al. Virtual network function placement for serving weighted services in NFV-enabled networks［J］. IEEE Systems Journal, 2023, 17(4): 5648-5659.

［18］ HUA W, LIU P, HUANG L Y. Energy-efficient resource allocation for heterogeneous edge – cloud computing［J］. IEEE Internet of Things Journal, 2024, 11(2): 2808-2818.

［19］ LABONI N M, SAFA S J, SHARMIN S, et al. A hyper heuristic algorithm for efficient resource allocation in 5G mobile edge clouds［J］. IEEE Transactions on Mobile Computing, 2024, 23(1): 29-41.

［20］ ZHOU H, WU T, CHEN X, et al. Reverse auction-based computation offloading and resource allocation in mobile cloud-edge computing［J］. IEEE Transactions on Mobile Computing, 2023, 22(10): 6144-6159.

［21］ AI Y T, LI H, WANG X R, et al. The design and specification of path adjustable SFC using YANG data model［C］//2022 IEEE Symposium on Computers and Communications (ISCC). Rhodes, Greece. IEEE, 2022: 1-6.

［22］ DENG S X, LI M, GUO Q, et al. Security SFC path selection using deep reinforcement learning ［M］//Mobile Internet Security. Singapore: Springer Nature Singapore, 2023: 97-107.

［23］ HANTOUTI H, BENAMAR N, BAGAA M, et al. Symmetry-aware SFC framework for 5G networks［J］. IEEE Network, 2021, 35(5): 234-241.

［24］ PANDEY S, CHOI M, YOO J H, et al. RNN-EdgeQL: An auto-scaling and placement approach for SFC［J］. International Journal of Network Management, 2023, 33(4): e2213.

［25］ ZHANG P Y, ZHANG Y, KUMAR N, et al. Dynamic SFC embedding algorithm assisted by federated learning in space – air – ground-integrated network resource allocation scenario[J]. IEEE Internet of Things Journal, 2023, 10(11): 9308-9318.

[26] XU H S, FAN G L, SUN L B, et al. Dynamic SFC placement scheme with parallelized SFCs and reuse of initialized VNFs: An A3C-based DRL approach[J]. Journal of King Saud University-Computer and Information Sciences, 2023, 35(6): 101577.

[27] ZHANG C C, LIU Y M, ZHANG S N, et al. SFC-based multi-domain service customization and deployment[J]. Computer Communications, 2023, 211: 59-72.

[28] YUAN Z Y, LUO L L, GUO D K, et al. To deploy new or to deploy more?: An online SFC deployment scheme at network edge [J]. IEEE Internet of Things Journal, 2024, 11 (2): 2336-2350.

[29] MANIAS D M, SHAER I, NAOUM-SAWAYA J, et al. Robust and reliable SFC placement in resource-constrained multi-tenant MEC-enabled networks[J]. IEEE Transactions on Network and Service Management, 2024, 21(1): 187-199.

[30] JASIM M A, SIASI N, GHANI N. Hierarchy descending SFC provisioning scheme with load balancing in fog computing[J]. IEEE Communications Letters, 2022, 26(9): 2096-2100.

第 2 章　边缘计算中面向服务质量的
服务功能构建

2.1　背景介绍

移动边缘计算(Mobile Edge Computing, MEC)作为一种新的云服务模式,将传统集中式的云端资源分布式部署至无线接入网(Radio Access Network, RAN),在让移动业务就近得到处理从而获得良好业务体验[1,2]的同时降低回程网络的网络负载[3]。将网络功能虚拟化技术(Network Function Virtualization, NFV)[4]应用于MEC,运营商能将提供服务所需的 IT 资源以虚拟网络功能(Virtual Network Function, VNF)的形式快速实例化,进一步提升了 MEC 的服务弹性。将服务节点成簇互联形成集群化的 MEC 网络[5-7]能根据业务所需的网络功能类型以及业务量的变化情况动态调整 VNF 的实例化规模,让业务流尽可能在 MEC 集群内完成端到端的服务从而达成就近高效服务的目标。但集群化的 MEC 的部署需要结合移动应用请求位置分散且对资源的需求动态变化等特点,同时还存在着单个 MEC 集群的 IT 资源受限、MEC 集群之间的网络资源受限以及多个 VNF 需根据业务类型进行逻辑关联等诸多限制,因此在集群化 MEC 网络中合理部署 VNF 和进行业务流传输路径的优选,为移动业务提供最优的端到端服务延迟颇具挑战。目前尚缺乏针对性的研究工作,亟须深入探讨。

在集群化的 MEC 网络中,本章以提供延迟敏感类移动业务低时延服务为目标,基于开放 Jackson 排队网络建立了业务流的端到端延迟的数学优化模型。通过将该优化问题归结为一个二维 MKP 问题(Two-Dimensional Knapsack Problem, 2KP)从而证明其 NP 性,进一步提出了一种集群化部署的 MEC 网络中通过合理部署 VNF 及业务流路径选择的策略-iGSA,该策略结合了遗传算法和模拟退火算法分别在全局和局部解的搜索能力的优势,并通过对服务节点的提前映射机制避免了在节点部署的时候可能带来的 MEC 网络拥塞,同时通过个体的约束性判断和纠正遗传的方法避免了局部最优的出现。

在集群化部署的 MEC 网络中提供低延迟服务所面临的挑战,以及具有智能特征的算法在大规模系统中快速求得优化解方面所具有的独特优势激发了研究动机。与本章相关的工作可按照 MEC 网络部署场景和 VNF 的部署方法进行分类讨论。

从 MEC 的主要功能特性出发,研究并提出改善集群化部署的 MEC 网络中端到端服务延迟的策略。针对 VNF 的优化部署方法,本章所研究的处于网络边缘的 MEC 节点 IT 资源相对稀缺,网络系统在提供低延迟端到端服务的同时合理分配 IT 资源显得尤其重要,而这同时涉及在 MEC 集群内和 MEC 集群之间的 VNF 优化部署以及业务流虚拟路径的合理选择。

与已有工作相比较,本章的创新性主要体现在:①在多个 MEC 集群共存的边缘网络场景下,面向移动业务请求位置分散以及对 IT 资源需求动态变化的特点,通过排队网络模型对端到端的服务延迟进行了形式化分析并建立最优化模型;②分析求证了①中优化问题的 NP 性,并提出了一种易于部署的快速求解算法–iGSA。该算法通过将遗传算法和模拟退火算法的合理结合,在进行全局最优解的搜索的同时有效提高求解效率和降低运行时间,这对于在大规模 MEC 网络中进行快速的 VNF 部署决策具有积极的借鉴意义。

2.2 系统框架与形式化分析

2.2.1 形式化定义

本章考虑集群化部署的 MEC 网络场景。如图 2.1 所示,MEC 集群化部署在移动通信网络边缘且和一个或多个 eNB 连接[6],MEC 集群通过 PDN-GW 网关和云化的 5G 移动核心网连接。一个 MEC 集群可以包括若干个虚拟化 MEC 节点。另外,MEC 集群之间具有网络连接,具备多个 MEC 集群之间协作的能力。与云化的数据中心网络或移动核心网中的 IT 资源可近乎被认为无限不同的是,MEC 集群中节点数量和能提供的 IT 资源都是受限的。MEC 集群优先在本集群内完成对业务请求的服务,当资源无法满足时则可利用其他 MEC 集群的可用 IT 资源构建新的 VNF 完成服务。整个 MEC 集群的资源统计和分配由位于移动核心网中的网络控制器(Network Controller, NC)实现[8]。集群化的 MEC 部署方式,能够跨越多个 eNB 和网络区域为延迟敏感类移动业务提供端到端的低延迟服务,对于智能车/无人驾驶这类延迟敏感类应用尤其重要。

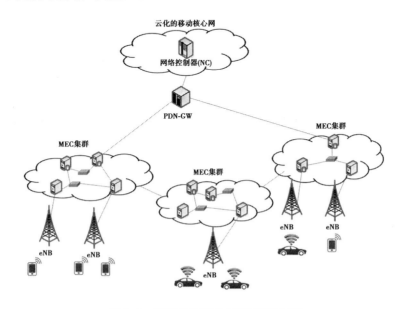

图 2.1　集群化部署的 MEC 网络框架

将一个集群化部署的 MEC 网络定义为 $G=\{G_1,\cdots,G_g\}$,其中 g 为集群的数量,G_n 表示第 n 个 MEC 集群。定义一个无向图 $G=(V_n,E_n)$,其中 V_n 和 E_n 分别为 MEC 集群 G_n 中的边缘节点和集群内网络链路。(u,w) 表示两个边缘节点 u 和 w 的链路, 这里 u,w 可以属于同一个或不同的 MEC 集群。$l_{u,w}$ 表示链路 (u,w) 的可用网络带宽资源,底层物理网络中节点 u 和 w 的距离表示为 $D_{u,w}$。用 $n_v,(v\in V)$ 表示用于构建 VNF 的通用服务节点(即虚拟机)数量。M_n 表示在 MEC 集群 G_n 中由边缘节点经虚拟化后的通用服务节点集合,对于 MEC 集群 G_n 中某台通用服务节点 $m(m\in M_n)$ 当前可用计算资源表示为 W_m^n。集群化部署的 MEC 网络为各类移动业务提供服务,以 H 表示 MEC 网络在 T 时区间内收到 h 个移动服务请求,$H=\{d_1,d_2,\cdots,d_h\}$。对于服务请求 $d_i,(d_i\in H)$ 的入口节点和出口节点分别用 I_i 和 E_i 表示,I_i 到 E_i 的路径表示为 P_i,d_i 的数据率为 R_i。根据不同移动应用业务的需求, 多个 VNF 按照某种次序从逻辑上连接成一种串行结构或并行结构的 SFC[8]。采用

并行连接有助于在 MEC 网络中提高延迟敏感类移动业务的服务效率。如图 2.2 所示，为请求 d_i 提供服务的 SFC 可表示为 $S_i = \{S_{i,1}, S_{i,2}, S_{i,3}, \cdots, S_{i,K}\}$，长度表示为 $|S_i|$，其中 $S_{i,j},(1 \leq j \leq K)$ 表示 SFC 上的某一个 VNF 或经并行连接后为 d_i 提供服务的多个 VNF 组成的集合，例如，图 2.2 中的 $S_2 = \{S_{2,1}, S_{2,2}, S_{2,3}, S_{2,4}\}$，$S_{2,1} = \{f_{21}^1\}$ 而 $S_{2,3} = \{f_{23}^1, f_{23}^2\}$。假设在时间 T 内在 MEC 网络中能建立不同类型的 VNF，用集合 F 表示。对于某一类型的 VNF $f,(f \in F)$ 能最多被实例化建立 $|N_f|$ 个，定义 f_k 为建立起的类型为 $f,(f \in F)$ VNF 的第 k 个实例，其计算资源占用量表示为 $\omega_{f_k}^i$，$\beta_{f_k,f_{k'}}^i$ 表示 f_k 和 $f_{k'}'$ 之间的通信所占用网络带宽，$\forall f,f' \in F$，$1 \leq k \leq |N_{f_k}|$，$1 \leq k' \leq |N_{f'}|$。定义矩阵 $\boldsymbol{B}$ 为 G 中各条链路的带宽占用量。定义 $I(S_{i,j})$ 表示为 d_i 提供服务的 SFC 的路径 P_i 中对应的通用服务节点的索引，对于 d_i 的业务流按指定的顺序遍历多个 VNF，即：$I(S_{i,j}) \leq I(S_{i,j'})$，$\forall S_{i,j}, S_{i,j'} \in S_i, j < j'$。

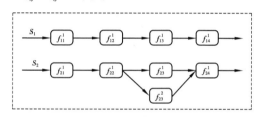

图 2.2 MEC 集群中串行或并行逻辑连接的多个 VNF

2.2.2 服务时延模型

移动业务通过集群化 MEC 网络实现端到端服务的过程中产生的延迟包括：业务流数据包在 VNF 处等待处理的排队延迟、业务流数据包接收 VNF 的处理延迟，以及业务流数据包在 MEC 集群内和 MEC 集群之间传输产生的延迟。特别说明的是，对于 VNF 在通用服务节点之上的运行部署可能带来不同影响程度的处理时延，在评估集群化部署的 MEC 网络中端到端服务延迟时必须将其纳入考虑[9,10]。

首先业务流从入口节点到出口节点需经过一条 SFC 中的多个 VNF 进行处理，每个 VNF 在处理业务流的时候将产生处理延迟。本章基于 M/M/1/c 类型的 Jackson 排队网络[10] 对业务流在 MEC 网络中的处理延迟进行建模，将一个 MEC 网络中的 VNF 视作服务节点，假设业务数据包到达该 VNF 的过程是一个泊松过程。对于 VNF f_k，定义 $\lambda_{f,k}$ 和 $u_{f,k}$ 表示其平均到达率和平均服务率，且 $\rho_{f,k} = \lambda_{f,k}/u_{f,k}$。为保证 VNF 服务的系统稳定性有 $\rho_{f,k} < 1$。对于 MEC 网络中的某个 VNF，输入流量既

可能来自入口节点直接导入，也可能来自同集群或邻居集群的 VNF 流量输出，因此定义 P_{jw} 表示业务流在 VNF j 完成处理并输出至 VNF w 的概率，而定义 λ_w^0 表示从 MEC 入口节点到 VNF w 的流量。VNF w 的输入流量速率可表示为：

$$\lambda_w = \lambda_w^0 + \sum_{j=1}^{n_v} \lambda_j P_{jw}, i = 1, 2, \cdots, n_v \tag{2.1}$$

则在 VNF f_k 的缓存队列中的数据包平均数可表示为：

$$M_{f,k} = \frac{\rho}{1-\rho} = \frac{\lambda_{f,k}}{u_{f,k} - \lambda_{f,k}}, \forall f \in F \tag{2.2}$$

VNF f_k 可运行部署在节点 w 之上，则 f_k 的服务率导入至物理节点 w 可表示为 $u_{f_k} = R(w)$，其中 $R(w)$ 由对业务流的传输能力决定，更详细的计算方法可参考文献[10]。由 Little 定理[11]，可得到 VNF f_k 的处理延迟

$T_{f,k}$ 可表示为 $\dfrac{M_{f,k}}{\lambda_{f,k}}$，而 $\dfrac{M_{f,k}}{\lambda_{f,k}} = \dfrac{\dfrac{\lambda_{f,k}}{u_{f,k} - \lambda_{f,k}}}{\sum\limits_{i \in H} \lambda_i \times Z_{f,k}^i}$，则有

$$T_{f,k} = \frac{\dfrac{\lambda_w}{R(w) - \lambda_w}}{\sum\limits_{i \in H} R_i \times Z_{f,k}^i \times \varepsilon_{f,k}^{n,w}} \tag{2.3}$$

其中 λ_i 表示第 i 条业务流的速率，而 $Z_{f_k}^i = 1$ 表示 d_i 需要 f_k 提供服务，而 $Z_{f_k}^i = 0$ 则表示 d_i 不需要 f_k 提供服务。对于移动业务请求 d_i 的处理延迟可表示为：

$$t_1^i = \sum_{i \in H} \sum_{f \in F} \sum_{k=1}^{|N_f|} Z_{f,k}^i \times T_{f,k} \tag{2.4}$$

基于 M/M/1/c 排队网络进行模型化分析，单个 VNF 的平均排队延迟可表示为：

$$t_{\text{queue}}^{f,k} = \sum_{j=1}^{c} \frac{jq_j}{\mu} \tag{2.5}$$

其中 q_j 表示 j 当有 j 个用户到达系统时候的平滑概率[11]，则业务请求的排队延迟可表示为：

$$t_2^i = \sum_{i \in H} \sum_{f \in F} \sum_{k=1}^{|N_f|} Z_{f,k}^i \times t_{\text{queue}}^{f,k} \tag{2.6}$$

本章继续定义了一个由二元决策变量组成的矩阵 A，矩阵中的任意元素为 $\varepsilon_{f,k}^{n,u}$，且有 $\varepsilon_{f,k}^{n,u} \in \{0,1\}$，$\{\varepsilon_{f,k}^{n,u} | f \in F, 0 < k \leqslant |N_f|\}$，$\varepsilon_{f,k}^{n,u} = 1$ 表示业务流 f_k 经由 MEC 集群 n

中的通用服务节点 u 进行处理，$\varepsilon_{f,k}^{n,u}=0$ 表示否。另外，定义二元决策变量 $\sigma_{i,f,k,f',k'}^{u,w}$，当 $\sigma_{i,f,k,f',k'}^{u,w}=1$ 表示 $\beta_{f,k,f',k'}^{i}$ 映射到底层网络链路 $l_{u,w}$，$\sigma_{i,f,k,f',k'}^{u,w}=0$ 表示否。

继续用 p 表示信号在物理链路上的传输速率，用 $D_{u,w}$ 表示物理链路的长度，业务请求的传播时延可表示为：

$$t_3^i = \frac{\sum\limits_{i \in H} \sum\limits_{(u,w) \in E} D_{u,w} \times \sigma_{i,f,k,f',k'}^{u,w}}{p} \tag{2.7}$$

在集群化部署的 MEC 收到多个业务请求的情况下，对于存在各种资源限制的集群化部署 MEC 网络中，本章通过 VNF 的部署和业务流路径的选择来优化业务流端到端服务延迟。该最优化模型可表示为：

$$\min_{f,k} \sum_{j=1}^{3} t_j^i \tag{2.8}$$

$$\text{s. t. } \sum_{i \in H} \sum_{f \in F} \sum_{f' \in F} \sum_{k=1}^{|N_f|} \sum_{k'=1}^{|N_{f'}|} \beta_{f_k,f'_{k'}}^i \times \sigma_{i,f_k,f'_{k'}}^{u,w} \leqslant l_{u,w}, \forall (u,w) \in E \tag{2.8.1}$$

$$\sum_{i \in H} \sum_{f \in F} \sum_{f' \in F} \sum_{k=1}^{|N_f|} \sum_{k'=1}^{|N_{f'}|} R_i \times \sigma_{i,f_k,f'_{k'}}^{u,w} \leqslant l_{u,w}, \forall u \in E_n, w \in E_m, m \neq n \tag{2.8.2}$$

$$\sum_{i \in H} \sum_{f \in F} \sum_{k=1}^{|N_f|} \omega_{f_k}^i \times \varepsilon_{f_k}^{n,u} \leqslant W_u^n, \forall u \in V, 1 \leqslant n \leqslant g \tag{2.8.3}$$

$$\sum_{f \in F} \sum_{k=1}^{|N_f|} \sum_{f' \in F} \sum_{k'=1}^{|N_{f'}|} \sigma_{i,f_k,f'_{k'}}^{p,u} - \sum_{f \in F} \sum_{k=1}^{|N_f|} \sum_{f' \in F} \sum_{k'=1}^{|N_{f'}|} \sigma_{i,f_k,f'_{k'}}^{u,w} = 0,$$
$$\forall i \in H, \forall p, w \notin \{I_i, E_i\}, \forall u, w \in V \tag{2.8.4}$$

$$\sum_{f \in F} \sum_{k=1}^{|N_f|} \sum_{f' \in F} \sum_{k'=1}^{|N_{f'}|} \sigma_{i,f_k,f'_{k'}}^{u,E_i} - \sum_{f \in F} \sum_{k=1}^{|N_f|} \sum_{f' \in F} \sum_{k'=1}^{|N_{f'}|} \sigma_{i,f_k,f'_{k'}}^{E_i,u} = 1,$$
$$\forall i \in H, u \neq E_i \tag{2.8.5}$$

$$\sum_{f \in F} \sum_{k=1}^{|N_f|} \sum_{f' \in F} \sum_{k'=1}^{|N_{f'}|} \sigma_{i,f_k,f'_{k'}}^{I_i,u} - \sum_{f \in F} \sum_{k=1}^{|N_f|} \sum_{f' \in F} \sum_{k'=1}^{|N_{f'}|} \sigma_{i,f_k,f'_{k'}}^{u,I_i} = 1,$$
$$\forall i \in H, u \neq I_i \tag{2.8.6}$$

$$\varepsilon_{f_k}^{n,u} \varepsilon_{f'_{k'}}^{n',w} = \sigma_{i,f_k,f'_{k'}}^{u,w}, 1 \leqslant n, n' \leqslant g, u, w \in V \tag{2.8.7}$$

$$\sum_{j=1}^{3} t_j^i \leqslant t^i, \forall 1 \leqslant i \leqslant h \tag{2.8.8}$$

$$\sigma_{i,f_k,f'_{k'}}^{u,w} \in \{0,1\}, \forall i \in H, \forall f_k, f'_{k'} \in F, \forall (u,w) \in E \tag{2.8.9}$$

$$\varepsilon_{f_k}^{n,u} \in \{0,1\}, 1 \leqslant n \leqslant g, \forall u \in V, \forall f_k \in F \qquad (2.8.10)$$

该优化模型中的约束条件(2.8.1)表示同一个 MEC 集群中的两个通用服务节点间的链路带宽资源限制。约束条件(2.8.2)表示 MEC 集群之间的链路带宽资源限制。不等式(2.8.3)表示 MEC 集群 n 中的节点 u 上当前已部署的一个或多个 VNF 占用的计算资源不能超过其计算资源总量。约束条件(2.8.4)表示 MEC 网络中除入口节点和出口节点之外所有活动节点都需要满足流量守恒。约束条件(2.8.5)和(2.8.6)表示服务请求仅从一个入口节点进入 MEC 网络且仅从一个出口节点离开集群化部署的 MEC 网络。约束条件(2.8.7)要求一条 SFC 业务流需经过其预定义的所有 VNF。约束条件(2.8.8)表示业务请求的时延约束。约束条件(2.8.9)和约束条件(2.8.10)分别表示需要具备可行的链路和节点映射。

2.2.3　NP 性讨论

在运筹学领域,多维背包问题(Multidimensional Knapsack Problem,MKP)是一个经典的优化问题,其求解目标是在满足各项资源约束的前提下,从候选对象集中找出可以使目标价值达到最大(或最小)的对象子集。该问题已被证明是一种 NP-Hard[12] 问题。

在 2.2.2 节中建立的最优化模型中,集群化的 MEC 网络同时为多条业务流提供端到端服务,为业务流服务的多个 VNF 需同时占用计算处理资源和转发业务流的链路带宽资源。又由于 VNF 部署于 MEC 网络中的通用服务节点之上,因此这两种资源的占用分别不能超过通用服务节点的可用计算资源和通用服务节点之间的物理链路带宽(包括 MEC 集群内和 MEC 集群间的链路带宽)。假设 MEC 集群中能为第 i 条业务流提供服务的通用服务节点为 n 个。$r_{1,j}$ 表示为业务流提供服务需占用第 j 个通用服务节点的计算资源,$r_{2,m}$ 和 $r_{3,m}$ 分别表示为业务流提供服务第 j 个通用服务节点需占用的 MEC 集群内和 MEC 集群间的带宽资源。继续定义 x_j 表示通用服务节点 x_j 是否被选中用于部署为业务流提供服务的 VNF。由于业务流的端到端服务需经过多个部署了 VNF 的通用服务节点,因此定义 p_j 表示当业务流通过通用服务节点 x_j 时产生的延迟。则式(2.8)所描述的最优化问题可简化为 $\omega = \min \sum_{j=1}^{n} p_j x_j$,满足约束条件 I: $\sum_{j=1}^{n} r_{m,j} \cdot x_j \leqslant b_m, m = 1,2,3$ 和约束条件 II: $x_j \in \{0,1\}$, $j=,1,2,\cdots,n$,表示通用服务节点是否被选中。若进一步将服务业务流对于 MEC 集群内和 MEC 集群间的链路带宽资源占用视作一类资源,则式(2.8)简化后的最优化问题是一个二维 MKP 问题(2KP)。根据 MKP 问题的 NP 性,因此本章所描述的在集群化部署的 MEC 网络中的业务流端到端延迟最小化问题也是一个 NP - Hard 问题。

2.3 基于遗传模拟退火算法的服务功能链构建

2.3.1 编码操作

2.2 节所定义的问题难以在多项式时间复杂度内找到全局最优解。而当问题的规模较大时,若采用贪心法或者枚举法等精确算法的运行时间代价较高,很难在集群化 MEC 网络中进行实际部署。因此,需要采用相应的近似算法对其进行求解。而以模拟退火算法[13]和遗传算法[14]为代表的智能算法,近年在多个领域得到了广泛有效的应用。其中,模拟退火算法利用模拟固体物质退火过程的热平衡问题与随机搜索寻优问题的相似性来达到寻找全局最优或近似全局最优的目的。若在模拟退火算法的运行过程中融入遗传算法,称为遗传模拟退火算法[15,16]。

本章所研究的问题从本质上是根据业务流类型和性能约束条件,按照某种预定义顺序将多个 VNF 映射到多个 MEC 通用服务节点之上,实现延迟最优的离散优化问题。在求解该优化问题的时候,需要权衡好求解方法的执行效率和求解质量。因此本章创新性地通过将模拟退火和遗传算法相结合提出一种进行 VNF 优化部署的策略-iGSA,能够有效克服遗传算法收敛速度慢和模拟退火算法易陷入局部最优的问题,不失为一种求解本章研究问题的合适方法。该策略做了两个规定:①依据业务请求到达 MEC 网络的时间先后顺序进行分析。如果多个业务请求同时到达,则针对这些请求所形成的业务流的总延迟为优化目标;②当一个 MEC 群集中已实例化的 VNF 资源不足以满足服务需求时,则采用在当前 MEC 集群中新开启通用服务节点并实例化 VNF 或将业务流引导至相邻 MEC 集群。iGSA 算法设计的时候在两个方面做了性能改善,一方面在 K 最短路的选择和业务流的引导之前进行在通用服务节点的映射(即虚拟机的映射),以避免网络拥塞。另一方面,对不符合约束的个体加以纠正,然后将纠正的个体放入下一代个体中,以避免陷入局部最优。iGSA 策略的主要步骤包括编码、选择复制、交叉、变异和可行性检测。

设第 k 代种群中的个体数目为 N，这里每个个体即为 $n_v \times m_f$ 矩阵染色体，m_f 表示需要使用多少个 VNF，n_v 表示当前已经开启的通用服务节点数量。矩阵 $\boldsymbol{Q}_k = \{A_1, A_2, \cdots, A_k\}$ 表示个体，第 k 代种群的第 r 个个体表示为：

$$\boldsymbol{A}_k^r = \begin{bmatrix} a_{11}^r & a_{12}^r & \cdots & a_{1m_f}^r \\ a_{21}^r & a_{22}^r & \cdots & a_{2m_f}^r \\ \vdots & \vdots & & \vdots \\ a_{n_v1}^r & a_{n_v2}^r & \cdots & a_{n_vm_f}^r \end{bmatrix}$$

$\boldsymbol{A}_k^r$ 的每个元素为一个二元值，其中的任意元素 $a_{ij}^r = 1$ 表示第 j 个 VNF 被部署在通用服务节点 i 之上，而通用服务节点是在第 k 代种群中的第 r 个个体。$a_{ij}^r = 0$ 表示否。$\boldsymbol{A}_k^r$ 的限制条件为：$\sum_{i=1}^{n_v} a_{ij}^r = 1$，$\forall j \in \{1, 2, \cdots, m_f\}$ 和 $a_{ij}^r \in \{0, 1\}$，$\forall i \in \{1, 2, \cdots, n_v\}$，$j \in \{1, 2, \cdots, m_f\}$

2.3.2　选择复制

当以概率值 $P(\boldsymbol{A}_k^r)$ 对一个个体进行选择复制时，本章采用 K 最短路算法。根据此个体 $\boldsymbol{A}_k^r$，检测当前系统是否存在满足所有业务流时延要求的路径，如果不存在，则选择一个满足延迟和链路带宽限制的个体 $\boldsymbol{A}_{k'}^r$ 并纠正当前个体 $\boldsymbol{A}_k^r$，再将纠正后的 $\boldsymbol{A}_k^r$ 放入种群的下一代种群中。如果存在，直接复制该个体 $\boldsymbol{A}_{k'}^r$ 到下一个代种群中。个体 $\boldsymbol{A}_k^r$ 被选中的概率 $P(\boldsymbol{A}_k^r)$ 和适应度成正比，可表示如下：

$$P(\boldsymbol{A}_k^r) = \frac{\text{fit}(\boldsymbol{A}_k^r)}{\sum_{i=1}^{N} \text{fit}(\boldsymbol{A}_k^r)} \tag{2.9}$$

其中的 $\text{fit}(\boldsymbol{A}_k^r)$ 表示个体 $\boldsymbol{A}_k^r$ 的适应度函数，本章采用的遗传模拟退火算法在适应度函数定义时引入了温度参数。相比之下，单纯的遗传算法不涉及温度参数变化，而遗传模拟退火则通过引入温度参数，使得随着温度降低种群个体跳出局部最优平均次数增加。采用的适应度函数为：

$$\text{fit}(\boldsymbol{A}_k^r) = \exp\left\{ -\frac{\text{fun}(\boldsymbol{A}_k^r) - \text{fun}(\boldsymbol{A}_k^r)_{\min}}{t_k} \right\} \tag{2.10}$$

其中的 t_k 表示状态 k 下的温度,而初始的温度值定义为 $t_o = Z \cdot \boldsymbol{\pi}_o$,其中 Z 为一个常量,而 $\boldsymbol{\pi}_o = \mathrm{fun}(A_0^r)_{\max} - \mathrm{fun}(A_0^r)_{\min}$,其中 $\mathrm{fun}(\boldsymbol{A}_k^r) = \sum\limits_{i=1}^{h} \sum\limits_{j=1}^{3} t_j^i$。

2.3.3 交叉操作

我们使用多行矩阵进行杂交。例如:让 Q_k 中的 $\boldsymbol{A}_k^i$ 和 $\boldsymbol{A}_k^j$ 进行配对,并且将 $\boldsymbol{A}_k^i$ 和 $\boldsymbol{A}_k^j$ 相对应的行以概率 $P_C = 0.6$ 进行互换。种群中两个染色体之间的交叉过程如下。

$$\boldsymbol{A}_k^i = \begin{bmatrix} a_{11}^i & a_{12}^i & \cdots & a_{1m_f}^i \\ a_{21}^i & a_{22}^i & \cdots & a_{2m_f}^i \\ \vdots & \vdots & & \vdots \\ a_{n_v1}^i & a_{n_v2}^i & \cdots & a_{n_vm_f}^i \end{bmatrix}, \boldsymbol{A}_k^j = \begin{bmatrix} a_{11}^j & a_{12}^j & \cdots & a_{1m_f}^j \\ a_{21}^j & a_{22}^j & \cdots & a_{2m_f}^j \\ \vdots & \vdots & & \vdots \\ a_{n_v1}^j & a_{n_v2}^j & \cdots & a_{n_vm_f}^j \end{bmatrix}$$

在第二行中,交叉操作后的矩阵染色体是:

$$\boldsymbol{A}_k^i = \begin{bmatrix} a_{11}^i & a_{12}^i & \cdots & a_{1m}^i \\ a_{21}^i & a_{22}^i & \cdots & a_{2m}^i \\ \vdots & \vdots & & \vdots \\ a_{n_v1}^i & a_{n_v2}^i & \cdots & a_{n_vm}^i \end{bmatrix}, \boldsymbol{A}_k^j = \begin{bmatrix} a_{11}^j & a_{12}^j & \cdots & a_{1m}^j \\ a_{21}^j & a_{22}^j & \cdots & a_{2m}^j \\ \vdots & \vdots & & \vdots \\ a_{n_v1}^j & a_{n_v2}^j & \cdots & a_{n_vm}^j \end{bmatrix}$$

2.3.4 变异及可行性检测

本章假设突变的概率 $P_m = 0.01$。对于任何个体,我们需要判断是否发生了突变。如果发生了突变,我们需要对该个体进行可行性检测。

在交叉和变异操作之后,我们需要判断这些新个体是否满足资源限制条件。对于一个给定的染色体,可以得到 VNF 映射策略,从中可进一步获得决策变量 $\varepsilon_{f_k}^{n,u}$ 的值,从而判断是否满足通用服务节点映射的约束。如果不满足,则节点不满足计算资源限制,并且将对应于这些节点的行元素从 1 随机校正为 0,直到满足节点计算约束。通过 VNF 的映射可以获得相应的最优网络链路映射,然后为每条业务流选择 K 最短路,在满足链路和延迟约束的同时最小化适应度函数。以这种方式,在第一阶段中将纠正的个体和链接映射策略重复至下一代。在集群化部署的 MEC 网络中,业务流延迟最小化算法(iGSA)描述如下。该算法的时间复杂度为 $O(n^2)$,这里 n 表示通用服务节点的数量。对于通用服务节点规模较小的 MEC 网络而言，该算法的计算复杂度在可接受的程度内。iGSA 算法伪代码见表 2.1。

表 2.1　iGSA 算法伪代码

基于遗传模拟退火的启发式算法-iGSA

输入：集群化部署的 MEC 网络通用服务节点和链路信息，各条链路的带宽占用量矩阵 $\boldsymbol{B}$，某个 MEC 集群 G_n 中某个通用服务节点 $m(m \in M_n)$ 当前可用计算资源表示为 W_m^m，VNF 的类型集合 F，SFC 集合（包括 SFC 长度，SFC 类型和 R_i）。

输出：SFC 的部署策略 M_{best} 和 B_{best}，以及对于在 $[t, t+T]$ 时间间隔内到达的业务请求的端到端延迟预估值 t_{avg}。

Step1 记录 f，$\omega_{f_k}^i$，$\beta_{f_k,f_{k'}}^i$，$Z_{f_k}^i$，记录类型为 f 的 VNF 能够部署的数量 $|N_f|$；

Step2 初始化 $\text{fit}_{\min} \leftarrow 0$，$m \leftarrow 0$，$M_{\text{best}} \leftarrow \varnothing$，$t_k$ 和循环次数 K；

Step3 以种群大小 N、交叉概率 P_C、变异概率 P_m、温度范围 $\text{Temp}_{\min}$ 和温度变化系数 ξ 为初始值初始化种群 Q_0；

Step4 计算 $P(A_k^r)$，在 Q_0 中找到最大适应度 fit 值，并记录对应的 M_{best} 和 B_{best}；

Step5 以概率 $P(A_k^r)$ 在 Q_m 中选择复制个体，重复 N 次得到 Q_m'；

Step6 while($m' < K$ && $t_k \geqslant \text{Temp}_{\min}$)

    {

      for $A_m^i \in Q_m'$ do

        得到 $\varepsilon_{f,k}^{n,v}$；

        得到满足链路带宽限制和延迟限制的 K 最短路径，优先在同一个 MEC 集群中选择；

        计算适应度 $\text{fit}(A_m^i)$ 并排序，得到 $\text{fit}_{\min}$；

        得到 VNF 的部署策略 $M_{\text{best}} \leftarrow A_m^k$；

        得到链路映射策略 $B_{\text{best}} \leftarrow M_{\text{best}}$；

      end

      for $i, i' \in |Q_m'|$ do

        将 A_m^i 和 $A_m^{i'}$ 以概率 P_C 交叉处理得到 $A_{m\_\text{new}}^i$ 和 $A_{m\_\text{new}}^{i'}$，并用 A_{new} 表示交叉后得到的新个体；

续表

基于遗传模拟退火的启发式算法-iGSA

$\quad\quad\quad\quad$ 对 A_{new} 进行检测；

$\quad\quad\quad\quad\quad\quad$ if（可行测试失败）

$\quad\quad\quad\quad\quad\quad\quad\quad$ 纠正个体；

$\quad\quad\quad\quad\quad\quad$ end

$\quad\quad\quad\quad$ 计算适应度 $\text{fit}(A_{\text{new}})$

$\quad\quad$ end

$\quad\quad$ for $A_m^i \in Q_m'$ do

$\quad\quad\quad\quad$ if（突变产生）

$\quad\quad\quad\quad$ 检测和纠正个体；

$\quad\quad\quad$ end

$\quad\quad$ end

$\quad\quad t_k \leftarrow \xi t_k$；

$\quad\quad Q_{m+1} \leftarrow Q_m'$；

$\quad\quad m' \leftarrow m+1$；

$\quad\}$

Step7 输出集群化部署的 MEC 网络中 VNF 的部署 M_{best} 和路径选择 B_{best}，

以及平均延迟预估值 t_{avg}；

2.4　实验分析与性能评估

2.4.1　实验方法及仿真参数设置

本章通过 Matlab 建立数值仿真环境来评估 iGSA 策略的性能。实验基于 Congent[17] 生成 MEC 集群网络的拓扑。实验生成了两种类型的网络（网络 Ⅰ，网络 Ⅱ）以评估算法在不同 MEC 集群网络规模下的表现，其中网络 1 包括 3 个 MEC 集群，部署 30 个通用服务节点,55 条集群内和集群间的链路,集群内的带宽资源参数在 10~200 Mb/s 内随机选取,集群间的带宽资源参数在 10~100 Mb/s 内随机选取。

网络 II 的 MEC 集群数量为 10 个,部署 200 个通用服务节点,355 条集群内和集群间的网络链接,集群内的带宽资源参数在 1～10 Gb/s 内随机选取,集群间的带宽资源参数在 200 Mb/s～1 Gb/s 内随机选取。两种网络中的服务功能链 SFC 的平均长度为 4。SFC 的类型、MEC 网络中通用服务节点的计算资源、不同类型 VNF 所需计算资源和 VNF 之间的关联关系等参数从各自的区间内随机选择。与文献[18]中的类似,集群化部署的 MEC 网络节点之间的传播延迟与其链路距离成比例,通过乘以在区间[0.8, 1.5]中取得的随机数来引入适当的随机性。参考相关文献[19],服务请求所需的流量服从幂率分布,设置 $\alpha = 2.1$ 产生了 $x_{min} = 10$ Mb/s 的服务请求。随机地在 MEC 集群中选择一个服务请求的入口网元和出口网元以模拟不同类型的移动业务。另外,突变概率为 0.01,MEC 群集之间和内部的交叉概率分别设置为 P_C = 0.6 和 P_C = 0.8,温度变化系数 $\xi = 0.45$。

实验中使用几种典型算法进行对比以客观评估 iGSA 的性能,包括:①AH 策略(AH Strategy)[20],该算法在一个 MEC 网络中优先选择具有最多剩余资源的可用节点部署 VNF 和建立 SFC。和 iGSA 策略相比较,AH 算法减少了 VNF 的处理延迟,但没有考虑处理延迟和传播延迟的整体优化,特别没有考虑多个 MEC 集群共存的一般化场景;②贪心部署策略(Greedy Strategy):集群化部署的 MEC 网络逐个处理时间 T 内的服务请求,并依次最小化每个服务请求的端到端延迟;③随机部署策略(Random Strategy):在 T 时间段内收到 i 个服务请求,该策略在满足计算资源限制、链路带宽资源限制和服务请求的延迟限制的通用服务节点用于部署 VNF 和建立 SFC。

2.4.2 实验结果与分析

本章首先探讨在同一时间段内,到达集群化部署 MEC 网络中的服务请求数与平均端到端服务延迟之间的关系。图 2.3 显示了在网络 I 网络场景下,获得服务的平均延迟与服务请求数量之间的关系。可以看到,服务的平均延迟随着服务请求的数量增加而增加,这主要是因为随着业务请求的增加,当一个 MEC 集群中的计算和网络资源不足以开启部署新的 VNF 时,业务流将被引导至相邻 MEC 集群,而跨MEC 的带宽资源受限从而导致服务的整体延迟增加。从图 2.3 可以看到,和典型的AH 策略、贪心部署策略和随机部署策略相比,基于遗传模拟退火算法的 iGSA 在降低服务延迟方面有更好的表现。同时可以看到由于贪心部署算法考虑了多个 MEC

集群共存的情况,优先在同一个 MEC 集群中选择通用服务节点以降低服务延迟,因此其表现优于 AH。同时还可以看到,在网络 I 场景中,相较于其他策略,iGSA 算法都具有稳定的性能表现,分别比 Greedy 策略、AH 策略以及 Random 策略有平均 10.62%、23.94% 和 71.36% 的端到端服务延迟优势。

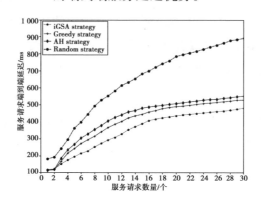

图 2.3　不同服务请求量下的服务延迟对比(网络 I)

为业务请求提供持续高质量的服务,多个不同类型的 VNF 从逻辑上链接成 SFC 或服务功能图(SFG, Service Function Graph),本章还深入探讨了 SFC 的长度与服务请求的平均延迟之间的关系。在图 2.4 中,可以观察到服务请求的平均延迟随着 SFC 长度(即一条 SFC 链上的 VNF 的个数)的增加而同步增加,其主要原因是 SFC 越长,表示业务流流经的 VNF 实例也越多,则在网络资源固定的情况下需要更多的计算资源、网络带宽以及存储资源,从而导致可用的节点和链路变得更稀缺。SFG 的逻辑结构是一种特殊的 SFC。和 SFC 的主要区别在于,SFG 通过分析业务流经过的多个 VNF 之间的依赖关系,引入 VNF 的并行化执行思想实现对业务流的更高效服务,基于 SFG 模式的业务流服务,能显著降低业务流的端到端延迟[21]。因此,本章继续考察了 SFG 的数量对服务平均延迟的影响。实验场景中设置了部分服务请求不能以并行化 SFG 仍只能以串行化 SFC 的方式提供服务,SFC 和 SFG 的总数量为 100。同时在一个 SFC 或一个 SFG 中,业务流需经过 8 个 VNF 的处理才能完成端到端的服务。该实验通过增加 SFG 的数量来评估对服务请求的端到端平均延迟的影响。从图 2.5 中可以发现,当 SFG 的数量从 10 到 100 的过程中,即 SFG 的占比增加,而 SFC 的占比下降,服务请求的平均延迟减少。其主要原因是当 SFG 占比增加的情况下,越来越多的 VNF 都在并行处理业务流数据,完成端到端的服务延迟减少。该实验结论表明本章所提出的 iGSA 策略能良好地适应于采用不同的 VNF 逻辑链接关系建立起的 MEC 应用。

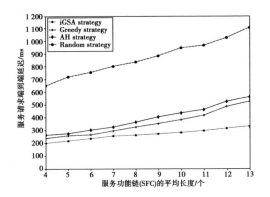

图 2.4　不同服务功能链(SFC)长度下的服务延迟对比(网络Ⅱ)

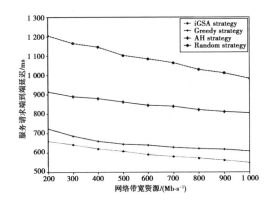

图 2.5　不同服务功能图(SFG)下的服务延迟对比(网络Ⅱ)

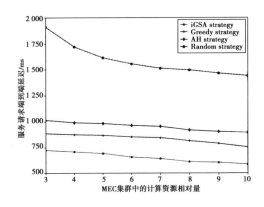

图 2.6　MEC 集群中不同的通用服务节点下的服务延迟对比(网络Ⅱ)

将 NFV 技术引入 MEC 网络后,MEC 能够根据服务的请求量动态调整通用服务节点的数量以实现在服务质量和资源开销之间的平衡。本章评估了当 MEC 集群中根据业务请求开启不同规模的通用服务节点时,不同算法的端到端服务延迟对比。我们直接比较了在网络 II 的 10 个 MEC 群集中从开启 80 个通用服务节点到 260 个通用服务节点时,端到端的平均服务延迟,从图 2.6 可以观察到平均延迟随着 MEC 集群中开启的通用服务节点数量的增加而下降,其原因主要是随着每个 MEC 集群开启的通用服务节点数量的增加,实例化的 VNF 数量也同步增加,服务请求更多的可以在入口网元所在的 MEC 集群中得到处理,而不需要导入其他相邻的 MEC 集群。进一步,可以看到在一个 MEC 集群中开启相同的通用服务节点的情况下,得益于 iGSA 策略能够在多个 MEC 集群中进行跨区域的路径选择,该策略总能提供更低的端到端服务延迟。相对于集中式部署的云数据中心或云化的移动核心网,MEC 的计算及网络等 IT 资源都相对受限,因此本章继续对比了 IT 资源受限情况下不同的算法策略所提供的端到端服务延迟,包括:通用服务节点的计算资源受限以及 MEC 集群之间的平均链路带宽受限。图 2.7 和图 2.8 分别对比了 MEC 集群之间的带宽资源和 MEC 集群计算资源处于不同稀缺情况下的业务流端到端延迟。MEC 集群之间的带宽资源从 200 Mb/s 增加到 1Gb/s,服务请求数为 100 个。当 IT 资源增加时,服务请求的平均服务延迟会逐渐降低。这是因为计算资源增加后更多的 VNF 可以在本地 MEC 集群中的通用服务节点生成。同时,由于 MEC 集群之间的链路带宽增加,可以将业务流所需的更多的计算和网络资源引导至相邻 MEC 集群。可以看到,随着 MEC 集群的 IT 资源的逐渐增加,更多的服务请求将在本地集群中得到处理,服务的端到端路径将有效缩短。在图 2.7 和图 2.8 中,当 MEC 的 IT 资源处于不同稀缺程度时,相对于其他策略,iGSA 均能取得更好的性能。在不同的带宽资源稀缺程度下,iGSA 策略分别比 Greedy 策略和 AH 策略平均有 13.32% 和 48.76% 的性能优势,而在不同计算资源稀缺程度下,iGSA 策略则分别比 Greedy 策略和 AH 策略平均有 22.72% 和 35.29% 的性能优势。

上述实验对比中,通过设置不同的参数,包括:服务请求数量、MEC 网络中服务节点规模、MEC 集群数量以及 VNF 之间的逻辑连接关系等,详细对比了 iGSA 和几个相关策略性能。实验结果表明 iGSA 算法通过将模拟退火和遗传算法相结合在保证算法效率的同时获得了更优的求解方案,让延迟敏感类移动业务获得更好体验。实验结论有力地支持了本章通过改进遗传模拟退火算法解决 VNF 在 MEC 网络中的优化部署问题上所做的创新。

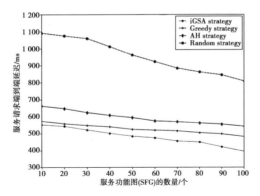

图 2.7　不同 MEC 集群间的网络带宽资源下的服务延迟对比（网络Ⅱ）

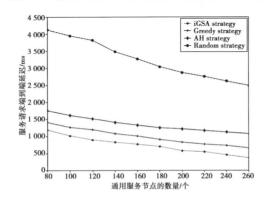

图 2.8　不同 MEC 集群计算资源下的服务延迟对比（网络Ⅱ）

本章小结

　　本章研究了多集群 MEC 网络中的 VNF 的优化部署策略,首先将业务流经过部署在 MEC 通用服务节点的多个 VNF 的过程形式化为一个开放 Jackon 排队网络,并进一步得到业务流的服务时延最优化模型。在证明了该优化问题是一个 NP-Hard 问题的基础上,通过将遗传算法和模拟退火算法的结合提出一种 MEC 集群网络中基于遗传模拟退火算法的 VNF 部署及路径优选策略。通过在不同参数条件下,将所提出策略与类似算法进行了详细对比,结果表明所提出策略能为移动业务提供更低的端到端服务延迟,有效改善业务的体验。本章所提出的算法及结论能为优化 MEC 的资源部署提供有借鉴意义的参考。在将来的工作中,我们将把本章的场景继续扩展到融合网络切片的 MEC 网络,研究 MEC 节点和网络切片中的虚拟资源部署和联合调度。

参考文献

［1］LIU H, ELDARRAT F, ALQAHTANI H, et al. Mobile edge cloud system: Architectures, challenges, and approaches[J]. IEEE Systems Journal, 2018, 12(3): 2495-2508.

［2］ESSWIE A A, PEDERSEN K I. Opportunistic spatial preemptive scheduling for URLLC and eMBB coexistence in multi-user 5G networks[J]. IEEE Access, 2018, 6: 38451-38463.

［3］MACH P, BECVAR Z. Mobile edge computing: A survey on architecture and computation offloading[J]. IEEE Communications Surveys & Tutorials, 2017, 19(3): 1628-1656.

［4］CHATRAS B, OZOG F F. Network functions virtualization: The portability challenge[J]. IEEE Network, 2016, 30(4): 4-8.

［5］LEI L, XIONG X, HOU L, et al. Collaborative edge caching through service function chaining: Architecture and challenges[J]. IEEE Wireless Communications, 2018, 25(3): 94-102.

［6］HUANG H W, GUO S. Proactive failure recovery for NFV in distributed edge computing[J]. IEEE Communications Magazine, 2019, 57(5): 131-137.

［7］NAM Y, SONG S, CHUNG J M. Clustered NFV service chaining optimization in mobile edge clouds[J]. IEEE Communications Letters, 2017, 21(2): 350-353.

［8］YOUSAF F Z, BREDEL M, SCHALLER S, et al. NFV and SDN—Key technology enablers for 5G networks[J]. IEEE Journal on Selected Areas in Communications, 2017, 35(11): 2468-2478.

［9］ZENG C B, LIU F M, CHEN S T, et al. Demystifying the performance interference of co-located virtual network functions [C]//IEEE INFOCOM 2018-IEEE Conference on Computer Communications. Honolulu, HI. IEEE, 2018: 765-773.

［10］LIU Z, YANG M, DAI J F. Performance improvement based on path delay analysis in WiMax mesh networks[C]//2007 Second International Conference on Communications and Networking in China. Shanghai, China. IEEE, 2007: 958-962.

［11］KHINCHIN A Y, ANDREWS D M, QUENOUILLE M H. Mathematical methods in the theory of queuing[M]. Courier Corporation, 2013.

［12］CHU P C, BEASLEY J E. A genetic algorithm for the multidimensional knapsack problem[J]. Journal of Heuristics, 1998, 4(1): 63-86.

［13］LIN C C, SHU L, DENG D J. Router node placement with service priority in wireless mesh networks using simulated annealing with momentum terms[J]. IEEE Systems Journal, 2016, 10 (4): 1402-1411.

［14］HOU N, HE F Z, ZHOU Y, et al. A parallel genetic algorithm with dispersion correction for HW/ SW partitioning on multi-core CPU and many-core GPU[J]. IEEE Access, 2017, 6: 883-898.

［15］YANG L Y, DENG Y H, YANG L T, et al. Reducing the cooling power of data centers by intelligently assigning tasks[J]. IEEE Internet of Things Journal, 2018, 5(3): 1667-1678.

［16］孟凡超, 初佃辉, 李克秋, 等. 基于混合遗传模拟退火算法的 SaaS 构件优化放置[J]. 软件学报, 2016, 27(4): 916-932.

［17］The Cogent's Network Map. Accessed: 2019. [Online]. Available: http://cogentco.com/en/ network/network-map.

［18］JIA Y Z, WU C, LI Z P, et al. Online scaling of NFV service chains across geo-distributed datacenters[J]. IEEE/ACM Transactions on Networking, 2018, 26(2): 699-710.

［19］LI X, QIAN C. Low-complexity multi-resource packet scheduling for network function virtualization[C]//2015 IEEE Conference on Computer Communications (INFOCOM). Hong Kong, China. IEEE, 2015: 1400-1408.

［20］XIA M, SHIRAZIPOUR M, ZHANG Y, et al. Network function placement for NFV chaining in packet/optical datacenters[J]. Journal of Lightwave Technology, 2015, 33(8): 1565-1570.

［21］SUN C, BI J, ZHENG Z L, et al. NFP: enabling network function parallelism in NFV[C]// The conference of the ACM Special Interest Group on Data Communication (SIGCOMM). ACM, 2017:43-56.

第 3 章　边缘计算中面向资源优化的服务功能构建

3.1　背景介绍

　　近年来,网络功能虚拟化(Network Function Visualization,NFV)技术越来越多地被运用并部署到边缘计算中[1,2]。一方面,通过 NFV 技术的使用,边缘计算的各种网元功能可以软件虚拟化为虚拟网络功能(Virtualized Network Function,VNF)[3],使得各个网元功能的容量调配周期极大缩短,业务部署的弹性大幅提升。另一方面,能够使用价格更低但更新换代周期却更短的通用计算平台来构建电信基础设施,这进一步降低了运营商的设备投入成本。但 NFV 运用于边缘计算也面临诸多技术挑战,其关键问题已成为当前产学界研究关注的热点[4-6]。在基于 NFV 构建的边缘计算中,不同类型的业务流需要由不同类型的 VNF 加以服务,这些 VNF 以某种次序组成集合,构成了网络服务链(Network Service Chaining,NSC)[6,7]。我们可以将每条 NSC 视作是由一个或多个 VNF 按照预定的次序串联形成的一条虚拟路径。当 NSC 为业务流提供服务的时候会同时占用边缘计算中的网络资源(如:交换机的交换能力)和相关通用服务器的计算资源。因此,如何设计合理的 NSC 的构建策略变得尤其重要,这关系到边缘计算中计算和网络两类资源的使用效率。

　　本章在已有的相关研究工作中,文献[6-8]以提高虚拟机的使用效率为目标讨论 NSC 的部署问题,文献[9]以全局的虚拟机资源使用量为优化目标部署 VNF。Taleb 和 Bagaa 等学者开展了一系列和 VNF 在运营商部署的研究工作。在移动云环境下,文献[10]利用贪心算法解决了 VNF 最优化部署的问题。文献[11]研究了边缘计算中实例化 VNF 的问题,在保证用户体验的情况下降低网络运营商的开销。在特定的边缘计算场景下,文献[12]针对移动用户不同的服务类型和移动性要求,研究了特定网元的虚拟化部署问题。Basta 等人[13]以最小化网络传输的负载为目标建立优化模型,给出了有时延约束条件下 VNF 的部署方案。文献[14,15]聚焦在引入 NFV 后 VNF 的弹性部署和链接问题,分别提出了启发式的算法和以最小化操作开销为目标的优化算法。文献[16]在数据中心网络中就 VNF 的部署问题展开讨论,认为 VNF 的实例化分配和移除类似于虚拟机的放置和迁移。作者以最少 VNF 实例化为优化目标,建立了整数线性规划模型并给出解决方案。和前述研究工作不同的是本章从减少资源碎片的角度去研究 NSC 构建问题,将计算和网络资源两个因素纳入考虑,以最大化边缘计算能容纳的业务流数量为目标,提出 NSC 构建新策略。最后通过实验表明该策略能更有效地提高边缘计算的服务能力,优化资源的使用效率。

3.2　系统框架与建模分析

3.2.1　模型建立

以一个无向图 $G=(S \cup H, E)$ 描述边缘计算。其中,$S=\{s_1, s_2, \cdots, s_m\}$ 为边缘计算中的交换机集合,且对于某台交换机 $s_i, (s_i \in S)$ 的最大交换能力为 B_i,剩余交换能力为 B_i'。另外,$H=\{h_1, h_2, \cdots, h_m\}$ 为边缘计算中的通用服务器集合,对于某台通用服务器 $h_i(h_i \in H)$ 的最大计算资源为 C_i,剩余资源为 C_i'。E 为边缘计算的链路集合,用 $y(u,v)(u,v \in S \cup H)$ 表示边缘计算中的某两台物理设备 u 和 v 是否属于链路集合 E。若两台物理设备直接相连,则 $y(u,v)=1$,否则 $y(u,v)=0$。用 $l_{u,v}$ 表示链路 (u,v) 的时延。对某个业务流 i 的服务请求,用一个五元组 $(I_i, E_i, T_i, V_i, D_i)$ 加以描述,其中 $I_i, E_i \in S$ 分别表示业务流 i 的流入/流出交换机(即入口/出口网元),T_i 表示 i 的流量需占用的带宽资源,V_i 表示业务流 i 需要经过处理的虚拟网络功能组成的集合,V_i 可进一步表示为 $\{v_{i,1}, v_{i,2}, \cdots, v_{i,k}\}$,其中 $v_{i,r}$ 表示 V_i 的第 r 个虚拟网络功能。当边缘计算能够为业务流 i 提供服务,则需要按照 V_i 中虚拟网络功能的排列顺序构建起一条网络服务链(NFC)。另外,运行 $v_{i,r}$ 所需要占用的计算资源为 $c \cdot v_{i,r}$。D_i 为该业务流的最大容忍时延。为了便于统计业务流数量,我们假设所有的业务流均为同种类型业务,则每个服务请求的最大时延要求 D_i 为 D。本章最终目

标是希望通过优化部署资源使得边缘计算能服务尽可能多的业务流,假设业务流请求数量为 N,则优化目标函数是:

$$\max N$$

当业务流 i 的服务请求进入边缘计算中时,网络控制器根据 i 的请求和当前运营商的可用资源构建起网络服务链,并将 V_i 集合中的每一个虚拟网络功能实例化。定义决策变量 β 表示虚拟网络功能的部署:

$$\beta_{v_{i,r}}^{h_p} = \begin{cases} 1, 业务流 i 的 v_{i,r} 部署于通用服务器 h_p \\ 0, 其他 \end{cases}$$

同时,控制器也将为 V_i 集合选择一条路径连接各个虚拟网络功能。定义决策变量 α 为:

$$\alpha_i^{u,v} = \begin{cases} 1, 业务流 i 的各 VNF 经过链路(u,v) \\ 0, 其他 \end{cases}$$

V_i 的路径决策包括两个部分,一部分是由变量 $\alpha_i^{u,v}$ 确定的与交换机相连构成的主路径部分,另一部分则是由决策变量 $\beta_{v_{i,r}}^{h_p}$ 确定的通用服务器及与其相连的交换机构成。由决策变量 α 可知,对于为业务流 i 构建的 NSC 而言,所映射的路径必须属于边缘计算拓扑中实际存在的链路,故有约束式(3.1)成立:

$$\alpha_i^{u,v} \leqslant y(u,v), \forall u,v \in S \cup H \tag{3.1}$$

为了避免 TCP 流在分离的时候可能产生的性能退化,本章规定一条流不允许分离为两条以上的路径。将 NSC 映射到物理链路后,除流入和流出交换机以外的中间物理节点,都必须满足流量守恒的条件,故有式(3.2)成立:

$$\sum_{u \in S \cup H} \alpha_i^{w,u} - \sum_{v \in S \cup H} \alpha_i^{v,w} = 0, \forall w \in S \cup H \text{ and } w \notin \{I_i, E_i\} \tag{3.2}$$

特别地,对该业务流 i 的流入交换机 I_i 而言,满足式(3.3)约束:

$$\sum_{u \in S \cup H} \alpha_i^{I_i,u} - \sum_{u \in S \cup H} \alpha_i^{u,I_i} = 1 \tag{3.3}$$

类似地,对于业务流 i 的流出交换机 E_i 而言,则必须满足:

$$\sum_{u \in S \cup H} \alpha_i^{u,E_i} - \sum_{u \in S \cup H} \alpha_i^{E_i,u} = 1 \tag{3.4}$$

为了保证用户的服务质量,网络服务链的链路映射到边缘计算实际物理链路之后,数据传输的总时延必须小于等于端到端时延要求:

$$\sum_{u \in S \cup H} \sum_{v \in S \cup H} \alpha_i^{u,v} \cdot l_{u,v} \leqslant D_i \tag{3.5}$$

上文已说明将网络服务链的实际路径划分成为两部分,而其中的交换机和通用服务器之间采用高速光纤连接,链路时延忽略不计,因此式(3.5)转换为:

$$\sum_{u \in S} \sum_{v \in S} \alpha_i^{u,v} \cdot l_{u,v} \leq D_i \qquad (3.6)$$

同时对任意一台交换机而言,必须保证从其所连接的通用服务器和从其他交换机流入的总流量小于等于该交换机的最大数据交换能力:

$$\sum_{i=1}^{N} \sum_{u \in S \cup H} \alpha_i^{u,s_j} \cdot T_i \leq B_j, \forall s_j \in S \qquad (3.7)$$

对边缘计算中任意一台通用服务器而言,部署在其上的 VNF 所需要的计算资源总和必须小于等于该通用服务器能够提供的资源总量:

$$\sum_{i=1}^{N} \sum_{r=1}^{K} \beta_{v_{i,r}}^{h_p} \cdot cv_{i,r} \leq C_{h_p}, \forall h_p \in H \qquad (3.8)$$

业务流 i 所需虚拟网络功能 V_i 中的每一个 $VNFv_{i,r}$ 都能且只能映射到一台通用服务器上,因此有式(3.9)约束成立:

$$\sum_{h_p \in H} \beta_{v_{i,r}}^{h_p} = 1 \qquad (3.9)$$

同时,一条 NSC 的 VNF 需有序部署于通用服务器,我们将 NSC 的流入交换机 I_i 到流出交换机 E_i 所经过的所有交换机,按交换机在路径中的顺序进行编号,记为 $I_i(s_j)$ 。

我们用 $\varphi(h_p)$ 表示和物理主机 h_p 直接相连的交换机集合,而用 $\varphi(s_j)$ 来表示和交换机 s_j 直接相连的通用服务器集合,分别表示为: $\varphi(h_p) = \{s_j \mid y(s_j, h_p) = 1\}$, $\forall h_p \in H, s_j \in S$ 和 $\varphi(s_j) = \{h_p \mid y(s_j, h_p) = 1\}$, $\forall h_p \in H, s_j \in S$ 。对任意一条业务流 i 的 $VNFv_{i,r}$ 而言,必须保证部署该 VNF 的物理主机其直连的交换机索引值不大于部署下一个 $VNFv_{i,r+1}$ 的物理主机其直连的交换机索引值,即有式(3.10)成立:

$$I_i(\varphi(h_p)) \leq I_i(\varphi(h_q)), \text{if } \beta_{v_{i,r}}^{h_p} = \beta_{v_{i,r+1}}^{h_q} = 1 \qquad (3.10)$$

另外,与部署了 VNF 的通用服务器直接相连的交换机则必须在边缘计算实际链路之上,因此有

$$\sum_{v \in S} \sum_{u \in S} \sum_{h_p \in H} \beta_{v_{i,r}}^{h_p} \cdot \alpha_i^{h_p,u} \cdot (\alpha_i^{u,v} + \alpha_i^{v,u}) \geq 1 \qquad (3.11)$$

3.2.2　NP 性讨论

多商品流问题(multi-commodity flow problem)主要讨论 k 种不同的商品在网络中

从某个源点到汇点的运输问题。在一个有向图 $G = (V, E)$ 中,其中的每条边 $(u, v) \in E$ 都有一个非负的容量 $c(u, v) \geq 0$。对于 $(u, v) \notin E$ 有 $c(u, v) = 0$,另外,对 k 种不同的商品 $C_1, C_2, \cdots, C_k$,其中用三元组 $C_i = (s_i, t_i, d_i)$ 来详细描述商品 i。这里顶点 s_i 是商品 i 的源点,顶点 t_i 是商品 i 的汇点。d_i 是运输商品 i 需占用的容量值。流 f_{iuv} 即商品 i 从顶点 u 到顶点 v 的流,所有商品在边 (u, v) 上的汇聚流不能超过该边的容量 $c(u, v)$。多商品流问题是一个典型的 NP-hard 问题[17]。

本章所研究的问题是对任意一交换机而言,从与之关联的通用服务器节点流入的流量以及从与之相连的其他若干条网络链路流入流量之和的限制,若将这个限制放宽到每条链路的容量限制则所研究的问题就归结为一个多商品流问题。

鉴于 VNF 的优化部署问题是一个 NP-hard 问题,不存在一个多项式时间算法能够求解 NSC 的构建问题。从本章的优化目标是让边缘计算能够满足服务尽可能多的业务流来看,最直观的解决方法就是为每一条业务流找到一条合适的路径并尽可能利用最少的资源。基于此分析,本章提出了一种包括两个阶段的启发式的 NSC 构建策略。第一个阶段运行路径选择算法,找到一条满足业务流需求的合理的 NSC 路径。第二阶段运行 VNF 优化部署算法,在第一阶段基础上完成 VNF 的合理部署。

3.3 基于两阶段的服务功能链构建

3.3.1 路径选择

第一个阶段的路径选择算法主要目标是找到从流入交换机到流出交换机的合适的路径。本章希望当前的边缘计算能为更多业务流服务,应尽量减少每条业务流所需要占用的资源。例如:如果路径越短,业务流经过的交换机越少,则占用的数据交换资源也就越少。我们采用启发式的搜索算法 A^* 求取从源点到目的节点的第 k 最短路径。A^* 算法[18,19]在人工智能中是一种典型的启发式搜索算法,算法中的估价是用估价函数表示的:$f(n) = g(n) + h(n)$,其中 $f(n)$ 是从初始节点经由节点 n 到目的节点 t 的估价函数,$g(n)$ 是在状态空间中从初始节点到节点 n 的实际代价,$h(n, t)$ 是从中间节点 n 到目的节点 t 最佳路径的估计代价。在设计中,要保证 $h(n)$ 小于等于 n 到 t 的实际代价,我们采用节点 n 到目的节点 t 的最短距离作为 A^* 算法的估计代价,得到路径选择算法见表 3.1。

表 3.1　路径选择算法伪代码

路径选择算法

输入:业务流 i 的流入/流出交换机 I_i 和 E_i,边缘计算拓扑 G,第 K 短路径的 K 值

输出:为业务流 i 建立的 NSC 路径和该路径长度

求解流出交换机 E_i 到任意交换机 s_j 的最短距离 $h(s_j)$。

创建优先队列 Q 记录节点 s_j 及估值信息 $h(n)$,cont 记录出队列次数。

初始化:将流入交换机 I_i 入队列 Q。

while(Q 不为空)

   {

     选择 Q 中 $h(s_j)$ 值最小的节点 s_j,并从 Q 出队列;

     if (s_j 等于 E_i)

     cont = cont+1;

   end

   if (cont 等于 K)

     记录 $E_i \rightarrow s_j \rightarrow I_i$ 的路径及路径长度;

     break

   end

   for i = 1 to $n-1$

     if($y(s_j, s_i)$ 等于 1)

       计算并添加 s_i 以及估值信息进优先队列 Q;

     end

   end

   }

输出结果:第 K 短路的路径以及长度 $L_{i,K}$

3.3.2　虚拟网络功能映射

假设已知一条部署 NSC 的路径及其长度 $L_{i,k}$,那么本章研究的问题可以进一步转化为:在该路径下如何合理部署 VNF,这要求将一条 NSC 的各 VNF 按给定顺序部

署在若干通用服务器上。如果选择的通用服务器数量越多,需要与之连接的交换机就越多,则需要更多地占用网络资源,这不利于边缘计算为更多业务流提供服务。另外,对单独的通用服务器资源占用过多容易产生资源碎片,使得通用服务器的资源难以充分利用,因此我们以产生最少的资源碎片为目标求解 VNF 的合理部署问题。本章中的资源碎片是指边缘计算的通用服务器和交换机中细分得很小的资源块,虽然存在但无法有效再利用和再分配用于有效部署 VNF。有两种情况会产生资源碎片,一种是通用服务器的剩余资源 C' 小于任意一条业务流 i 所需最小 VNF 资源,即 $\min\{cv_{i,1}, cv_{i,2}, \cdots, cv_{i,k}\}$,另一种情况是交换机的剩余交换能力 B' 不足以提供部署 VNF 在与其直连的通用服务器上的数据交换能力,即 $B' < 2T$(符号定义见本章第 2 节)。在通过路径选择算法得到合理路径的基础上,本章提出了一种建立在经典遗传算法之上的 VNF 部署算法。特别说明的是,考虑到通用服务器和 VNF 之间存在映射关系,本章采用一种 0-1 矩阵编码方式,将矩阵作为群体个体进行后续的选择、交叉、变异等遗传运算。矩阵的行数为 NSC 中包含的 VNF 的个数,矩阵的列数与边缘计算中通用服务器的数目相等。这样的编码方式将矩阵整体作为遗传子代个体,而无须将矩阵展开成一串元素,以确保子代个体基因的完整性。VNF 部署算法描述见表 3.2。

表 3.2 VNF 部署算法伪代码

VNF 部署算法
输入:物理网络拓扑 $G=(S\cup H,E)$, $V=\{v_1,v_2,\cdots,v_K\}$,
输出:VNF 映射策略 M_b
初始化,令 $\mathrm{fit_{max}}=\mathrm{fit'_{max}}=0$, $M_{\mathrm{best}}=\varnothing$
产生初始种群 $P(0)$,大小为 N,种群连续迭代 T 次最优解仍相同,交叉概率 P_C,变异概率 P_m
while($t<T$)
{
for $p_i \in P(m)$ do
求解得到适应度 $\mathrm{fit}(p_i)$
if $\mathrm{fit}(p_i)>\mathrm{fit'_{max}}$
$\mathrm{fit'_{max}}=\mathrm{fit}(p_i)$
记录 VNF 部署方案 M_b, 执行 $M_b \leftarrow$ 染色体 p_i

续表

VNF 部署算法

  end

 end

根据 RWS 选择合适的染色体构成父代群体 $P(m+1)$

for $i \in N/2$ do

 P_{2i} 以概率 P_c 与 P_{2i+1} 交叉

end

for $p_i \in p(m+1)$ do

 以概率 P_m 变异

end

for $p_i \in p(m+1)$ do

 进行可行性检查

end

if $\text{fit}_{max} = \text{fit}'_{max}$ do

 $t = t+1$

else

 $t = 0$

end

}

输出 VNF 映射策略 M_b

  整个 NSC 的构建策略包括了路径选择算法和 VNF 的优化部署算法,因此通过对这两个算法复杂度的分析可以得到整个策略的算法复杂度。这里主要通过时间复杂度来评估 NSC 的构建策略。通过表 3.1 和表 3.2 的伪代码可分析得到路径选择算法的时间复杂度和 VNF 部署算法的时间复杂度均为 $O(N \cdot \log N)$,因此整个 NSC 的构建策略的时间复杂度为 $O(N \cdot \log N)$。

3.4 实验分析与性能评估

3.4.1 实验场景建立及评价指标

本章使用 Matlab 完成数值仿真,重点评估基于本章提出的部署方案在容纳业务流的请求数量、交换机资源利用率以及通用服务器资源利用率方面的性能。这里采用被广泛用作对比对象的 First-Fit 和 Random 部署策略[3,20]作为评估参考。当一个业务流 i 的请求到达时,Random 部署策略随机选择有足够剩余资源和交换能力的通用服务器进行节点映射和链路映射,而 First-Fit 部署策略则优选第一个能满足业务流对资源和交换能力需求的通用服务器进行节点和链路映射。为充分评估本章提出策略在不同网络规模和参数下的表现,我们选取了规模较大的边缘计算场景进行分析比较。该网络及网络服务链的实验参数设置为:边缘计算的物理节点数(通用服务器数量)为 90 个,链路数量为 110。通用服务器的计算资源在 $\{6,8,10\}$ 内随机选择,单位以 IPS 进行衡量,表示每秒能够执行的指令数量。交换机的交换能力在 $\{100,150,200\}$ 之间随机选取。边缘计算的链路时延在 $\{1,2,3,4\}$ 内随机选择,单位是 ms。网络服务链(NSC)的参数,业务流的流入交换机在编号为 1—5 的交换机之间随机选择。业务流的流出交换机在编号为 40—45 的交换机之间随机选择。端到端延迟要求为 20 ms。带宽流量占用服从 $[20,100]$ 之间的均匀分布,单位为 kb/s。可以用于建立 NSC 的网络功能(VNF)共有 5 种类型:vNF1 ~ vNF5。运行各种网络功能所需占用的计算资源分别为 2—6,单位仍以 IPS 进行衡量。

本章基于如下 3 个指标,提出算法的性能并进行评估。

(1)边缘计算中能够容纳的业务流数量 N;

(2)边缘计算中通用服务器的资源利用率 φ_1,表示为: $\varphi_1 = \dfrac{\sum\limits_{h_p \in H} \sum\limits_{i=1}^{N} \sum\limits_{r=1}^{K} \beta_{v_{i,r}}^{h_p} \times cv_{i,r}}{\sum\limits_{h_p \in H} C_{h_p}}$

其中, $\sum\limits_{h_p \in H} \sum\limits_{i=1}^{N} \sum\limits_{r=1}^{K} \beta_{v_{i,r}}^{h_p} \times cv_{i,r}$ 是网络中实际用到的通用服务器的资源总量, $\sum\limits_{h_p \in H} C_{h_p}$ 是网络中总的通用服务器资源总量。

（3）边缘计算中交换机的资源利用率 φ_2，表示为：$\varphi_2 = \dfrac{\sum\limits_{s_j \in S}\sum\limits_{i=1}^{N}\sum\limits_{u \in S \cup H} \alpha_i^{u,s_j} \times T_i}{\sum\limits_{s_j \in S} B_{s_j}}$

其中 $\sum\limits_{s_j \in S}\sum\limits_{i=1}^{N}\sum\limits_{u \in S \cup H} \alpha_i^{u,s_j} \times T_i$ 是网络中实际使用的交换机资源，$\sum\limits_{s_j \in S} B_{s_j}$ 是网络中总的交换机交换能力。

3.4.2 实验结果与分析

首先，当边缘计算采用不同 VNF 的部署策略建立 NSC 时，边缘计算能够容纳的业务流数量。本章提出的基于启发式算法的 NSC 部署策略在图中以 Greedy 表示。从图 3.1 中可以看到当业务流的业务请求数较少的时候，无论是 Greedy 部署策略还是基于 First-Fit 算法和 Random 算法的部署策略能够容纳的服务请求数是相等的，但随着网络中服务请求数目的增多，Greedy 策略能够容纳更多的业务流。图 3.2 显示了通用服务器的资源利用率的对比结果，由于仿真环境中的 NSC 所需的 VNF 都是相同的，因此通用服务器的资源利用情况与网络中容纳业务流的数目具有相同趋势，通用服务器的资源利用率随着接收业务流的数量的增加而增加。图 3.3 和图 3.4 从两个角度展示了网络中交换机的资源利用率。从图 3.3 可以观察到随着网络容纳的业务流数量的增加，Greedy 策略下的交换机资源利用率逐渐高于另外两种对比算法，这主要是由 Greedy 策略下接收的业务流数量逐渐增加到最多而导致的。

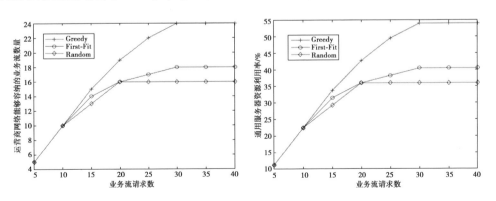

图 3.1　运营商网络能够容纳的业务流数量对比　　图 3.2　通用服务器资源利用率对比

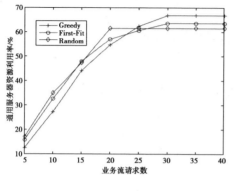 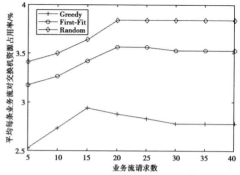

图3.3　交换机的资源利用率对比　　　图3.4　平均每条业务流对交换机
资源占用率对比

接下来改变 NSC 中 VNF 的个数，对比不同 VNF 数量下 3 种策略对资源利用率的影响。我们用一个三元组表示 NSC：{NSC 类型，VNF 的数量，VNF 所需的资源}。一共定义了 6 种类型 NSC，分别为：{类型 1,1,4}，{类型 2,2,(4,2)}，{类型 3,3,(4,2,3)}，{类型 4,4,(4,2,3,3)}，{类型 5,5,(4,2,3,3,2)}，{类型 6,6,(4,2,3,3,2,2)}。从图 3.5 可以看到两个趋势，一是随着 VNF 个数的增多，每个服务请求所需要的物理资源越多，则网络中容纳的服务请求个数会越少。二是在边缘计算资源相同的情况下，无论业务流需要哪一类的 NSC 提供服务，Greedy 部署策略都能够容纳更多的服务请求。由图 3.6 可知，由于每条业务流所需要的物理资源随着 VNF 个

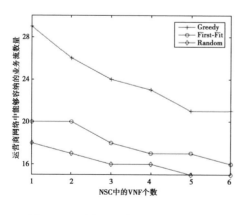  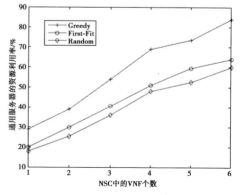

图3.5　不同 NSC 类型下运营商网络　　　图3.6　不同 NSC 类型下通用服务器
容纳的业务流数量对比　　　　　　　资源利用率对比

数的增多而增多,受到物理交换机资源的限制网络中容纳的服务请求数减少,但整体上,物理主机的资源利用率呈现升高的趋势。

本章小结

本章研究了边缘计算中引入 NFV 技术后网络服务链(NSC)的优化构建问题,首先针对 NSC 的建立进行了形式化描述,建立数学优化模型,并证明了该问题是NP-hard 问题。为使边缘计算能够容纳更多的业务流,需要在系统资源不变的情况下同时减少计算资源碎片和网络资源碎片的产生。基于此,本章提出了一种启发式NSC 构建策略。在满足网络服务请求端到端性能要求的前提下,最大化边缘计算能够容纳的 NSC 数目。通过与典型策略的实验对比,本章提出的部署策略能更充分和合理地利用网络中通用服务器和交换机的资源,有效地提高边缘计算中能够服务的业务流数目,改善边缘计算的服务能力。

参考文献

[1] CHATRAS B, OZOG F F. Network functions virtualization: The portability challenge[J]. IEEE Network, 2016, 30(4): 4-8.

[2] ABDELWAHAB S, HAMDAOUI B, GUIZANI M, et al. Network function virtualization in 5G[J]. IEEE Communications Magazine, 2016, 54(4): 84-91.

[3] ERAMO V, AMMAR M, LAVACCA F G. Migration energy aware reconfigurations of virtual network function instances in NFV architectures[J]. IEEE Access, 2017, 5: 4927-4938.

[4] SUN S L, KADOCH M, GONG L, et al. Integrating network function virtualization with SDR and SDN for 4G/5G networks[J]. IEEE Network, 2015, 29(3): 54-59.

[5] BLENK A, BASTA A, REISSLEIN M, et al. Survey on network virtualization hypervisors for software defined networking[J]. IEEE Communications Surveys & Tutorials, 2016, 18(1): 655-685.

[6] PHAM C, TRAN N H, REN S L, et al. Traffic-aware and energy-efficient vNF placement for

service chaining: Joint sampling and matching approach[J]. IEEE Transactions on Services Computing, 2020, 13(1): 172-185.

[7] GIL HERRERA J, BOTERO J F. Resource allocation in NFV: A comprehensive survey[J]. IEEE Transactions on Network and Service Management, 2016, 13(3): 518-532.

[8] COHEN R, LEWIN-EYTAN L, NAOR J S, et al. Near optimal placement of virtual network functions[C]//2015 IEEE Conference on Computer Communications (INFOCOM). Hong Kong, China. IEEE, 2015: 1346-1354.

[9] MOENS H, DE TURCK F. VNF-P: A model for efficient placement of virtualized network functions [C]//10th International Conference on Network and Service Management (CNSM) and Workshop. Rio de Janeiro, Brazil. IEEE, 2014: 418-423.

[10] TALEB T, KSENTINI A. Gateway relocation avoidance-aware network function placement in carrier cloud[C]//Proceedings of the 16th ACM International Conference on Modeling, Analysis & Simulation of Wireless and Mobile Systems. Barcelona Spain. ACM, 2013: 10. 1145/ 2507924. 2508000.

[11] BAGAA M, TALEB T, KSENTINI A. Service-aware network function placement for efficient traffic handling in carrier cloud [C]//2014 IEEE Wireless Communications and Networking Conference (WCNC). Istanbul, Turkey. IEEE, 2014: 2402-2407.

[12] TALEB T, BAGAA M and KSENTINI A. User mobility-aware virtual network function placement for virtual 5G network infrastructure [C]. Proceedings of IEEE International Conference on Communications (ICC), London UK, 2015:3879-3884. doi: 10.1109/ICC. 2015. 7248929

[13] BASTA A, KELLERER W, HOFFMANN M, et al. Applying NFV and SDN to LTE mobile core gateways, the functions placement problem[C]//Proceedings of the 4th Workshop on all Things Cellular: Operations, Applications, & Challenges. Chicago Illinois USA. ACM, 2014: 10. 1145/ 2627585. 2627592.

[14] LUIZELLI M C, BAYS L R, BURIOL L S, et al. Piecing together the NFV provisioning puzzle: Efficient placement and chaining of virtual network functions[C]//2015 IFIP/IEEE International Symposium on Integrated Network Management (IM). Ottawa, ON, Canada. IEEE, 2015: 98-106.

[15] GHAZNAVI M, KHAN A, SHAHRIAR N, et al. Elastic virtual network function placement

[C]//2015 IEEE 4th International Conference on Cloud Networking (CloudNet). Niagara Falls, ON, Canada. IEEE, 2015: 255-260.

[16] LI X, QIAN C. The virtual network function placement problem[C]//2015 IEEE Conference on Computer Communications Workshops (INFOCOM WKSHPS). Hong Kong, China. IEEE, 2015: 69-70.

[17] CORMEN T H, LEISERSON C E, RIVEST R L, et al. Introduction to Algorithms[M]. 3rd ed, Massachusetts: The MIT Press, 2009:233-237.

[18] 王殿君. 基于改进 A*算法的室内移动机器人路径规划[J]. 清华大学学报(自然科学版), 2012, 52(8): 1085-1089.

[19] SAIAN P O N, Suyoto, Pranowo. Optimized A-Star algorithm in hexagon-based environment using parallel bidirectional search[C]//2016 8th International Conference on Information Technology and Electrical Engineering (ICITEE). Yogyakarta, Indonesia. IEEE, 2016: 1-5.

[20] XIA M, SHIRAZIPOUR M, ZHANG Y, et al. Network function placement for NFV chaining in packet/optical datacenters[J]. Journal of Lightwave Technology, 2015,33(8):1565-1570.

第4章 边缘计算中基于深度强化学习的服务功能迁移

4.1 背景介绍

运用网络功能虚拟化(Network Function Virtualization, NFV)[1]技术可以使软件化的虚拟网络功能(Virtualized Network Function, VNF)更高效地部署在通用硬件平台而非特定专用硬件设备上,为边缘服务商优化网络资源部署带来了更优的灵活性。在5G/B5G核心网中,根据不同业务将所需的 VNF 逻辑连接成服务功能链(Service Function Chain, SFC)[2,3]是提供适应性服务最有效的方式。但各类移动应用在位置动态性和业务流时变性的特点突出,使得边缘服务商基于 SFC 提供持续可靠的服务面临极大挑战。边缘服务商按照固定方式完成 SFC 部署后,会使业务的服务质量难以得到持续有效保证,另外也会导致 IT 资源使用效率低下。因此,针对业务的时变特性,适时的迁移 SFC 之上 VNF 的部署位置以实现 SFC 的动态调配显得尤其重要。学界已经关注到该问题带来的各种性能影响[4-8],但仍缺乏有针对性的解决方案。其中,文献[4]综合考虑 SFC 提供服务的过程中链路和通用服务节点使用之间的关系,给出了 VNF 部署和路径选择策略。文献[5]在预定义的用户移动模型前提下给出了一种内容在多个云数据中心中进行迁移的决策机制,该机制综合考虑了迁移代价和用户体验。Eramo 等人[6]提出通过 VNF 部署迁移和 SFC 路径选择,减少被拒绝的 SFC 请求。文献[7]以提高网络的整体收益为目标,研究并提出了在面对网络负载动态变化的情况下的 VNF 资源扩展策略。相比之下,本章把VNF 所驻留的虚拟机(Virtual Machine, VM)位置对迁移带来的影响因素纳入考虑,有效地保证迁移后的端到端数据传输延迟。从研究方法来看,深度强化学习通过最大化"智能体"(Agent)从"环境"中获得的累计奖赏值,通过自学习的方式达成目标的最优策略[8]。因此,适合在"环境"变化的应用场景中,让"智能体"学习解决问题的策略。在类似研究中,文献[9]和文献[10]在软件定义网络环境下以深度强化学习方法为基础,分别研究了适应性路由问题和多媒体业务流的流量控制问题。与已有工作相比,本章则在边缘计算中考虑了 SFC 中多个 VNF 之间的逻辑关系并研究了 SFC 的迁移问题。

本章研究基于 NFV 构建的边缘计算中 SFC 的迁移问题,针对业务的动态性和移动性对 SFC 迁移重配置问题进行形式化描述,并进一步建立了马尔可夫决策过程加以分析,基于深度强化学习方法双 DQN,提出了一种面向边缘计算的 SFC 在线迁移机制。通过实验的对比分析表明本章提出的算法能够通过优化网络的资源配置,提高移动业务的服务质量,使网络系统收益得到明显改善。

4.2　面向服务功能链迁移的形式化描述

4.2.1　优化目标

在基于 NFV 的边缘计算中,假设为某移动业务提供服务的 SFC 上有 N 个按序逻辑链接起来的 VNF,即 $v_1, v_2, \cdots, v_n$,这 N 个 VNF 组成集合 V。其中 v_1 为该 SFC 中距离入口网元最近的 VNF,v_N 为该 SFC 中距离出口网元最近的 VNF。移动业务的移动性和时变性需要 SFC 做在线迁移的时候,网络决策机构(如:网络控制器)可以考虑的迁移方案集合中的元素为:迁移 SFC 中的 C_N^1 个 VNF,迁移 SFC 中的 C_N^2 个 VNF,$\cdots$,迁移 SFC 中的 C_N^N 个 VNF,也即迁移方案集合有 $\sum_{i=1}^{N} C_N^i$ 种可行的迁移方案。但考虑到 SFC 中多个 VNF 之间的逻辑关联关系,可将迁移方案集合精简为包括 $N+1$ 种迁移方案的集合,该集合包括:不迁移 VNF、单独迁移 VNF v_1,同时迁移 VNF v_1 和 v_2,同时迁移 VNF v_1、v_2 和 v_3,$\cdots$,迁移 SFC 之上的所有 VNF v_1,v_2,$\cdots$,v_N。定义 $X_{1,2}(t)$ 表示 VNF v_1 和 v_2 之间的传输距离,$X_{i,i+1}(t)$ 表示 VNF v_i 和 v_{i+1} 之间的距离,所以每段链路的数据传输时延可表示为式(4.1),其中 C 为速率

$$d_i(t) = \frac{X_{i-1,i}(t)}{C} \tag{4.1}$$

由于每迁移一个 VNF 将在边缘计算中新启用一个通用服务节点,假设新启用

一个通用服务节点并实例化为 VNF 的时延为 d_m，则迁移 i 个 VNF 的迁移时延为 $i \cdot d_m$。对于网络决策机构的一种迁移方案，需要迁移 K 个 VNF，得到迁移时延为 $i \cdot d_m + d_N$，可表示为

$$d_K = K \cdot d_m + \frac{\sum_{n=1}^{N-1} X_{n,n+1}(t)}{C} \tag{4.2}$$

本章目标是通过 SFC 之上 VNF 的合理迁移，使得业务在移动过程中平均时延最小，引入了折扣因子 η^t 表达时间对期望的影响，η^t 随着时间的增加而减小，时间越久影响则越小，最终得到优化目标

$$\min E\left[\sum_{t=0}^{\infty}(\eta^t \cdot d_K)\right] \tag{4.3}$$

4.2.2 系统模型建立

若将上述整个边缘计算作为一个系统加以分析，当前时刻 t 的系统状态只与 $t-1$ 时刻的系统状态有关，而与 $t-1$ 时刻以前系统状态无关。考虑到系统具有马尔可夫性以及业务的时变特性，本章基于连续时间马尔可夫决策过程（Markov Decision Process，MDP）对系统进行形式化分析。MDP 是指智能体（Agent）根据连续观察系统的状态，从可用的行动集中选用一个行动作为行动决策，使系统转移到下一个状态并产生回报，然后根据新观察到的系统状态再做出新的决策，反复进行以获得系统的长期最优收益。一个马尔可夫决策过程可以描述为 $M = \{S,(A(i),i \in S), \boldsymbol{P},R, \eta\}$，其中：①$S$ 为所有系统状态集合，用于描述当前情况的所有参数；②$(A(i), i \in S)$ 为可能出现的动作（Action）的集合；③$\boldsymbol{P}$ 为状态转移概率矩阵，即不同状态转移之间的概率关系；④R 为回报函数，描述来自环境的反馈，回报可以是正或负。回报为正对应奖励，为负对应惩罚；⑤η 为折扣因子，$\eta \in [0,1]$，另外定义智能体的策略为：$\pi(a|s) = \boldsymbol{P}[A_t = a | S_t = s]$。

根据马尔可夫决策过程的描述，并结合本章所研究的边缘计算中 SFC 的在线迁移问题，可做如下定义。①状态集合：系统所有可能的状态集合。把每段 SFC 链路的传输时延作为状态，每次业务的时变性导致的迁移都会使部分链路发生变化，即产生状态之间的转换。将此状态集合表示为：$S^t = \{y_1(t),y_2(t),\cdots,y_n(t)\}$，其中，$y_i(t)$ 表示第 i 个 VNF 部署在节点 $y_i(t)$ 上。另外，$x_i(t)$ 表示从 VNF v_i 到 VNF v_{i+1} 之

间的传输距离,该距离最终用于计算累加回报。②动作空间:本章把边缘计算中 SFC 迁移的 $N+1$ 种潜在可能的动作定义为动作空间,即一种 SFC 迁移方案是动作集中的一个元素。其中,不做 SFC 的迁移定义为动作 a_0^t,只迁移 SFC 中和入口网元网络距离最短的一个 VNF v_1 对应动作 a_1^t,SFC 中迁移距离入口网元网络距离由小至大的前 i 个 VNF $v_1,v_2,\cdots,v_i$ 对应动作 a_i^t,而迁移 SFC 中所有 VNF $v_1,v_2,\cdots,v_N$ 对应动作 a_N^t。因此动作集合为:$a^t=\{a_0^t,a_1^t,\cdots,a_i^t,\cdots,a_N^t\}$,$a_i^t$ 表示迁移 SFC 中距离入口网元网络距离由小至大的前 i 个 VNF $(0\leqslant i\leqslant N)$,而 SFC 中 VNF 序列中的后 $N-i$ 个 VNF 不做迁移。③效益模型:本章定义了系统的奖励和惩罚,把奖励作为系统收入,把惩罚作为系统支出。由传统模型能得到端到端总时延,而为了表示业务实际时延以及业务能容忍的最大端到端时延 D 之间的关系,若用户端到端时延 $d_t\leqslant D$,表明该任务能成功完成。否则任务失败,接受惩罚。④定义惩罚函数为:$F(d_t)=d_t-D$ 迁移 VNF 会带来代价,例如:IT 资源占用量的增加。因此,把迁移 SFC 中的 VNF 数量的因素引入系统的惩罚中,如式(4.4)所示:

$$y(m)=\sum_{i=1}^{N}f_i \tag{4.4}$$

其中 $f_i=1$ 表示迁移 VNF v_i,而 $f_i=0$ 表示不迁移 VNF v_i。所以基于系统的状态和动作,SFC 迁移模型的效益函数可表示为:

$$R_t(s^t,a^t,s^{t+1})=i(s^t,a^t,s^{t+1})-\beta\cdot e(s^t,a^t,s^{t+1}) \tag{4.5}$$

式(4.5)中 $i(s^t,a^t,s^{t+1})$ 是系统在状态为 s^t 选择行动 a^t 后,系统所获得的总收益。在本研究问题中,我们用移动业务的满意度来表示系统总收益,而满意度基于 Sigmoidal 函数[11]来衡量,表示为

$$i(s^t,a^t,s^{t+1})=1-\exp\left(-\frac{\omega_2\cdot\dfrac{1}{d_t^{\,2}}}{\omega_1+\dfrac{1}{d_t}}\right) \tag{4.6}$$

其中,$d_t=i\cdot d_m+\dfrac{1}{c}\sum_{i=1}^{N-1}x_i(t)$ 表示端到端时延,ω_1 和 ω_2 是用于调节 Sigmoidal 幅度的参数。另外,式(4.5)中 $\beta\cdot e(s^t,a^t,s^{t+1})$ 表示系统的总支出,β 为惩罚因子,$e(s^t,a^t,s^{t+1})$ 是系统提供的服务未达到业务满意度时的总开支,表示为:$e(s^t,a^t,s^{t+1})=F(d_t)\cdot f(s^t,a^t)$。当 $d_t-D\geqslant0$ 时,$f(s^t,a^t)=y(m)$;当 $d_t-D<0$ 时,$f(s^t,a^t)=\dfrac{1}{y(m)}$。由于 $e(s^t,a^t,s^{t+1})$ 的引入,边缘计算中的网络控制器在进行 SFC 迁移决策的

时候,会同时将移动业务满意度和迁移代价纳入考虑。因此,所选择的行动以提升系统整体回报为导向,避免了系统只考虑满意度的改善而频繁地对 SFC 中的 VNF 进行迁移和重部署。本章的目标是得到一个优化策略 π^*,即在相应的状态 s^t 下采用动作 a^t 后,使效益函数最大化,即求解式(4.7)的优化问题

$$\pi^* = \arg\max_{\pi} E\left[\sum_{t=0}^{\infty} \eta^t \cdot R_t(s^t, s^{t+1}, a^t) \right] \tag{4.7}$$

其中,η^t 为折扣因子($0 \leqslant \eta \leqslant 1$),并且 η^t 随着时间增加其值减少。得到最优策略 π^* 为一系列系统中 SFC 中的 VNF 迁移动作。

4.3 基于深度 Q 学习的服务功能链迁移机制

4.3.1 DQN 模型原理

强化学习(Reinforcement Learning,RL)模型主要描述智能体以试错的机制与环境进行反复交互,通过最大化累积回报的方式来学习最优策略。基于 RL 策略的模型如图 4.1 所示,该模型由 5 个关键部分组成,包括状态 S、动作 a、状态转移概率 P、回报 r 以及策略 $\pi(s, a)$。在智能体(Agent)和环境交互的过程中,智能体在不同的时间点根据观察状态与系统回报,根据策略 $\pi(s, a)$ 执行相应的动作(Action)。在行动之后,智能体的状态以概率 P 的描述转换到下一状态,同时智能体获得来自环境的反馈回报 r。由于智能体的当前状态会影响下一状态而和之前的状态无关,因此可以用第 4.2.2 节的 MDP 来描述强化学习模型。

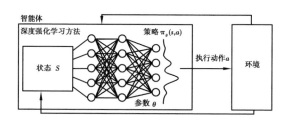

图 4.1 基于神经网络的强化学习决策

通过 RL 建模,其核心是能够得到 $\pi(s, a) : S \times A \rightarrow [0, 1]$,也即得到智能体的状态空间和动作空间到概率的映射。通常智能体的状态空间和动作空间巨大,这要求 RL 方法能够利用有限学习经验、记忆完成大范围空间有效知识的获取与表示。当

边缘计算规模足够大的情况下，系统状态空间的规模将使得解方程组难以实现。更关键的是，SFC 迁移模型的状态转移概率矩阵无法提前获得，这使得经典的策略迭代法和值迭代法都难以使用。在近期的研究工作中，深度神经网络（Deep Neural Network，DNN）被成功地用于求解强化学习模型[9,12]并得到了较好的结果。

4.3.2　基于双重 DQN 模型的服务功能链迁移

在充当"智能体"的网络决策机构处于某一种状态时可以选择多种动作，而不同动作的执行则让智能体进入下一个不同的状态。本章引入了动作价值函数 $Q^{\pi}(s,a)$ 来估计每个动作的价值，将式（4.5）中 $R_t(s^t,a^t,s^{t+1})$ 简记为 r_t，由此，动作价值函数表示为 $Q^{\pi}(s,a)=E\left[r_{t+1}+\eta r_{t+2}+\eta^2 r_{t+3}+\cdots \mid s,a\right]$，进一步表示为

$$Q^{\pi}(s,a)=E_{s'}\left[r+\eta Q^{\pi}(s',a') \mid s,a\right] \tag{4.8}$$

为了得到最优策略，需要求解最优动作价值函数即

$$Q^{*}(s,a)=E_{s'}\left[r+\eta \max_{a'} Q^{*}(s',a') \mid s,a\right] \tag{4.9}$$

值迭代算法就是根据更新 Q 值来使其收敛到最优，Q-学习的思想就是完全根据值迭代得到的。但值迭代每次都要把所有的 Q 值更新，但针对本章所研究的 SFC 迁移问题，难以遍历整个状态空间，因此 Q-学习只使用有限的样本进行 Q 值更新

$$Q(s,a) \leftarrow Q(s,a)+\alpha\left[r+\eta \max_{a'} Q^{*}(s',a')-Q(s,a)\right] \tag{4.10}$$

虽然根据值迭代算法可以得到目标 Q 值，但并没有将得到的 Q 值赋予新的 Q 值，而是采用渐进的方式不断逼近目标，类似梯度下降。而式（4.10）中的 α 表示控制之前 Q 值和新 Q 值差别的学习率，可以减少误差。η 表示折损率，即未来的经验对当前状态执行动作的重要程度，最后可以收敛到一个最优的 Q 值。

本章采用深度 Q 学习算法解决连续状态问题。深度 Q 网络（DQN）[13]是结合 Q 学习的深度神经网络，DQN 将深度学习模型和强化学习相结合并能直接从高维度的输入学习控制策略，DQN 能解决多重维度的复杂动作问题。

本章引入值函数 $Q(s,a;\psi)$ 表示输入任意状态得到输出，其目的是将 Q 矩阵的复杂更新问题转换成一个函数问题，相似状态对应相似的动作实现值函数的近似，然后继续用 $Q(s,a;\psi) \approx Q^{*}(s,a)$ 加以表示，其中参数 ψ 表示神经网络的权重。

DQN 通过更新参数 ψ 来使近似 Q 函数无限逼近最优的 Q 值，使其转化成函数优化问题。由于函数的非线性特性，本章采用深度神经网络来作为这个近似 Q 函

数,也即采用深度强化学习的方法,并基于此提出一种基于双 DQN 的 SFC 迁移的方法,有效避免了过度估计带来的影响。双 DQN 将目标 Q 值中选择和评估动作分离,让它们使用不同的 Q 函数(网络)。其中一个用于产生贪婪策略,另一个用来产生 Q 函数估计值,因此,实现需要两个 Q 函数网络,原 DQN 的 Q 函数网络被称为在线网络,后者被称为目标网络。双 DQN 算法使用的目标可用式(4.11)表达:

$$Y_t^{DoubleQ} = r_{t+1} + \gamma Q(s_{t+1}, \arg\max_{a'} Q(s_{t+1}, a; \psi_t); \psi_t^-) \tag{4.11}$$

双 DQN 中计算目标使用了两个不同的 ψ_t,分别来自当前 Q 网络以及目标 Q 网络,当前 Q 网络负责选择动作,带有时延 ψ_t^- 的目标 Q 网络负责计算目标 Q 值。另外,使用经验池来解决相关性及非静态分布的问题,经验池将每个时间步智能体与环境交互得到的转移样本 (s^t, a^t, r^t, s^{t+1}) 存储到回放记忆单元,需要训练时,随机拿出一部分调参样本进行训练,这样的随机抽取克服了相关性问题。基于双 DQN 的 SFC 迁移方法流程可通过图 4.2 加以描述。

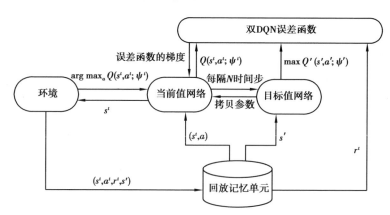

图 4.2　基于双 DQN 的 SFC 迁移方法流程图

基于 Double DQN 的算法优势在于能通过 Q 学习构造损失函数,然后通过经验池(experience replay)解决相关性和非静态分布问题,同时能使用目标网络解决稳定性问题。表 4.1 描述了 SFC 迁移机制的伪代码。

表 4.1　基于双 DQN 的 SFC 迁移算法的伪代码

基于双 DQN 的 SFC 迁移算法
输入:边缘计算拓扑 $G = (N, E)$,服务功能链集合 C,网络功能集合 F;
输出:SFC 迁移策略;

基于双 DQN 的 SFC 迁移算法

步骤 1：初始化随机权重为 ψ 的神经网络；

步骤 2：初始化动作值函数 Q；

步骤 3：初始化经验池（experience replay）存储器 N；

步骤 4：for episode = 1, 2, ⋯, M do,

　　　观察初始状态 s^0,

　　　　for t = 0, 1, ⋯, $N-1$ do,

　　　　　以概率为 ε 选择一个随机动作 a^t,

　　　　　否则选择动作 $a^t = \mathrm{argmax}\ Q(s^t, a; \psi^t)$;

　　　　　在仿真器中执行动作 a^t,并观察回报 R_{t+1} 和新状态 s_{t+1},

　　　　　存储中间量 $<s^t, a^t, r^t, s^{t+1}>$ 到经验池存储器 N 中,

　　　　　从经验池存储器 N 中获取一组样本,

　　　　　　计算损失函数 $L(\psi^t)$,

　　　　　　计算关于 ψ^t 的损失函数的梯度,

　　　　　　更新 $\psi^t \leftarrow \psi^t - \varphi\ \nabla_{\psi^t} L(\psi^t)$,其中 φ 为学习率;

　　　end

　end

4.4　实验分析与性能评估

4.4.1　实验场景建立

　　本节对所提出的基于双 DQN 的 SFC 迁移机制进行数值仿真。为评估其性能,将其与常采用的 SFC 固定部署机制[4,14]以及基于贪心策略（Greedy）的 SFC 迁移机制[15]作性能对比。其中,SFC 固定部署机制在业务的移动和网络时变情况下,SFC 中的各 VNF 部署位置均不发生改变,该机制将不会带来网络额外开销。而基于贪心策略的 SFC 迁移机制中,在决策 VNF 部署位置的变更时,总选择系统收益最大的加以执行。本章选择端到端的业务流时延和网络系统收益作为关键的评估指标,其

中端到端的业务流时延是影响移动业务体验的最关键因素,因此重点对其进行评估。另外,网络系统收益反映了不同策略对于网络资源的占用情况,也作为重要指标加以评估。仿真平台基于 Matlab 搭建,拓扑的建立参考文献[16]中经典的 NSF-NET,NSF-NET 网络包含 14 个通用物理节点,用于承载 VNF 所需的计算资源,同时包括 23 条物理网络链路,多条 SFC 可共享物理网络链路。

4.4.2 实验结果与分析

首先定义包括 5 个 VNF 的 SFC,行动空间中的迁移方案数为 6。随着移动业务移动次数的增加,端到端时延发生变化,采用基于双 DQN 的 SFC 迁移机制与不迁移 SFC 的端到端延迟对比如图 4.3 所示。该图表明当移动业务位置发生改变且移动前后的业务流经由不同的入口网元进入边缘计算时,基于双 DQN 的 SFC 迁移机制对端到端时延保障有明显效果。在已发生 200 次的业务流时变情况下,相比于固定的 SFC 部署方式平均降低了 38.5% 的端到端延迟,有效改善了业务体验。另外,定义了 3 种 SFC,分别包括 3 个、5 个和 7 个 VNF 的情况下,行动空间中在迁移方案数分别为 4、6 和 8 的情况下,基于双 DQN 方法的端到端的延迟。由图 4.4 可以看到,业务的时变特性导致 SFC 上的 VNF 发生迁移,根据业务移动前后的入口网元的位置差异,为改善端到端延迟而选择了不同的迁移方案。可以看到,当业务需要为更多的 VNF 提供服务时,由于迁移方案涉及更多数量的 VNF,因此导致平均延迟更高。图 4.4 中,当 SFC 包括 7 个 VNF 的时候,分别比 5 个 VNF 和 3 个 VNF 的移动业务延迟平均提高了 97.4% 和 41.7%。

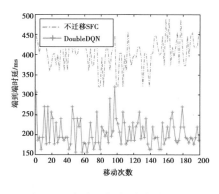

图 4.3　移动业务端到端时延对比

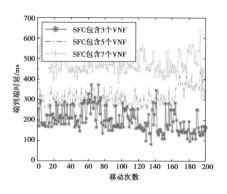

图 4.4　基于双 DQN 方法在不同长度
VNF 下的延迟对比

系统收益基于式(4.8)描述,其调节参数设定为 $\omega_1 = 0.9$ 和 $\omega_2 = 0.4$ 时,当用户随机移动 200 次的过程中,本章比较了双 DQN 迁移机制、Greedy 迁移机制以及不迁移 SFC 情况下的系统收益,结果如图 4.5 所示。可以看到,通过对 SFC 之上的 VNF 进行合理的位置调整后,整个边缘计算的系统收益有明显提高,平均比不迁移 SFC 机制的系统收益提升 142%。本章提出的迁移机制在系统收益上得到了显著改善。同时,我们对基于双 DQN 的 SFC 迁移机制、基于贪心策略的迁移机制(Greedy 迁移)以及在不迁移 SFC 情况下的系统累加收益进行了对比,结果如图 4.6 所示,该图统计了 10 000 次迭代过程中的系统累积收益,由于在固定方式部署 SFC 不迁移的情况下,没有适时调整 VNF 的部署位置会引起某时间段系统收益下降,导致系统累积收益增加不明显。而基于双 DQN 的 SFC 迁移机制能实现在多个时间点的连续决策,同时有效避免决策的局部最优,相比于基于 Greedy 迁移机制能更明显地提升系统累积收益。该图说明基于双 DQN 的 SFC 迁移机制在改善业务流的服务延迟的同时能有效改善系统资源的占用。

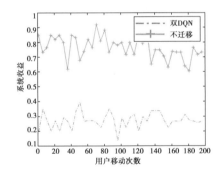 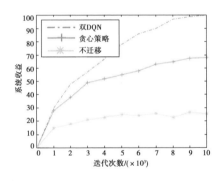

图 4.5　不同移动次数下系统收益对比　　图 4.6　系统累积收益对比

本章小结

本章深入研究了边缘计算中服务功能链的迁移问题。首先,分析了时变特性明显的移动业务难以在固定的 SFC 部署机制下接受持续满意的服务,并提出对 SFC 中的 VNF 进行迁移的必要性。然后,本章基于马尔可夫决策过程(MDP)对迁移问题进行建模,定义了相关的关键参数、状态空间、动作空间与系统回报。进一步,本章把深度 Q 学习与神经网络相结合并提出了一种基于双 DQN 的 SFC 迁移机制。最后,本章通过仿真实验,将提出的迁移机制和其他相关算法进行对比。结果表明,本章提出的 SFC 迁移方案在端到端时延和网络系统收益等方面得到了明显改善。本章提出的策略有助于边缘服务商规划设计更优化的网络决策机构,改善各种移动新业务的服务体验。

参考文献

[1] CHATRAS B, OZOG F F. Network functions virtualization: The portability challenge[J]. IEEE Network, 2016, 30(4): 4-8.

[2] ZHANG Q X, LIU F M, ZENG C B. Adaptive interference-aware VNF placement for service-customized 5G network slices [C]//IEEE INFOCOM 2019-IEEE Conference on Computer Communications. Paris, France. IEEE, 2019: 2449-2457.

[3] AGARWAL S, MALANDRINO F, CHIASSERINI C F, et al. Joint VNF placement and CPU allocation in 5G [C]//IEEE INFOCOM 2018-IEEE Conference on Computer Communications. Honolulu, HI, USA. IEEE, 2018: 1943-1951.

[4] KUO T W, LIOU B H, LIN K C, et al. Deploying chains of virtual network functions: On the relation between link and server usage [C]//IEEE INFOCOM 2016-The 35th Annual IEEE International Conference on Computer Communications. San Francisco, CA, USA. IEEE, 2016: 1-9.

[5] TALEB T, KSENTINI A, FRANGOUDIS P A. Follow-me cloud: When cloud services follow mobile users[J]. IEEE Transactions on Cloud Computing, 2019, 7(2): 369-382.

[6] ERAMO V, MIUCCI E, AMMAR M, et al. An approach for service function chain routing and virtual function network instance migration in network function virtualization architectures [J]. IEEE/ACM Transactions on Networking, 2017, 25(4): 2008-2025.

[7] HOUIDI O, SOUALAH O, LOUATI W, et al. An efficient algorithm for virtual network function scaling[C]//GLOBECOM 2017-2017 IEEE Global Communications Conference. Singapore. IEEE, 2017: 1-7.

[8] CHO D, TAHERI J, ZOMAYA A Y, et al. Real-time virtual network function (VNF) migration toward low network latency in cloud environments[C]//2017 IEEE 10th International Conference on Cloud Computing (CLOUD). Honolulu, HI, USA. IEEE, 2017: 798-801.

[9] 兰巨龙, 于倡和, 胡宇翔, 等. 基于深度增强学习的软件定义网络路由优化机制[J]. 电子与

信息学报, 2019, 41(11): 2669-2674.

[10] HUANG X H, YUAN T T, QIAO G H, et al. Deep reinforcement learning for multimedia traffic control in software defined networking[J]. IEEE Network, 2018, 32(6): 35-41.

[11] LEE J W, MAZUMDAR R R, SHROFF N B. Non-convex optimization and rate control for multi-class services in the Internet[J]. IEEE/ACM Transactions on Networking, 2005, 13(4): 827-840.

[12] 李晨溪, 曹雷, 陈希亮, 等. 基于云推理模型的深度强化学习探索策略研究[J]. 电子与信息学报, 2018, 40(1): 244-248.

[13] MNIH V, KAVUKCUOGLU K, SILVER D, et al. Human-level control through deep reinforcement learning[J]. Nature, 2015, 518(7540): 529-533.

[14] GHAZNAVI M, KHAN A, SHAHRIAR N, et al. Elastic virtual network function placement [C]//2015 IEEE 4th International Conference on Cloud Networking (CloudNet). Niagara Falls, ON, Canada. IEEE, 2015: 255-260.

[15] SUGISONO K, FUKUOKA A, YAMAZAKI H. Migration for VNF instances forming service chain [C]//2018 IEEE 7th International Conference on Cloud Networking (CloudNet). Tokyo, Japan. IEEE, 2018: 1-3.

[16] LIN T C, ZHOU Z L, TORNATORE M, et al. Demand-aware network function placement[J]. Journal of Lightwave Technology, 2016, 34(11): 2590-2600.

第5章 边缘计算中面向时延优化的
服务功能迁移

5.1 背景介绍

网络功能虚拟化(Network Function Visualization, NFV)是一种重新构建网络体系架构和改变网络管理模式的新技术,近年来已被越来越多地运用于边缘计算中[1,2]。使用 NFV 技术的优势主要体现在以下方面:

(1)硬件资源虚拟化为多个虚拟机,将既有的边缘计算的各种网元功能软件化为虚拟网络功能(Virtualized Network Function, VNF)[3]。这极大地缩短了网元功能的资源调配周期,从而大幅提升了业务部署的弹性。

(2)能够使用通用计算平台来构建电信基础设施,进一步降低了边缘服务商的设备投入成本。但将 NFV 运用于边缘计算同时也面临一系列挑战,其关键问题已成为当前产学界研究关注的热点[4-6]。

在基于 NFV 构建的边缘计算中,业务流的处理需要由不同类型的 VNF 以某种次序组成集合,构成一条虚拟链路并提供服务,称为服务功能链(Service Function Chain, SFC)[6,7]。例如:具有某种特征的业务流需要在访问特定服务器之前先经过防火墙过滤处理,再经过入侵检测处理,则虚拟化的防火墙和入侵检测就构成了一条包含两个网络功能的 SFC。由于部署 VNF 需要占用虚拟机,因此建立 SFC 需要同时占用网络资源(如:交换机的交换能力)和相关通用服务器的计算资源。然而,SFC 的引入在实现业务流的弹性化服务的同时也带来了新问题。一方面,受到业务流动态进出边缘计算和用户的移动性等因素导致一段时间后大量的 VNF 被部署却很少被使用,这会严重影响边缘计算的资源利用效率[8]。另一方面,SFC 服务业务流自身的动态特性导致了通用服务器负载不均的情况出现,这会影响到业务流的服务质量。本章提出一种针对服务动态业务流的 SFC 迁移重配置策略,其目的是在满足业务流服务质量的前提下实现边缘服务商对网络资源的优化调配和合理使用。该策略将网络资源、计算资源的占用以及网络性能纳入考查,以时延优化为目标,建立了最优化模型并提出基于遗传算法的 SFC 迁移重配置策略,并通过详细的仿真实验对所提出算法策略的性能进行深入评估。

5.2　系统描述与建模分析

5.2.1　问题描述

在引入 NFV 后,边缘计算针对业务流的服务模型从逻辑上可划分为自下而上的三层,即物理资源层、VNF 层和业务层,如图 5.1 所示。物理资源层由部署于边缘计算中的各种通用服务器和交换机构成。VNF 层由各种运行在虚拟机之上经软件化的网络功能组成,虚拟机的运行占用通用服务器的计算资源和相关联的网络资源。业务层由服务于各类业务流的多条 SFC 组成,每条 SFC 由不同网络功能(Network Function, NF)按某种次序链式构成,为业务流提供端到端的服务。某种类型的网络功能被实例化并映射到对应类型的 VNF。如图 5.1 所示,当服务一条业务流时,现有的方案会为该业务流所需的每个 NF 实例化并映射到一个 VNF,这使得边缘计算中 VNF 的数量随着业务流的增加同步增大,而完成对业务流的服务后由于缺乏合理的资源重新调配机制导致计算和网络资源的持续消耗。如图 5.2 所示,根据当前业务流对资源的需求量以及业务流自身的服务质量要求,若能够对 SFC 实施合理的迁移重配置,让多条 SFC 中相同类型的 NF 共享一个 VNF 实例,则可合理地降低 VNF 数量,实现边缘计算资源的优化使用。该方案的实现不仅涉及多条 SFC 中相同类型 NF 的迁移合并,还必须考虑由于业务流在物理资源层的路径改变导致的对计算和网络资源占用的改变。例如:和图 5.1 相比,NF 的迁移对通用服务器 S2、S5 以及 S2、S5 形成的链路均构成了更重的计算和网络负载,这可能使得迁移后的 SFC 为业务流提供的服务时延增加,影响服务质量。

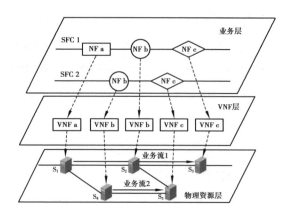

图 5.1　边缘计算服务模型

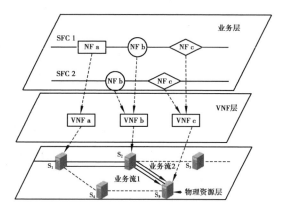

图 5.2　边缘计算服务模型中的 SFC 迁移重配置

5.2.2　形式化定义与模型建立

将图 5.1 中物理资源层抽象为一个加权无向图 $G=(N,E)$，N 为通用服务器构成的集合,对某一台通用服务器 v,其资源量 $R(v)\geqslant 0$ 且处理速度为 $\text{proc}(v)$。E 表示物理链路集合,任意一条链路 $(u,v)\in E,(u,v\in N)$ 的链路带宽定义为 $b(u,v)$ 且 $b(u,v)\geqslant 0$,链路时延表示为 $d(u,v)$。变量 $y(u,v),(u,v\in N)$ 表示链路 (u,v) 是否属于链路集合 E,若两台通用服务器直接相连 $y(u,v)=1$,否则 $y(u,v)=0$。用集合 F 表示服务业务流可能会使用的网络功能(NF)组成的集合。NF 具有类型的区别,某一类 NF $f\in F$ 由三元组 $(r(f),c(f),\beta(f))$ 确定。其中,f 实例化并映射到一个 VNF 所需要消耗的资源为 $r(f),r(f)\geqslant 0$。处理单位大小的业务流数据包,f 需使用的资源为 $c(f),c(f)\geqslant 0$。经过 f 这类 NF 处理后的网络带宽占用的改变因子为 β

(f), $\beta(f) > 0$。边缘计算中需要进行迁移重配置的 SFC 用集合 C 表示。C 中的第 i 条 SFC 表示为 SFC_i,用一个六元组 $(I_i, E_i, T_i, D_i, S_i, V_i)$ 对其描述,其中 $I_i, E_i \in N$ 分别表示第 i 个 SFC 的流入/流出网元。T_i 表示 SFC_i 从流入网元进入边缘计算所需占用的初始带宽。D_i 为 SFC_i 为保证所服务业务流的服务质量,端到端的容忍时延。S_i 表示经过 SFC_i 处理后业务流的带宽占用。V_i 表示构成 SFC_i 的 NF 集合,用 $\{v_{i,1}, \cdots, v_{i,r}, \cdots, v_{i,k}\}$ 表示。其中 $V_{i,r}$ 表示 SFC_i 中第 r 个 NF。对于一个网络功能,为了能表明其所属类型,定义了一个二进制 0-1 变量 $t_{i,r}^f$:

$$t_{i,r}^f = \begin{cases} 1 & v_{i,r} \text{ 的类型是 } f \in F \\ 0 & \text{其他} \end{cases} \tag{5.1}$$

$v_{i,r}$ 用于处理业务流数据,所需计算资源表示为:

$$c_i^r = S_i \cdot \sum_{f \in F} t_{i,r}^f \cdot c(f) \tag{5.2}$$

经 $v_{i,r}$ 处理后,业务流对网络带宽的占用表示为:

$$T_i^{r,r+1} = T_i \prod_{m=1}^{r} \left(\sum_{f \in F} t_{i,r}^f \cdot \beta(f) \right) \tag{5.3}$$

根据问题的描述,本章通过服务功能链合理地迁移和重配置,达到降低业务流的端到端服务时延的目的,该优化问题的目标函数可表述为:

$$\min \max \frac{\text{delay}_i}{D_i} \tag{5.4}$$

其中,delay_i 是服务功能链 SFC_i 的实际时延,D_i 是 SFC_i 所服务业务流的端到端最长时延限制。对任意 SFC_i,系统会将其中的网络功能集合 V_i 映射到合适的通用服务器上,用决策变量 x 表示 SFC_i 中网络功能 $V_{i,r}$ 的部署:

$$x_{i,r}^u = \begin{cases} 1 & SFC_i \text{ 中第 } r \text{ 个网络功能部署在通用服务器 } u \text{ 上} \\ 0 & \text{其他} \end{cases} \tag{5.5}$$

同时,系统也将为 SFC_i 选择一条路径,用决策变量 α 如下表示路径:

$$\alpha_{u,v}^{v_{i,r},v_{i,r+1}} = \begin{cases} 1 & SFC_i \text{ 中连续两个 NF} v_{i,r}, v_{i,r+1} \text{ 的链路经过 } (u,v), (u,v) \in E \\ 0 & \text{其他} \end{cases} \tag{5.6}$$

继续定义二进制 0-1 变量 y,表示通用服务器上是否实例化了某类型为 $f \in F$ 的 VNF,下面等式成立:

$$y_u^f = 1, \text{if} \sum_{SFC_i \in C} \sum_{r=2}^{k_i-1} x_{i,r}^u t_{i,r}^f \geq 1, \forall u \in N, \forall f \in F \tag{5.7}$$

边缘计算中,在任意一台通用服务器之上所部署的所有 VNF 所需要的计算资源总和必须小于等于该通用服务器能够提供的最大计算资源量,VNF 所需计算资源不仅包括自身需要的处理资源,还包括将该网络功能实例化运行所需要的资源,即有下面约束,即式(5.8)成立:

$$\sum_{\text{SFC}_i \in C} \sum_{r=2}^{k_i-1} x_{i,r}^u c_i^r + \sum_{f \in F} y_u^f r(f) \leq R(u), \forall u \in N \qquad (5.8)$$

对于每条 SFC 中的每一个网络功能,必须且只能映射到一个 VNF。同时,每一个 VNF 也只能对应一台通用服务器,因此有下面约束,即式(5.9)成立:

$$\sum_{u \in N} x_{i,r}^u = 1, \forall \text{SFC}_i \in C, \forall r \in \{2, \cdots, k_i - 1\} \qquad (5.9)$$

对边缘计算中的任意一条实际网络链路,经过该链路的所有 SFC 对带宽资源的占用之和不能超过该链路的最大带宽资源限制,则有下面约束,即式(5.10)成立:

$$\sum_{\text{SFC}_i \in C} \sum_{r=2}^{k_i-1} \alpha_u^{v_{i,r}v_{i,r+1}} T_i^{r,r+1} \leq b(u,v), \forall (u,v) \in E \qquad (5.10)$$

继续定义一个变量 $\varphi(u)$ 表示和通用服务器 u 直接相连的其他通用服务器:

$$\varphi(u) = \{v \mid y(u,v) = 1\}, \forall (u,v) \in N \qquad (5.11)$$

在 SFC 之间的虚拟链路映射到实际物理链路后,考虑到网络中流量守恒的限制,对每条 SFC 中的每一段链路,都有下面约束,即式(5.12)成立:

$$\sum_{v \in \varphi(u)} (\alpha_{u,v}^{v_{i,r}v_{i,r+1}} - \alpha_{v,u}^{v_{i,r}v_{i,r+1}}) = x_{i,r}^u - x_{i,r+1}^u, \forall u \in N, \forall \text{SFC}_i \in C,$$
$$\forall r \in C\{2, \cdots, k_i - 1\} \qquad (5.12)$$

最后,需要保障每条 SFC 的端到端时延要求。服务功能链 SFC$_i$ 为业务流服务产生的时延 delay$_i$ 实际包括两部分:链路时延和通用服务器的处理时延。这两部分时延之和应小于等于业务流的时延限制,我们用 $dp_{i,r}^u$ 表示 SFC$_i$ 的第 r 个网络功能在通用服务器 u 上的处理时延,即有式(5.13)成立:

$$\sum_{(u,v) \in E} \sum_{r=1}^{k_i-1} \alpha_{u,v}^{v_{i,r}v_{i,r+1}} d(u,v) + \sum_{r=2}^{k_i-1} \sum_{u \in E} x_{i,r}^u dp_{i,r}^u \leq D_i, \forall \text{SFC}_i \in C \qquad (5.13)$$

参考文献[16]对时延部分进行建模,链路时延 $d(u,v)$ 包括传输时延 d_t、传播时延 $d_p^{u,v}$ 以及排队时延 $d_q^{u,v}$ 三个部分。对于排队时延,采用一个期望服务时间为 d_t 的 M/M/1 排队模型加以描述:

(1) $d_t = \dfrac{S_i}{T_i^{r,r+1}}$,$S_i$ 表示经过 SFC$_i$ 处理的流占用的网络带宽,$T_i^{r,r+1}$ 表示 SFC$_i$ 的传

输带宽。

（2）$d_p^{u,v} = \dfrac{l}{c_m}$，其中 l 表示的是网络中物理链路的长度，c_m 则是电磁波信号在物理介质中的传播速度。

（3）$d_q^{u,v} = \dfrac{\text{load}_{u,v}}{1-\text{load}_{u,v}} \cdot d_t$，其中 $\text{load}_{u,v}$ 表示链路 (u,v) 除功能链 SFC_i 所需带宽之外的带宽资源占用和链路总带宽之间的比例，即有 $\text{load}_{u,v} = \dfrac{b_{\text{SFC}_i}^{u,v}}{b(u,v)}$。更具体地，带宽 $b_{\text{SFC}_i}^{u,v}$ 可以表示为：

$$b_{\text{SFC}_i}^{u,v} = \sum_{\text{SFC}_i \in C} \sum_{j=2}^{k_i-1} \alpha_{u,v}^{V_{i,r},V_{i,r+1}} T_i^{j,j+1} - T_i^{r,r+1} \tag{5.14}$$

因此，排队时延可以表示为：

$$d_q^{u,v} = \frac{\left(\displaystyle\sum_{\text{SFC}_i \in C} \sum_{j=2}^{k_i-1} \alpha_{u,v}^{V_{i,r},V_{i,r+1}} T_i^{j,j+1} - T_i^{r,r+1}\right) / b(u,v)}{1 - \left(\displaystyle\sum_{\text{SFC}_i \in C} \sum_{j=2}^{k_i-1} \alpha_{u,v}^{V_{i,r},V_{i,r+1}} T_i^{j,j+1} - T_i^{r,r+1}\right) / b(u,v)} \cdot \frac{S_i}{T_i^{r,r+1}} \tag{5.15}$$

考虑到在链路时延的三个部分中，传输时延只与 SFC 本身有关系，传播时延的值很小，可以忽略不计。因此只考虑排队时延，即有式（5.16）成立：

$$d(u,v) = \frac{\left(\displaystyle\sum_{\text{SFC}_i \in C} \sum_{j=2}^{k_i-1} \alpha_{u,v}^{V_{i,r},V_{i,r+1}} T_i^{j,j+1} - T_i^{r,r+1}\right) \cdot S_i}{\left(b(u,v) - \displaystyle\sum_{\text{SFC}_i \in C} \sum_{j=2}^{k_i-1} \alpha_{u,v}^{V_{i,r},V_{i,r+1}} T_i^{j,j+1} + T_i^{r,r+1}\right) \cdot T_i^{r,r+1}} \tag{5.16}$$

对于通用服务器的处理时延，采用基于通用处理器共享（Generalized Processor Sharing，GPS）[17] 定义的处理时延模型，即

$$dp_{i,r}^u = \frac{\text{load}_u}{\text{load}_i} \cdot t_{\text{proc}} \tag{5.17}$$

其中，数据包需占用的处理时间 $t_{\text{proc}} = S_i/\text{proc}(u)$，$S_i$ 表示的是服务功能链 SFC_i 的大小，$\text{proc}(u)$ 则是物理节点 u 的处理速度；物理节点 u 处理器负载百分比为 $\text{load}_u = \text{cr}_u/R(u)$，$R(u)$ 是物理节点 u 的最大负载，cr_u 则是物理节点 u 当前的负载，可以用下式表示：

$$\text{cr}_u = \sum_{\text{SFC}_i \in C} \sum_{r=2}^{k_i-1} x_{i,r}^u c_i^r + \sum_{f \in F} y_n^f r(f) \tag{5.18}$$

load$_i$ 表示的是 SFC$_i$ 中 $v_{i,r}$ 产生的负载占当前通用服务器 u 负载的比重:

$$\text{load}_i = c_i^r / \text{cr}_u \qquad (5.19)$$

进一步化简后有:

$$dp_{i,r}^u = \frac{\left(\sum\limits_{\text{SFC}_i \in C} \sum\limits_{j=2}^{k_i-1} x_{i,r}^u c_i^j + \sum\limits_{f \in F} y_n^f r(f) \right)^2 \cdot S_i}{R(u) \cdot c_i^r \cdot \text{proc}(u)} \qquad (5.20)$$

将该问题简单化,假设边缘计算中只有一条 SFC 为业务流提供服务,该业务流要求 SFC 的端到端的数据延迟是 k 倍的网络路径最大延迟。每台通用服务器只能实例化运行一个 VNF,且一个 VNF 只能对应到一个业务层的 NF。这时,SFC 的迁移重配置问题就转化为一个虚拟网络的映射问题,而后者为 NP-hard[18]。因此 SFC 迁移问题可以归结为一个 NP-hard 问题。

5.3 基于遗传算法的服务功能迁移算法

遗传算法(Genetic Algorithm, GA)最早是由 J. Holland 教授在 1975 年提出的一种模拟进化生物学物种进化原则的随机化启发式搜索算法[19]。该算法通过模拟达尔文生物进化论在生物进化过程中发生的自然选择和遗传过程中的各种现象,通过在父代种群中都保留一些候选个体,根据适应度函数的值从中选择较优的个体,再根据具体的遗传操作(如交叉和变异)对这些选择的个体重新进行组合,产生子代种群,直至满足某种停止条件为止。遗传算法的基本步骤可以归纳为:编码、初始化群体、适应值计算、遗传操作,其中遗传操作包括选择、复制、交叉和变异。本章把 GA 算法作为求解服务功能链迁移重配置问题的基础算法,主要原因在于:①求解问题具有自身的特性。因为 GA 算法直接对结构对象进行各种遗传操作,对待搜索的空间并不要求必须连续可导,而本章是在具有离散性质的搜索空间中实现 SFC 迁移的;②GA 算法搜索具有并行性的特点。多个个体可以同时进行比较,在全局范围内具备较好的求取最优解的能力;③能够避免局部最优。GA 使用概率机制进行遗传操作,也即交叉和变异的操作具有随机性,没有确定的规则改变搜索的方向。通过调整搜索空间避免陷入局部最优。

5.3.1　算法原理

为了避免常用的编码方法,如:二进制编码、序号编码、格雷码编码等,可能使矩阵展开成一串向量元素。本章采用了一种 0-1 矩阵编码方式,这种方式能够将矩阵整体作为遗传子代个体,从而保证子代个体基因的完整性。基于此,将矩阵作为群体个体进行遗传运算,矩阵的行数(以 m 表示)等于所需要迁移的服务功能链中所需 NFs 的数目之和,矩阵的列数(以 n 表示)等于底层物理网络的节点数目。遗传子代中的第 k 代种群中的个体数目为 N,每个个体又被称为矩阵染色体,均为 $m \times n$ 阶矩阵,则 $Q_k = \{A_1, A_2, \cdots, A_N\}$ 表示该种群,其中 $A_k^r = (a_{i,j})_{m \times n}$,表示第 k 代种群中的第 r 个个体,个体中的每个元素 a_{ij}^r 是矩阵染色体的基因元素,a_{ij}^r 需满足以下两个约束

$$\sum_{j=1}^{n} a_{ij}^r = 1, \forall i \in \{1, 2, \cdots, m\} \text{ 和 } a_{ij}^r \{0, 1\}, \forall i \in \{1, 2, \cdots, m\}, \forall j \in \{1, 2, \cdots, n\}$$

对染色体的有关操作描述如下:

(1)生成初始种群。

在该算法中,初始种群将包含 N 个染色体,N 为常量且与问题规模有关。

(2)选择复制。

对群体的优化选择其实就是寻找种群中适应度最好的一部分个体所对应的矩阵染色体并将其遗传到子代中,将父代中适应度差的个体进行淘汰。在这个过程中,父代与子代种群的个体数量要求保持一致。基本遗传算法中常用来进行选择复制的方法是轮盘赌选择法[24]。但从本质上讲,轮盘赌选择法是一种根据概率大小选择的方案,因此存在选择过程中出现失误的可能或者因为杂交以及变异操作导致当前群体中的适应度最好的个体在下一代遗失。为了防止这种意外出现,本章采取了一种保障机制,即在轮盘赌选择法的基础上使用精英选择策略(Elitist Selection Strategy, ESS)。ESS 能够使群体收敛到所求解优化问题的最优解,该策略的基本思想是:如果种群 Q_k 对应的最佳适应度大于下一代种群 Q_{k+1} 所有个体的适应度中最佳适应度,则将 Q_k 中适应度大于下一代种群 Q_{k+1} 中最佳适应度的所有个体复制到 Q_{k+1},并与种群 Q_{k+1} 中随机选择的相同数目的个体进行替换。对于第 k 代群体大小为 N 的种群 Q_k,ESS 的具体过程如下:

步骤 1:对于第 k 代种群 Q_k,求出适应度函数的最大值,即有

$$\text{fit}_{\max}^k = \max \{\text{fit}(A_k^1), \text{fit}(A_k^2), \cdots, \text{fit}(A_k^N)\};$$

步骤 2：根据轮盘赌选择法选择出下一代 N 个个体。求出第 $k+1$ 代种群 Q_{k+1} 的适应度函数的最大值，表示为 $\text{fit}_{\max}^{k+1} = \max\{\text{fit}(A_{k+1}^1), \text{fit}(A_{k+1}^2), \cdots, \text{fit}(A_{k+1}^N)\}$；

步骤 3：对 Q_k 与 Q_{k+1} 适应度的最大值进行比较，如果 $\text{fit}_{\max}^k > \text{fit}_{\max}^{k+1}$，将第 k 代中满足条件 $Q_k' = \{A_k^r \mid \text{fit}(A_k^r) > \text{fit}_{\max}^{k+1}, A_k^r \in Q_k\}$ 的所有个体进行复制，并与第 $k+1$ 代种群中相同个数的个体 $A_{k+1}^r \in Q_{k+1}$ 进行替换。

（3）交叉。

交叉算子是遗传算法中对基因重新进行组合杂交的操作，通过模仿自然界中有性生殖的基因重组过程，将较好的基因遗传给新的个体。交叉操作的必要性表现在它可以将搜索范围扩展到新的区间，打破局部最优解的限制，使得更大概率接近全局最优解。本章采用多行矩阵杂交，按杂交概率 $P_C(0 \leqslant P_C \leqslant 1)$ 交换两个矩阵染色体中对应位置的行基因元素的过程，交换的行是随机的。对于种群 Q_k 中两个染色体 A_k^i 和 A_k^j 的交叉运算，先进行初始化：$A_k^i = (a_{i,j}^i)_{mn}$，$A_k^j = (a_{i,j}^j)_{mn}$，然后若以第二行交换为例，则交叉运算后矩阵染色体为：

$$A_k^i = \begin{bmatrix} a_{11}^i & a_{12}^i & \cdots & a_{1n}^i \\ a_{21}^j & a_{22}^j & \cdots & a_{2n}^j \\ \vdots & \vdots & & \vdots \\ a_{m1}^i & a_{m2}^i & \cdots & a_{mn}^i \end{bmatrix}, A_k^j = \begin{bmatrix} a_{11}^j & a_{12}^j & \cdots & a_{1n}^j \\ a_{21}^i & a_{22}^i & \cdots & a_{2n}^i \\ \vdots & \vdots & & \vdots \\ a_{m1}^j & a_{m2}^j & \cdots & a_{mn}^j \end{bmatrix}$$

（4）变异。

变异算子是 GA 根据既定的规则，以一定概率改变染色体中的某位基因的操作。通过模仿自然界生物进化中的基因突变现象使染色体的生理状况发生变化，该操作同样有利于搜索跳出局部最优空间。通常情况下，遗传算法的变异概率是一个预先设定的定值 P_m，$0 \leqslant P_m \leqslant 1$，本章采用的是根据适应度变化的自适应值[20]，计算式如下：

$$P_m^i = \begin{cases} \dfrac{\text{fit}_{\max} - \text{fit}(A_k^i)}{\text{fit}_{\max} - \text{fit}_{\min}} & \text{fit}(A_k^i) < \overline{\text{fit}} \\ P_m & \text{fit}(A_k^i) \geqslant \overline{\text{fit}} \end{cases} \tag{5.21}$$

这样的变异概率计算使得适应度较低的个体有更大的概率产生变异，从而增加了个体转变为适应度较高的个体的可能性。对于矩阵编码且有约束限制的染色体，变异操作则是针对每一行进行的。在变异操作中,根据概率 P_m^i 使得一个矩阵染色体中的某行或某些行的基因元素发生改变,而被改变行的改变方式具有随机性,但条件是必须满足问题本身的约束。

(5)可行性检测。

在经过交叉和变异的操作后得到了许多的新的个体,但这些个体可能并非原问题的可行解。因此,在进行遗传操作后加入可行性检测十分必要,从而确保新生成的每个个体都在原问题可行解的范围内。每个染色体分别对应着 NFs 到 VNF 的映射及实例化,由此可以确定目标变量 $x_{i,r}^u$ 的值。此时我们可以对模型中的节点映射的约束是否成立进行判断,在满足了约束成立的条件下,根据 NFs 的映射方案并结合路径选择算法得到另一个目标变量 α 的值。这样就可以判断模型中链路映射的约束是否满足,当这些约束均被满足的时候,就可以得到该问题的可行解。

5.3.2 适应度计算

如果一个染色体对应的适应度函数的数值较大则说明该染色体比较接近最优解,它被选择用来选择生成下一代群体的概率就更大。在这种情况下,通过逐代地提高种群的平均适应度以及对个体的最佳适应度,达到求解优化问题的目的。对每种网络功能(NF)映射关系进行编码后可以得到对应的染色体个体,反之,若对每个染色体个体进行解码就可以得到网络功能(NF)映射关系。因此对于一个给定的染色体而言,其原始问题可以简化为链路映射问题,通过对该问题进行的路径选择,最终可以得到染色体的适应度和相应的最优链路映射方案。对于本章中的最小化问题,我们采用如下的适应度函数:

$$\text{fit}(x)=\begin{cases} c_{\max}-f(x), & c_{\max}-f(x)\geqslant 0 \\ 0, & \text{其他} \end{cases} \tag{5.22}$$

其中,$f(x)$ 是系统模型中的优化目标函数。$c_{\max}$ 理论上应该是种群中个体的 $f(x)$ 的最大值,根据问题的物理意义,SFC 端到端的实际时延与最大时延要求的比值在 $(0,1]$ 区间内,因此 $c_{\max}$ 值取为 1,适应度函数为:

$$\text{fit}(x) = 1 - \max \frac{\text{delay}_i}{D_i} \tag{5.23}$$

5.3.3 算法描述

基于上面描述,边缘计算的 SFC 迁移重配置的算法执行流程如图 5.3 所示。对于特定的染色体实际就是网络功能(NF)到 VNF 的一种映射实例化方案,也即是可以确定目标变量 $x_{i,r}^u$ 的值。此时对每个业务流请求而言,处理时延 $dp_{i,r}^u$ 成为定值。对于每条 SFC 的功能模块之间的路径,以路径最短作为标准进行路径选择。这样对于边缘计算的底层网络拓扑,任意通用服务器之间的最短路径可以提前求出,从而简化问题的求解。

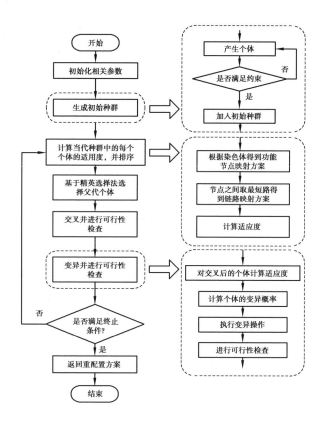

图 5.3 算法流程图

本章提出的基于 GA 的启发式算法主要步骤见表 5.1。

表 5.1　SFC 迁移重配置算法伪代码

基于 GA 的 SFC 迁移重配置算法

输入：边缘服务商物理网络拓扑 $G=(N,E)$，SFC 的集合 C，网络功能集合 F

输出：SFC 重配置方案

步骤：

Step1：初始化相关参数，计算 SFC_s 中 $v_{i,r}$ 的 c_i^r 以及 $v_{i,r}$ 与 $v_{i,r+1}$ 的 $T_i^{r,r+1}$。

Step2：令 $fit_{max}=0$，$m=0$，$M_{best}=\varnothing$，$B_{best}=\varnothing$，最大迭代次数 T。

Step3：产生初始种群 Q_0，大小为 N，交叉概率 P_C，变异概率 P_m

Step4：while($m<T$)

 {

 for $A_m^i \in Q_m$ do

   得到决策变量 $x_{i,r}^u$

   由通用服务器之间最短路确定 $\alpha_{u,v}^{v_i,r_i,r+1}$

  求解得到适应度 $fit(A_m^i)$

  if fit(p_i)>fit_{max}

   $fit_{max}=fit(p_i)$

   记录 VNF 部署方案 M_{best}←染色体 A_m^i

   记录链路映射方案 B_{best}←M_{best}

  end

  end

 根据精英选择法选择合适的染色体构成父代群体 Q'_m

 for $i \in |Q'_m|/2$

  A_m^{2i} 以概率 P_C 与 A_m^{2i+1} 交叉

   对新个体 A_m^{2i} 与 A_m^{2i+1} 可行性检查

   求解新个体适应度 $fit(A_m^{2i})\,fit(A_m^{2i+1})$

 end

 for $A_m^i \in Q'_m$

  求解对应的变异概率 P_m^i

  以概率 P_m^i 变异　　　　　　对变异个体进行可行性检查

 end

续表

基于 GA 的 SFC 迁移重配置算法

$Q_{m+1} \leftarrow Q'_m$

$m = m+1$

$\}$

Step5：输出 VNF 映射策略 M_{best}

SFC 迁移重配置算法是建立在 GA 算法基础之上实现的,而 GA 算法的平均时间复杂度不会超过问题规模的 $O(n^2)$ [21]。因此边缘计算中,当服务功能链 SFC 和网络功能 NF 数量不同的时候,找到一个最优的 SFC 迁移重配置方案的时间复杂度在 $O(n^2)$ 以内。

5.4 实验分析与性能评估

5.4.1 实验场景建立及主要参数描述

本章通过 Matlab 构建数值仿真环境,对本章提出的策略进行评估。选择了迁移前的部署情况、随机迁移部署方案以及基于贪心策略的迁移部署方案作为对比参考。当网络中有若干个服务业务流的 SFC 需要进行重配置时,随机迁移部署策略是随机的选择具有足够计算资源的通用服务器及网络链路进行节点和链路的映射。基于贪心的迁移部署策略则是对每个业务流的服务请求均以最小化端到端时延为目标,逐一实现部署,最后得到为多条业务流服务的 SFC 迁移后的映射策略。仿真实验中,主要就几个关键指标进行评估,包括:基于 GA 的 SFC 迁移策略在端到端时延、链路带宽利用以及通用服务器的资源利用率。

为评估几种迁移部署策略的性能以及对于不同网络拓扑的适应性,根据文献[20]和文献[23],本章选择了两种具有代表性的网络拓扑 NSF 和 USNet。同时,为分析比较各项关键指标和网络规模之间的关系,本章在 NSF 和 USNet 拓扑基础上增加了网络节点数量和物理链路数量,前者网络规模较小而后者网络规模较大。在这两种网络拓扑结构下,各项参数的设置参考文献[22-26],在 NSF 网络中,网络节点数:30;物理链路数:45;通用服务器带宽资源:U[60,100];通用服务器处理速度100;物理链路带宽:U[80,100]。对于 USNet 网络,网络节点数:92;物理链路数:152;通用服务器带宽资源:U[60,100];通用服务器处理速度100;物理链路带宽:U[80,100]。对于网络功能参数,网络功能类型数:10;实例化 NF 所需资源:U[5,10];NF 所需的资源:U[2,6];NF 带宽改变因子:[0.5,2]。对于虚拟功能链 SFC 的参数,初始带宽 U[5,10];SFC 的大小:[1,3];端到端时延 U{10,15,20};网络功能集合长度:U[2,6];SFC 流入网元节点:随机产生;SFC 流出网元节点:随机产生。对于遗传算法的参数,最大迭代次数:500;种群个数:20;交叉概率:0.6;初始变异概率:0.05。

仿真实验中,本章定义了下面三个性能指标来评估各种策略的性能。

(1)最小最大时延比,这是优化目标,具体表述为:

$$\min \max \frac{\mathrm{delay}_i}{D_i}$$

其中,delay_i 是服务功能链 SFC_i 的实际时延,D_i 是端到端的最高时延要求。

(2)物理网络中链路带宽的资源占用率为 ϕ_1,如下式所示:

$$\phi_1 = \frac{\sum\limits_{(u,v)\in E}\sum\limits_{\mathrm{SFC}_i\in C}\sum\limits_{r=2}^{k_i-1}\alpha_{u,v}^{v_{i,r}v_{i,r+1}}T_i^{r,r+1}}{\sum\limits_{(u,v)\in E}b(u,v)}$$

分子部分是网络中实际占用的物理链路带宽资源,分母部分是网络中全部物理链路的带宽资源总量。

(3)通用服务器的资源占用率为 ϕ_2,如下式所示:

$$\phi_2 = \frac{\sum\limits_{u\in N}\left(\sum\limits_{\mathrm{SFC}_i\in C}\sum\limits_{r=2}^{k_i-1}x_{i,r}^u c_i^r + \sum\limits_{f\in F}y_u^f r(f)\right)}{\sum\limits_{u\in N}R(u)}$$

分子部分是网络中实际占用的通用服务器的资源总量,分母部分是网络中通用服务器的资源总量。

5.4.2　实验结果与分析

对迁移前的部署情况、基于遗传算法的迁移部署方案、随机迁移部署方案以及基于贪心算法的迁移部署方案分别以 No Migration、GA、Random 和 Greedy 表示。首先在 NSF 网络环境中,当需要迁移部署的 SFC 数量从 0 增加至 30 的时候,比较不同迁移方案下的端到端时延。从图 5.4 可以看到,随着需要迁移的 SFC 数量增多,各种方案的最小最大端到端时延比均呈现增加的趋势,这是业务流的服务请求增加,网络中的通用服务器负载和链路负载增大,处理时延和链路时延增加导致的。与迁移前的部署情况、随机迁移方案以及基于贪心的算法方案相比,基于 GA 的迁移方案能够更有效地保证业务流的端到端时延。当服务功能链提供给业务流的服务时延大于等于业务流自身端到端的最高时延要求时,都设定端到端的时延比为 1。当业务流数量大于 14 的时候,基于 GA 的方案的时延比优于基于贪心的方案超过 10.5%,在业务流数量为 30 时更是达到 12.3%。而若采用随机策略和不进行迁移的时候,当业务流为 20 和 24 的时候,业务流的端到端延迟就已经达到或超过了服务质量的限制。图 5.5 对比了不同迁移部署方案下的物理链路资源占用率,可以看到当业务流数量达到 30 的时候,基于 GA 的方案的链路资源占用率仅为 66.8%,分别优于基于贪心的方案、不进行迁移的情况以及基于随机方案 10.9%、24.3% 和 33.2%。结果表明在基于 GA 的方案下,链路带宽资源占用率要明显低于其他几种对比迁移方案,这使边缘计算有更多剩余链路资源服务于其他业务流。

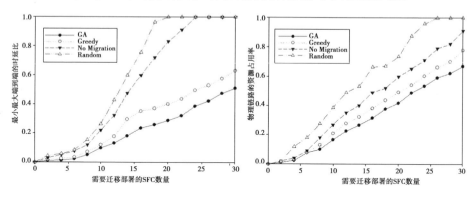

图 5.4　端到端时延对比(NSF)　　　图 5.5　链路带宽资源占用率对比(NSF)

图 5.6 对比了不同方案对于通用服务器的资源占用率,业务流所需要的最大物理节点资源也就是不进行迁移重配置所需的资源。可以看到当需要迁移部署的 SFC 数量较少,如小于 10 的时候,网络中可以合并的网络功能数量有限,这也使得网络中通过迁移重配置节省的通用服务器资源也较有限。但随着 SFC 数量的增加,则相同的网络功能也增多,这使得迁移重配置之后节约出的通用服务器计算资源也显著增加。当 SFC 的数量达到 30 的时候,不进行迁移重配置则已经耗尽通用服务

器资源。而当使用基于 GA 的方案,通过合理地进行迁移实现了通用服务器资源的优化使用,服务相同数量的 30 个 SFC 只占用了 71.3% 的通用服务器资源,比性能较次的基于贪心算法的方案具有 15.8% 的优势。

接下来在规模更大的 USNet 网络拓扑下进行评估,需要进行重配置的 SFC 数量最多为 60 个。如图 5.7 所示,随着需要迁移部署的 SFC 数量增多,最小最大链路时延比呈现增加的趋势,这与在 NSF 网络拓扑下的趋势一致,且当 SFC 在数量越多的情况下,基于 GA 算法的方案的优势越来越明显。在 SFC 数量为 60 的时候,基于 GA 算法的方案的最小最大链路时延比仍控制在 42.2%,优于性能较次的基于贪心算法的方案 21.1%,而不进行迁移和随机方案则已经达到和超过了业务流的端到端时延限制。

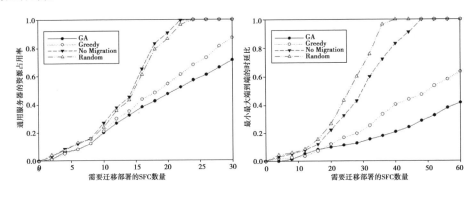

图 5.6　通用服务器资源占用率对比(NSF)　　图 5.7　端到端时延对比(USNet)

从图 5.8 可以看到在 USNet 网络模型下,基于 GA 算法的迁移方案下链路带宽资源占用率随着迁移重配置的 SFC 数量的增加,优势更明显。其主要原因一方面是当 SFC 数量较少的时候,网络中可以合并的同类型 NF 模块较少,另一方面若不考虑其他因素合并同类型的 NF 模块则容易在网络中的某些物理节点处形成热点,不利于网络负载均衡的实现进而影响业务流的端到端时延。当 SFC 数量达到 60 的时候,基于 GA 的迁移重配置方案下链路带宽资源占用率对比为 48.7%,而基于贪心算法的方案、不进行迁移的方案,随机迁移方案则分别为 61.7%、76.1% 和 96.6%。图 5.9 呈现出了和图 5.8 类似的趋势,当迁移重配置的 SFC 数量增加,通过合理的 NF 模块合并,有效控制了通用服务器资源的快速占用,当 SFC 达到 60,基于 GA 算法的方案将通用服务器资源的占用率控制在 58.3%,性能较次的贪心算法则为 69.7%,不进行迁移和随机迁移均接近占用完所有通用服务器的资源。

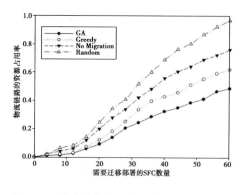

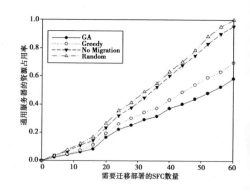

图 5.8 链路带宽资源占用率对比（USNet）　　　图 5.9 通用服务器资源占用率对比（USNet）

相比其他方案,通过上述详细的实验结果说明本章所提出的方案具有两方面的优势,一是具有良好的网络适应性,通过在 NSF 和 USNet 这两种具有代表性的网络拓扑下的实验结果表明基于 GA 算法的方案适应性良好,不会因为网络结构的变化带来性能上的差异,对基于不同网络结构的边缘计算都是适用的。二是基于 GA 算法的方案在网络规模较大的时候性能优势更为明显,随着边缘计算承载的业务越来越多样化和复杂化,网络自身规模在不断扩张,在各类网元、通用服务器和交换机等物理节点越来越多的网络中运用本章提出的方案其性能优势更为明显,能够在性能和资源占用方面取得更好的平衡。

本章小结

随着业务流的动态性日益突出,边缘计算的资源利用率下降和通用服务器负载不均的问题也逐渐显现。本章提出对 SFC 进行合理的迁移重配置的解决方案,也即:通过对边缘计算的计算资源和网络资源进行合理调配,达到在保证业务流的服务质量的前提下提高资源利用率的目的。本章在形式化分析的基础上提出了易于部署的基于 GA 的启发式算法,并在不同拓扑及不同规模的网络场景下进行了详细对比实验,结果表明本章提出的 SFC 迁移重配置策略具有良好的网络适应性,能够在有效的保证业务流服务能力的同时兼顾边缘计算中资源的合理利用。本章提出的方案及算法为改善基于 NFV 的边缘计算服务能力提供了借鉴和理论支持。

参考文献

[1] CHATRAS B, OZOG F F. Network functions virtualization：the portability challenge［J］. IEEE Network, 2016, 30(4):4-8.

[2] ABDELWAHAB S, HAMDAOUI B, GUIZANI M, et al. Network function virtualization in 5G［J］. IEEE Communications Magazine, 2016, 54(4): 84-91.

[3] ERAMO V, AMMAR M, LAVACCA F G. Migration energy aware reconfigurations of virtual network function instances in NFV architectures［J］. IEEE Access, 2017, 5: 4927-4938.

[4] 陈晓华, 李春芝, 陈良育, 等. 虚拟网络映射高效节能运输模型及算法［J］. 电子学报, 2016, 44(3): 725-731.

[5] BLENK A, BASTA A, REISSLEIN M, et al. Survey on Network Virtualization Hypervisors for Software Defined Networking［J］. IEEE Communications Surveys & Tutorials, 2016, 18(1): 655-685.

[6] LUKOVSZKI T, SCHMID S. Online admission control and embedding of service chains［M］// Structural Information and Communication Complexity. Cham：Springer International Publishing, 2015: 104-118.

[7] MA W R, MEDINA C, PAN D. Traffic-aware placement of NFV middleboxes［C］//2015 IEEE Global Communications Conference (GLOBECOM). San Diego, CA, USA. IEEE, 2015: 1-6.

[8] HAN B, GOPALAKRISHNAN V, JI L S, et al. Network function virtualization：Challenges and opportunities for innovations［J］. IEEE Communications Magazine, 2015, 53(2): 90-97.

[9] CERRONI W, CALLEGATI F. Live migration of virtual network functions in cloud-based edge networks［C］//2014 IEEE International Conference on Communications (ICC). Sydney, NSW, Australia. IEEE, 2014: 2963-2968.

[10] ZHANG J, REN F Y, SHU R, et al. Guaranteeing delay of live virtual machine migration by determining and provisioning appropriate bandwidth［J］. IEEE Transactions on Computers, 2016, 65(9): 2910-2917.

[11] XIAO S H, CUI Y, WANG X, et al. Traffic-aware virtual machine migration in topology-adaptive DCN［C］//2016 IEEE 24th International Conference on Network Protocols (ICNP). Singapore. IEEE, 2016: 1-10.

[12] LO S, AMMAR M, ZEGURA E, et al. Virtual network migration on real infrastructure：A PlanetLab case study［C］//2014 IFIP Networking Conference. Trondheim, Norway. IEEE, 2014:

1-9.

［13］GHAZNAVI M, KHAN A, SHAHRIAR N, et al. Elastic virtual network function placement［C］//2015 IEEE 4th International Conference on Cloud Networking (CloudNet). Niagara Falls, ON, Canada. IEEE, 2015: 255-260.

［14］MIJUMBI R, SERRAT J, GORRICHO J L, et al. Design and evaluation of algorithms for mapping and scheduling of virtual network functions［C］//Proceedings of the 2015 1st IEEE Conference on Network Softwarization (NetSoft). London, UK. IEEE, 2015: 1-9.

［15］WEN T, YU H F, SUN G, et al. Network function consolidation in service function chaining orchestration［C］//2016 IEEE International Conference on Communications (ICC). Kuala Lumpur, Malaysia. IEEE, 2016: 1-6.

［16］DWARAKI A, WOLF T. Adaptive service-chain routing for virtual network functions in software-defined networks［C］//Proceedings of the 2016 Workshop on Hot Topics in Middleboxes and Network Function Virtualization. Florianopolis Brazil. ACM, 2016: 32-37.

［17］LI T, BAUMBERGER D, HAHN S. Efficient and scalable multiprocessor fair scheduling using distributed weighted round-robin［J］. ACM SIGPLAN Notices, 2009, 44(4): 65-74.

［18］FISCHER A, BOTERO J F, BECK M T, et al. Virtual network embedding: A survey［J］. IEEE Communications Surveys & Tutorials, 2013, 15(4): 1888-1906.

［19］https://en. wikipedia. org/wiki/Genetic_algorithm

［20］LIN T C, ZHOU Z L, TORNATORE M, et al. Demand-aware network function placement［J］. Journal of Lightwave Technology, 2016, 34(11): 2590-2600.

［21］何军,黄厚宽, 遗传算法的平均计算时间分析［C］// 第五届中国人工智能联合学术会议集, 1998: 440-443.

［22］SRINIVAS M, PATNAIK L M. Adaptive probabilities of crossover and mutation in genetic algorithms［J］. IEEE Transactions on Systems, Man, and Cybernetics, 1994, 24(4): 656-667.

［23］狄浩. 虚拟网络的高效和可靠映射算法研究［D］. 成都: 电子科技大学, 2013.

［24］MIJUMBI R, SERRAT J, GORRICHO J L, et al. Design and evaluation of algorithms for mapping and scheduling of virtual network functions［C］//Proceedings of the 2015 1st IEEE Conference on Network Softwarization (NetSoft). London, United Kingdom. IEEE, 2015: 1-9.

［25］SRINIVAS M, PATNAIK L M. Adaptive probabilities of crossover and mutation in genetic algorithms［J］. IEEE Transactions on Systems, Man, and Cybernetics, 1994, 24(4): 656-667.

［26］邢文训,谢金星. 现代优化计算方法［M］. 2 版. 北京: 清华大学出版社, 2005.

第6章　边缘计算中基于神经组合优化和启发式混合方法的任务调度

6.1　背景介绍

随着网络功能虚拟化技术的快速发展,传统网络中的网络功能可以不再依赖于特定的网络硬件设备,而是通过软件技术加以实现,从而部署在商用的硬件平台(如X86)上。在第2章中所介绍的云计算技术的架构下,越来越多的移动应用将其计算密集型任务部署到云数据中心,通过利用云端丰富的资源(如:计算资源、存储资源和网络资源)有效降低本地资源的开销[1-3]。本章主要研究在云计算技术架构的边缘计算网络中,计算任务的调度问题。

随着云计算的快速发展和大规模部署,越来越多的移动应用将其计算密集型任务卸载到云数据中心,但是,远端卸载任务需要较长的数据传输延迟,这影响了任务卸载之后移动应用的体验,特别是对于延迟敏感的移动应用,如:语音辨识和控制,视频图像的识别,交互游戏等应用。为了降低延迟并改善移动应用体验,同时优化云数据中心的计算资源负载,边缘计算(边缘云)和雾计算等近端计算模式被提出[4,5]。边缘计算通过将许多规模较小的服务节点部署在网络边缘,使得附近的移动用户可以通过无线连接就近访问边缘云服务节点,这样移动设备可以在距离自己更近的边缘云中获得服务,在有效降低服务延迟的同时也避免了云数据中心的资源过载。在边缘云中,运营商通常以扁平化的模式部署多个边缘节点,这导致了计算资源利用效率较低的问题[6,7-9]。

为了有效地利用云资源来服务用户的任务请求,分层部署边缘节点的新模式被提出[10-13]。根据任务规模和当前边缘节点的负载,让处于不同层次的节点为任务提供服务以达到最大限度地提高移动工作负载的服务量的目的。在多个节点分层部署的边缘云中,如何实现高效的任务调度决策使得任务所获得的服务延迟最低是一个具有挑战性的问题,需要同时考虑:①任务对边缘云的资源请求的差异;②当前的边缘云系统负载状况;③在计算资源异构且分层部署的多个服务节点上进行服务匹配决策;④调度决策应在尽可能短的时间做出调度方案应尽可能逼近理论最优。

受到近期学术界通过建立强化学习模型(Reinforcement Learning,RL)来求解组合优化问题所取得最新研究进展的启发[14-17],本章以在分层边缘云中进行优化调度任务为目标,建立起一个最小化任务服务延迟的组合优化模型。在求解方法上,不同于已有工作大多采用启发式近似求解的思路,本章通过综合发挥神经组合优化方法在求解质量以及启发式算法在求解效率方面各自的优势,提出了一种将神经组合优化和启发式算法相结合的新的任务调度算法—Joint Neural Combination Optimization and Heuristic Scheduling Policy(JNNHSP)。并通过与多个相关算法以及解算器 Gecode[18] 的求解结果进行对比实验,结果表明本章提出的调度算法能在相同的边缘云资源配置的条件下,获得更接近理论最优解的调度决策,使得卸载任务获得相对更短的服务延迟。

6.2　系统描述与建模分析

6.2.1　系统框架

本章将一个分层边缘云中所有服务节点集合定义为 $H=\{H_1,\cdots,H_n\}$,其中 n 为边缘云中服务节点的数量,H_h 表示第 h 个边缘云服务节点。用 $R=\{R_1,\cdots,R_n\}$ 表示系统中请求任务种类的集合,其中 n 为请求任务的数量,R_i 为第 i 个请求任务,ω_i 表示请求任务 i 的请求数据率,即请求任务 i 对 CPU 资源的需求,γ_i 表示请求任务 i 对带宽资源的需求,δ_i 表示请求任务 i 对存储资源的需求。定义了一个无向图 $G_n=(V_n,E_n)$,其中 V_n 和 E_n 分别为分层边缘云 G_n 中的服务节点集合和服务节点间的网络链路集合。$e(u,v)$ 表示两个服务节点 u 和 v 的网络链路。$l_B(u,v)$ 表示链路 $e(u,v)$ 的可用网络带宽资源。请求任务及调度的整个过程如图 6.1 所示。移动应用将自己的资源密集型任务通过连接就近的基站(Base Station,BS)卸载至边缘云,边缘计算中心化协调器(Centralized Coordinator,CC)通过周期性的和边缘服务节点进行交互,能够及时了解当前每个边缘服务节点的可用 IT 资源。当请求任务卸载至边缘云后,边缘计算中心化协调器将根据请求任务对各种资源的需求量以及当前边缘服务节点可用资源,运行调度策略将请求任务调度至合适的服务节点加以执行。在本章中,考虑边缘计算中心化协调器将周期性地执行调度策略,在一批请求任务执行完后为新的一批任务进行调度决策。

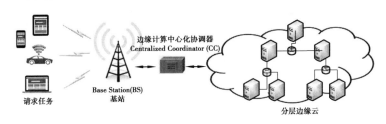

图 6.1　各种任务请求边缘系统进行调度服务

6.2.2　形式化分析与优化建模

请求任务在边缘云中获得服务所产生的延迟主要包括:请求任务在服务节点处等待处理的排队延迟、请求任务在服务节点之间传输产生的延迟和请求任务在提供服务的节点处的处理时延。本章基于 M/M/1 排队网络对请求任务在网络中的延迟进行建模,将一个网络中的主机视作服务节点,对于服务节点 h,定义 μ_h 为服务节点 h 的服务率,ω_i 表示请求任务 i 的请求数据率,$Z_{i,k}$ 为决策变量,表示请求任务 i 调度至服务节点 h 进行服务。根据排队网络,将请求任务 i 调度至服务节点 h 及在该节点排队的延迟 L_1 可表示为:

$$L_1 = \frac{1}{\mu_h - \sum_{i \in R} \omega_i \times Z_{i,h}} \tag{6.1}$$

请求任务 i 在服务节点 h 获得网络资源以及接收服务产生的延迟 L_2 可表示为:

$$L_2 = Z_{i,h} \times \frac{\sum_{i \in R} \gamma_i}{B_{Z_{i,h}}} \tag{6.2}$$

综合以上,请求任务 i 在网络场景中的总延迟 L 包括请求任务等待服务时的排队延迟,在服务节点间调度的传输延迟以及在服务节点接收服务的处理延迟,因此总延迟 L 可表示为:

$$L = L_1 + L_2 \tag{6.3}$$

本章构建组合优化模型的目的是使得在请求任务到达基于边缘计算的网络场景时,根据请求任务对各类资源需求的特点智能地提供调度策略使得请求任务延迟最小,为请求任务提供更佳的业务体验。请求任务从最近的边缘服务节点进入网络,对于当多个请求任务同时到达边缘计算网络场景时出现资源限制的情况,通过使用 JNNHSP 算法使网络具有自适应能力,从而使得优化目标延迟最小化。根据式(6.3)中定义的总延迟,并以请求任务的 IT 资源需求和服务节点的可用资源为约束条件,制定了优化模型,通过选择最优决策变量将请求任务调度至合适的服务节点,使得总延迟最低并进一步满足请求任务的服务需求,该模型可表示为:

$$\min\left(\frac{1}{\mu_h - \sum_{i \in R} \omega_i \times Z_{i,h}} + Z_{i,h} \times \frac{\sum_{i \in R} \gamma_i}{B_{Z_{i,h}}}\right) \tag{6.4}$$

$$\text{s. t.} \sum_{i \in R, h \in H} Z_{i,h} = 1 \tag{6.5}$$

$$\sum_{i \in R} \omega_i Z_{i,h} \leqslant \mu_h \ \forall h \in H \tag{6.6}$$

$$\sum_{i \in R} \gamma_i Z_{i,h} \leqslant B_{Z_{i,h}} \ \forall h \in H \tag{6.7}$$

$$\sum_{i \in R} \delta_i Z_{i,h} \leqslant S_{Z_{i,h}} \ \forall h \in H \tag{6.8}$$

$$\gamma_i \leqslant l_{B(u,v)} \ \forall l \in e(u,v), \forall e(u,v) \in L_n \tag{6.9}$$

在模型的约束条件式(6.5)中,$Z_{i,h}$ 为决策变量,表示将请求任务 i 调度至服务节点 h。约束条件式(6.6)表示当前网络场景中请求任务的请求数据率 ω_i 不应超过被分配的服务节点 h 的服务率 μ_h。约束条件式(6.7)代表服务节点的网络带宽资源约束,即请求 i 对于网络带宽资源需求 γ_i 不得超过当前被分配服务节点 h 的可用网络带宽资源 $B_{Z_{i,h}}$。约束条件式(6.8)表示服务节点的存储资源限制,表示请求 i 对于存储资源的需求 δ_i 不得超过被分配服务节点 h 当前的可用存储资源。此外,约束条件式(6.9)规定了服务节点之间的可使用带宽的使用上限。

本章定义的最优化模型主要优化目标为实现高效的任务调度决策使得任务请求所获得的服务延迟最低。同时考虑当前边缘云系统负载及任务对资源需求的差异,在 IT 资源异构且分层部署的多个服务节点以较短的时间做出调度方案且尽可能达到理论最优上做出服务匹配决策。该组合优化问题可以归结为一个多处理机调度问题(multi-processor scheduling problem),而在文献[14]已经证明它是 NP-Hard 问题。因此本章所定义在边缘云中面向请求任务延迟最小化的任务调度问题是一个 NP-Hard 问题,难以在多项式时间内找到全局最优解。

6.3　基于神经组合优化与启发式混合求解的优化调度

受到神经网络在求解组合优化问题方面的优异表现的启发,本章首先建立了一个基于序列到序列(Sequence-to-Sequence,Seq2Seq)的从请求任务到边缘服务节点的神经网络映射框架,然后通过基于蒙特卡洛策略梯度的强化学习方法对神经网络映射框架进行训练,使得神经网络映射框架能够自学习优化解。但随着问题规模的逐渐扩大,通过神经网络映射框架探寻最优解所需时间显著增加,因此本章提出了一种将神经组合优化方法和启发式算法相结合的调度策略,在求解组合优化解的质量和求解效率上取得了较好的平衡。

6.3.1　基于 Seq2Seq 的调度机制设计

整个基于 Seq2Seq 的神经网络求解框架如图 6.2 所示,该模型是一个编码器-解码器的神经网络结构,由多层长短时记忆神经网络(Long Short-Term Memory,LSTM)[19] 构成。模型将输入序列映射到一个固定维度的向量,并使用解码器解码目标向量,其解码步长与输入序列相同。将到达边缘云的请求任务作为模型的输入,其输入向量表示为 $\boldsymbol{R}=\{r_1,r_2,\cdots,r_n\}$,输出为将任务调度到的边缘云节点。模型将请求任务转化为词向量输入编码器,编码器保存由输入序列的隐藏状态之和组成上下文向量,并进行加权处理输入解码器。解码器的隐藏状态是自身状态与上下文向量编码器状态相结合的结果,解码器最终输出调度决策,输出向量表示为 $\boldsymbol{P}=\{p_1, p_2,\cdots,p_n\}$,其中 p_i 代表请求任务应当被调度至哪个节点。由于边缘云中任务调度具有动态性的特征,很难提前构建用于模型训练的标注样本,所以本章没有使用监督学习方法来训练模型。基于请求任务的多样性,采用了强化学习方法来训练模型,这样神经网络映射框架就可以在没有标签样本构建的情况下进行自我学习来优化解决方案。训练过程如图 6.2 所示,将请求任务到达边缘网络表示为智能体(Agent)中基于 Seq2Seq 的模型的输入 r_n,r_n 由随机函数根据编号在请求任务集合中随机产生,同时创建状态(State)矢量 $\boldsymbol{S}_t$。基于 Seq2Seq 的模型的输出作为调度策

略并执行调度动作 A_t ,边缘云中分层部署的服务节点构成环境,并根据回报目标式获得回报(reward)信号 R_{t+1} 以此评估当前调度策略并将 R_{t+1} 反馈给智能体以对 S_t 加以更新。环境在和智能体交互过程中对 Seq2Seq 模型进行训练,从而使得 Agent 的输出逐渐收敛且调度策略逐渐趋于最优解。

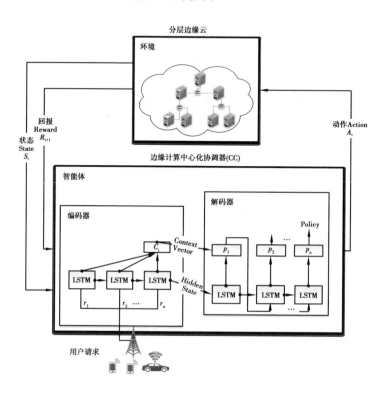

图6.2 强化学习动作-奖励反馈循环图

若将边缘化中心化协调器与分层的边缘云网络视为一个系统,该系统在时刻 t 的系统状态只与 $t-1$ 时刻的系统状态有关,而与 $t-1$ 时刻以前系统状态无关。考虑到系统具有马尔可夫性以及请求任务时变的特性,本节基于马尔可夫决策过程对 Seq2Seq 神经网络的训练过程进行建模分析。MDP 主要描述智能体和周围环境进行交互的行为和过程,主要包括:系统状态、执行动作、策略和回报。在 MDP 模型中,智能体根据观察到系统的状态,从可行的行动集中选择一个行动加以执行,使系统转移到下一个状态并得到回报,然后再根据新观察到的系统状态和回报做出新的决策,反复交互以获得系统的长期最优回报。一个马尔可夫决策过程可以描述为 $M = \{S, (A^{h_i(t)}, h_i(t) \in S), P, R, \eta\}$,其中:(1) S 为所有系统状态的集合,用于描述当前情况的所有参数;(2) $A(a^{h_i(t)}, \ h_i(t) \in S)$ 为可能出现的动作(Action)的集合,动作是对智能体行为的描述,是智能体决策的结果;(3)$\boldsymbol{P}$ 为状态转移概率矩阵,即不同状态转移之间的概率关系;(4)R 为智能体给出动作后环境对智能体的反馈;(5)η 为折扣因子,$\eta \in [0,1]$。另外,智能体的策略可表示为:

$$\pi_\theta\big(a^{h_i(t)} \mid h_i(t)\big) = \pi[A_t = a \mid S_t = h_i(t)]。$$

结合本章研究的在边缘云中的任务调度问题,可做如下定义,状态集合:所有系统状态的集合,将边缘云向任务提供服务所产生的延迟作为状态,通过调度会使任务映射至不同的服务节点从而形成不同的处理延迟和传输延迟,即产生状态间的转化。将此状态集合表示为:

$$S^t = \{h_1(t), h_2(t), \cdots, h_n(t)\} \tag{6.10}$$

其中,$h_i(t), i \in [0,1]$ 表示在时间 t 第 i 个任务被调度至服务节点 $h_i(t)$ 上。动作空间:把边缘云的中心化协调器可能产生的潜在调度策略定义为动作空间,即一种调度策略是动作集合中的一个元素。此动作集合为:

$$a_j^t = \{a_1^t, a_2^t, \cdots, a_m^t\} \tag{6.11}$$

式(6.11)中,$a_j^t, j \in [1, m]$ 表示在时间 t 边缘云中心化协调器对第 j 个任务的调度动作。回报模型:本节定义了系统的奖励和惩罚,将整个系统建模为带约束的优化问题,对违反约束条件的情况进行计算,并得到惩罚,其惩罚函数为:

$$J_\lambda^{\pi_\theta}(s^t, a^t, s^{t+1}) = \sum_x \lambda_x \cdot J_{C_x}^{\pi_\theta}(s^t, a^t, s^{t+1})$$

$$\text{其中}, J_{C_x}^{\pi_\theta}(s^t, a^t, s^{t+1}) = \mathbb{E}_{i \in R}\big[J_{C_x}^{\pi_\theta}(s^t, a^t, s^{t+1}) \big] \tag{6.12}$$

式(6.12)中 $J_{C_x}^{\pi_\theta}(s^t, a^t, s^{t+1})$ 为每次执行动作后违反约束的惩罚期望,$J_\lambda^{\pi_\theta}(s^t, a^t, s^{t+1})$ 求得了系统中违反服务率、网络带宽、存储资源以及链路带宽约束条件的惩罚值总和,其中 λ_x 为惩罚因子。在本研究问题中定义了边缘云向任务提供服务的总延迟 L,系统的动作奖励表示为:

$$J_T^{\pi_\theta}(\theta) = \mathbb{E}\left[\frac{1}{L}\right] \tag{6.13}$$

所以,卸载任务调度模型的效益函数可表示为:

$$R_t(s^t, a^t, s^{t+1}) = I(s^t, a^t, s^{t+1}) - J_\lambda^{\pi_\theta}(s^t, a^t, s^{t+1}) \tag{6.14}$$

式(6.14)中 $I(s^t, a^t, s^{t+1})$ 表示系统在状态为 s^t 选择行动 a^t 后,系统所获得的总收益,式(6.14)中 $J_\lambda^{\pi_\theta}(s^t, a^t, s^{t+1})$ 为系统的总支出,系统目标为将收益最大化。即得到如下优化问题:

$$\pi = \text{argmax} \ E\left[\sum_{t=0}^{\infty} \eta^t \cdot R_t(s^t, a^t, s^{t+1}) \right] \tag{6.15}$$

其中,η^t 为折扣因子($0 < \eta^t < 1$),并且 η^t 随着时间增加其值减少。得到最优策略 π 为系统中对于卸载任务的调度决策。

6.3.2 优化模型求解过程

本章使用强化学习中基于策略梯度方法的 REINFORCE 算法来学习式(6.15)得到的最优策略函数 $\pi_\theta(a \mid h(t))$ 的具体参数,其中 $h_i(t) \in S^t$ 为输入的任务请求,策略函数 $\pi_\theta(a \mid h(t))$ 中概率高的将会分配给惩罚低的动作 a,概率低的则会分配给惩罚高的动作 a。任务请求序列中未被调度的任务请求将根据已调度的任务 a_{h*} 和环境状态向量共同决定,即基于历史调度以决定剩余任务的调度操作。

$$\pi_\theta(a \mid h(t)) = \prod_{h=1}^{n} \pi_\theta(a \mid a_{h*}, h(t)) \tag{6.16}$$

一旦智能体在学习过程中达到收敛状态,当系统接收到任务时,智能体将会返回合理的调度策略。为评估模型参数,策略梯度法定义了表示权重 θ 的每个向量的期望回报的目标式。该式为评估调度策略质量的优化目标式,且被每一种不同的调度策略定义,具体由当前环境状态和神经网络模型而设定,因而不直接依赖于模型,只取决于每一次智能体生成的调度策略。为此,本节定义了与输入请求调度策略相关的预期延迟 La:

$$J_{La}^{\pi_\theta}(\theta \mid h(t)) = \mathop{\mathbb{E}}_{a \sim \pi(\cdot \mid h(t))} \left[La(a) \right] \tag{6.17}$$

智能体通过每次输入的任务推断调度策略。因此根据任务分布的期望定义了预期延迟:

$$J_{La}^{\pi_\theta}(\theta) = \mathop{\mathbb{E}}_{h(t) \in S^t} \left[J_T^{\pi_\theta}(\theta \mid h(t)) \right] \tag{6.18}$$

如式(6.19),问题转化为在满足约束条件的前提下,找到最小化预期延迟期望的策略,其中 $J_\lambda^{\pi_\theta}(s^t, a^t, s^{t+1})$ 为在式(6.14)定义的系统中违反服务率,网络带宽,存储资源以及链路带宽四项约束条件的惩罚值总和:

$$\min_{\pi \sim \prod} J_{La}^{\pi_\theta}(\theta) \ \text{s.t.} \ J_\lambda^{\pi_\theta}(s^t, a^t, s^{t+1}) \leqslant 0 \tag{6.19}$$

表 6.1 Agent 中基于 Seq2Seq 神经网络的训练算法

Agent 中基于 Seq2Seq 神经网络的训练算法
输入:任务集合 R
Step1 初始化环境信息,加载服务节点和链路信息,初始化状态 S
Step2 初始化智能体,初始化随机权重为 θ 的 network,初始化 Baseline 辅助网络 Baseline_estimator(.)
Step3 初始化随机任务 $r \in R$,样本数量为 B
Step4 for epoch $\in$ (1, 2···, ep) do
for $j \in (1, \cdots, B)$ do
$h(t) \sim \text{RequestInput}(R)$ //获得状态
$p_j \sim \text{RequestSolution}(\pi_\theta(a \mid a_{h*}, h(t)))$ //获得策略
$b_\theta \sim \text{Baseline\_estimator}(h(t))$ //Baseline 辅助网络获得 b_θ
计算惩罚 $J_\lambda^\pi(p_j)$
计算奖励 R_j,更新状态 $S \sim S_t$
计算损失函数 Loss(θ),使用梯度下降法更新 θ
end for
return θ
end for

利用拉格朗日松弛算法,将式(6.19)转化为无约束问题式(6.20),式(6.20)中,$J_L^{\pi_\theta}(\lambda, \theta)$ 为拉格朗日目标式:

$$\min_\theta J_L^{\pi_\theta}(\lambda, \theta) = \min_\theta \left[J_{La}^{\pi_\theta}(\theta) + J_\lambda^{\pi_\theta}(s^t, a^t, s^{t+1}) \right] \tag{6.20}$$

实验采用随机梯度下降法和蒙特卡罗策略梯度法计算优化该目标函数的权值 θ:

$$\theta_{k+1} = \theta_k + a \cdot \nabla_\theta J_L^{\pi_\theta}(\theta) \tag{6.21}$$

使用对数似然法获得拉格朗日函数的梯度。其中,$L(a \mid h(t))$ 为转化为无约束问题的拉格朗日对偶函数:

$$\nabla_\theta J_L^{\pi_\theta}(\theta) = \mathop{\mathbb{E}}_{a \sim \pi(\cdot \mid h(t))} \left[L(a \mid h(t)) \cdot \nabla_\theta \log \pi_\theta(a \mid h(t)) \right]$$

$$\text{where. } L(a \mid h(t)) = L(a \mid h(t)) + \sum_x \lambda_x \cdot C_x(a \mid h(t)) \tag{6.22}$$

实验通过蒙特卡罗法对输入采样 K 个,分为 $h_1(t), h_2(t), \cdots, h_K(t)$。同时,通

过引入辅助网络 b_θ，减小了梯度的方差且没有引入偏差，加快了收敛速度，从而获得更加优质稳定的输出策略，因此将 $\nabla_\theta J_L^{\pi_\theta}(\theta)$ 作近似处理为：

$$\nabla_\theta J_L^{\pi_\theta}(\theta) \approx \frac{1}{K} \sum_{j=1}^{K} \left(L(a \mid h_j(t)) - b_\theta(h_j(t)) \right) \cdot \left(\nabla_\theta \log \pi_\theta(a \mid h_j(t)) \right)$$

(6.23)

实验使用辅助网络，预测了当前调度策略的惩罚值，并采用随机梯度下降法对预测值 $b_\theta(h_j(t))$ 与环境实际惩罚值 $L(a \mid h_j(t))$ 的均方误差进行训练。

$$\text{Loss}(\theta) = \frac{1}{K} \sum_{j=1}^{K} \mid\mid b_\theta(h_j(t)) - L(a \mid h_j(t)) \mid\mid^2$$ (6.24)

基于 Seq2Seq 神经网络的算法的训练过程描述见表6.1。

6.3.3 混合求解方法与算法描述

在边缘云的任务调度决策中，解的质量和求解效率是最关键的两个指标，在6.3.2节描述的基于 Seq2Seq 的神经网络求解方法虽然能够在求解质量上最接近理论最优，但在实验中仍存在违反约束条件造成高惩罚的问题。尤其随着任务规模的增大，其求解质量会逐渐降低，求解效率也逐渐低下。相比之下基于启发式的算法具有求解效率高的优势，在任务请求到达边缘云后可快速做出调度决策。但启发式算法的求解质量略逊于基于 Seq2Seq 的神经网络求解方法，仅对某些具有特定顺序的任务请求能够提供高质量的解，主要原因是启发式算法在针对多变的网络环境时，缺乏自适应能力，不能根据任务请求的变化灵活地对其进行调度。因此，单一模式的算法难以在求解质量和求解效率上取得好的平衡。

在6.3.1节和6.3.2节提出的基于 Seq2Seq 神经网络的最优解的求解方法基础上，结合首次适应优先启发式算法（First-Fit，FF）[20,21]，本文提出了 JNNHSP 的算法，算法主要思想是：当边缘云接收到请求任务后，会同时生成以 Seq2Seq 神经网络训练后输出的调度解和启发式算法的调度解，边缘化中心协调器根据两者的调度解的惩罚值以及预期延迟对其进行进一步评估，并在惩罚值小于零的基础上选择预期延迟最低的解为最优解。当出现调度解的惩罚值均大于零，或存在算法无法完成调度任务的情况，边缘化中心协调器则判定该调度解不理想。大量实验证明，神经网络产生的解的质量总是优于启发式算法。当边缘化中心协调器判定两种算法的调度解均不合理时，边缘化中心协调器将以 Seq2Seq 神经网络训练后输出的调度最优解为主要策略,以启发式调度算法为辅助调度算法。按照神经网络输出的主要策略依次完成对请求任务的调度,并在依次对请求任务执行调度时,检查完成本次操作是否会违反系统的服务率、网络带宽、存储资源以及链路带宽的四项约束,若违反则使用辅助调度算法,在可用服务节点中为该请求任务重新选择适合的服务节点。JNNHSP 算法部署在边缘化中心协调器之上,边缘化中心协调器按卸载任务到达网络的时间先后顺序进行调度决策。算法以优化这些请求在网络场景中被服务的总延迟为目标,避免服务节点的 IT 资源过载和因完成服务导致的边缘云中的网络链路过载。在满足资源需求的多个候选服务节点和网络链路中,选择出让一批任务在边缘云中总延迟最小的调度方案。JNNHSP 算法伪代码见表6.2。

表6.2　JNNHSP 算法伪代码

JNNHSP 算法

输入:1:任务集合 R;

　2:μ_h,B_h,S_h:服务节点 h_n 的可用内存资源,带宽资源及存储资源;

　3:l_B:边缘云中链路可用带宽资源;

　4:X:任务数量;

　5:λ_i,γ_i,δ_i:任务 i,$i \in R$ 所需的 CPU 资源,带宽资源及存储资源;

　6:P_{nco},P_f:基于神经网络的调度策略和基于 FF 启发式算法的调度策略;

　7:$n\_penalty$,$f\_penalty$:基于神经网络的调度策略的惩罚和基于 FF 启发式算法的调度策略的

惩罚

procedure MAIN

if($n\_penalty ==0$) then

　　　$P_{best} \leftarrow P_{nco}$

　　　计算 P_{best} 的 reward,penalty,latency

　　　return P_{best},reward,penalty,latency

end if

if($f\_penalty ==0$) then

　　　$P_{best} \leftarrow P_f$

　　　计算 P_{best} 的 reward,penalty,latency

　　　return P_{best},reward,penalty,latency

end if

续表

JNNHSP 算法

while $i <= X$ do

  记录 i, λ_i, γ_i, δ_i

  $P_{\text{best}} \leftarrow \text{MainStrategy}(P_{\text{nco}})$

  更新 μ_h, B_h, S_h, l_B

  $P_{\text{best}} \leftarrow \text{AuxiliaryAlgorithm}(P_{\text{best}})$

  更新 μ_h, B_h, S_h, l_B

end while

计算 P_{best} 的 reward, penalty, latency

return P_{best}, reward, penalty, latency

end procedure

procedure MainStrategy (P_{nco})

 for $p \in P_{\text{nco}}$ do

  if $\lambda_i < \mu_h$ and $\gamma_i < B_h$ and $\delta_i < S_h$ and $\gamma_i < l_B$ then

   $P_{\text{best}}[i] \leftarrow h$

   更新 μ_h, B_h, S_h, l_B

  Else

   return P_{best}, μ_h, B_h, S_h, l_B

  End if

  End for

 end procedure

 procedure AuxiliaryAlgorithm (P_{best})

 for $h \in (1, 2, \cdots, n)$ do

  $h \leftarrow p$

  if $\lambda_i < \mu_h$ and $\gamma_i < B_h$ and $\delta_i < S_h$ and $\gamma_i < l_B$ then

   更新当前可提供服务的节点集合 h_s. append(h)

   从 h_s 中选取资源最充裕的节点 $h_{\max}$

   $P_{\text{best}}[i] \leftarrow h_{\max}$

   更新 μ_h, B_h, S_h, l_B

续表

JNNHSP 算法
End if
End for
return $P_{\text{best}}, \mu_h, B_h, S_h, l_B$
end procedure

6.4　实验分析与性能评估

6.4.1　实验场景建立与对比基准算法

本节通过 Tensorflow[22] 对所提出的 JNNHSP 算法进行详细的性能评估。实验所采用的深度学习主机处理器为：IntelCorei7 – 9700K @ 3.60GHz，GPU 计算采用 NVIDIA GeForceRTX 2080 Ti，配置了 12 G 显存容量，32 G 的 Memory 和 2 T 的硬盘存储。本章参考了文献[23-25] 模拟了分层边缘云环境，该边缘云包括了 21 个服务节点，每个服务节点包括了任务所需的异构 IT 资源，包括计算资源、带宽资源及存储资源。服务节点直接连接到网络交换节点并通过物理网络链路实现互联。服务节点从距离用户最近的位置自下而上分 3 层部署，距离用户最近的服务节点数量最多（host0–host11），但 IT 资源相对有限，能就近处理用户的低延迟业务请求。处于中间层的服务节点（host12–host19）资源更充裕，但数量少于底层节点，处于最顶层的服务节点 host20 资源最充裕但数量最少（可视作中心云区域）。为了评估不同类型的用户请求接受调度后的服务体验，本章考虑了计算敏感型请求、带宽敏感型请求和存储敏感型请求以及 8 种对各资源需求不同的服务请求。

为评估本章提出的 JNNHSP 算法的性能，本章将其与两类启发式算法、单纯的神经组合优化方法以及基于优化器的解进行详细对比，各对比算法描述如下：

（1）首次匹配启发式调度算法（First-Fit Scheduling Algorithm，FFSA）[20,21]：该算法在用户服务请求到达网络后，检查请求所需要的资源数目，同时遍历网络环境中的所有服务节点并选取能够满足所需资源的服务节点，当存在多个可部署服务节点的情况下，将请求任务调度至资源最充裕的服务节点。

（2）低层节点优先调度算法（Lower-Tier-First Scheduling Algorithm, LTFSA)[6,10,26]：该算法在请求到达后，检查请求所需要的资源数目，并优先考虑调度请求至处于网络边缘的服务节点以尽力提供给任务更低延迟的服务。当网络边缘的服务节点不能提供请求所需的资源时，则将请求调度至更上层的服务节点。

（3）基于神经组合优化的调度算法（Neural Combinatorial Optimization based Scheduling Algorithm, NCOSA)：该算法中智能体由基于长短期记忆神经网络的序列到序列模型构建，通过在智能体与网络环境引入强化学习算法，使用约束松弛技术令智能体可在受约束环境中根据奖惩不断改善动作，从而获得适于当前网络环境的最佳调度决策。

（4）解算器（Solver）优化调度解[18]：解算器使用对约束优化模型建模的语言 MiniZinc，利用求解器 Gecode 完成求解。Gecode 生成的策略为理论的最优解。

6.4.2 主要评价指标

本节重点评估不同调度算法的求解质量和求解效率，通过下面几个关键指标从多个角度对比各个算法，其中前 4 个指标用于评估求解质量，而第 5 个指标用于反映求解效率：

（1）调度算法的收敛性：本章提出的 JNNHSP 算法是基于 NCO 和启发式算法来搜索最优解的，NCO 自身的性能将直接影响整个算法的执行效率和求解质量，因此本章先对比分析对于不同任务请求数量下 NCO 的收敛性能。

（2）调度错误率：本实验定义了多种对 IT 资源需求不同的任务请求，测试了随机输入不同数量请求，比较不同调度算法策略违反约束的策略占比，对比分析不同调度算法的求解质量。

（3）受到不同资源限制的影响：本章测试了在不同数量下分别输入计算敏感型任务、带宽敏感型任务及存储敏感型任务，比较不同调度算法的调度错误率，并对比分析不同调度算法受请求类型影响程度。

（4）用户获得的平均服务延迟：对比在不同调度算法下，用户所获得的平均服务延迟。

（5）算法执行的时间：本章对比了不同调度算法搜索到优化解的执行时间，分析各个算法的求解效率和实际执行开销。

6.4.3　实验结果与分析

首先评估了基于 Seq2Seq 神经网络求调度优化解的性能,图 6.3 展示了在边缘云下输入不同数量的请求,智能体通过不断与环境交互式学习逐步减少了因策略违反约束条件而产生的惩罚,降低了服务请求的延迟。图中的 Baseline 作为辅助网络由一个 LSTM 编码器连接多层感知器输出层构成,代表当前环境状态的值近似器。Latency * P 为请求延迟的相对值,作为智能体在学习过程中的反馈。

本实验设置了一个具有随机性的选择函数,该函数会在预设的 8 种对资源需求不同的请求中随机生成网络请求。在学习开始时,智能体会生成一些惩罚值很高的调度策略,随着学习的进行,智能体通过随机梯度下降修正权重,不断改进生成的策略。在学习结束时,惩罚值已经大大减小,且趋近于零,这说明智能体在学习结束后产生的调度策略是十分理想的。图 6.3 分别显示了在请求数量为 15、20、25 以及 30 的学习过程。在请求数量较小的情况下,学习结束时惩罚值几乎为零。但随着请求数量的增加,智能体达到收敛状态所需的学习轮次也相应增加,且惩罚收敛值也逐步增大,这是因为随着请求数量的增加,网络环境中的负载逐渐增大,智能体也越来越不易满足约束条件,从而导致惩罚值上升。由此可见,智能体的重点应为满足约束条件,使得调度策略的惩罚最小化。

本节继续进行了调度错误率的对比,实验测试了 100 次随机从 8 种预设的不同类型的请求中产生网络请求,当请求到相同参数设置的分层边缘网络中,比较各种调度算法在 100 次实验中产生违反约束的策略占比,即错误率。图 6.4 比较了当请求数量分别为 15、20、25、30 时调度策略执行的错误率。由于任务的调度具有时间限制,算法执行时间太长并无意义,而解算器耗时通常较长,因此实验将求解时间上限设定为 20 min,当解算器求解超时则判定为一次错误的策略。可以看出,调度策略的错误率随输入请求数量的增加而逐步增加,主要原因是随着请求数量增加,网络场景中各个服务节点的计算资源不足以为请求提供服务,从而导致调度策略的错误率上升。

在真实的场景中,常出现对某一类计算资源需求较高的请求,为了进一步评估请求任务自身属性差异对 JNNHSP 调度效果带来的影响,本节评估了不同 IT 资源密集型任务请求对调度算法的影响。图 6.5 展示了当 3 种 IT 资源密集型任务请求同时进入边缘云时不同调度算法的调度错误率。这些任务是由随机函数从预设的 3

种 IT 资源密集型的任务中随机产生的。可以看出,启发式算法受 IT 资源密集型任务请求的影响很大。当任务请求的数量为 15 时,LTFSA 的调度错误率几乎为 90%。而 FFSA 的表现略好于 LTFSA,其调度错误率约为 60%。同时,面对同等数量差异较大的 IT 资源密集任务请求时,NNSA 证明了基于 Seq2Seq 神经网络的训练方法在网络自适应能力方面的优势,其调度错误率要低于图 6.4 实验中的调度错误率。当 IT 资源密集型任务请求的数量为 15、20、25 和 30 时,JNNHSP 的调度错误率在 5 种调度算法中是最低的。综上所述,JNNHSP 具有较高的稳定性,几乎不受 IT 资源密集型任务请求差异的影响。

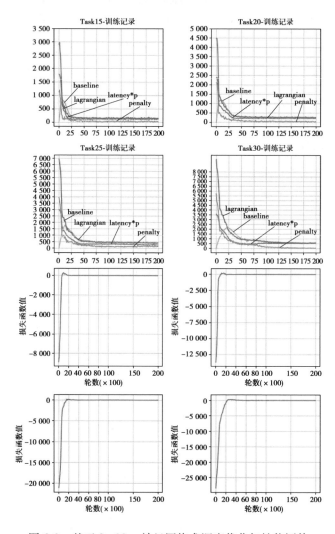

图 6.3　基于 Seq2Seq 神经网络求调度优化解性能评估

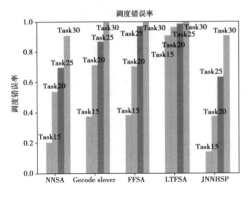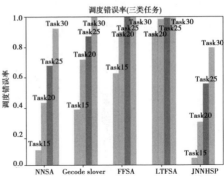

图 6.4　不同数量请求下算法调度
策略错误率

图 6.5　三类资源密集型请求对算法调度
错误率影响

实验进一步探究了 JNNHSP 能否有效融合神经网络算法和启发式算法的调度优势以降低错误率,实验比较了输入不同 IT 资源密集型任务请求,包括:计算密集型请求、带宽密集型请求和存储密集型请求,设置同时输入 3 种单一资源密集型请求。在该实验中测试了 100 次网络请求到达时的算法表现,探讨了单一资源密集型请求自身的差异对算法的影响,图 6.6 对比了 NNSA、FFSA、JNNHSP 算法在输入 100 条单一资源密集型请求时的调度策略的错误率。结果表明,FFSA 易受单一资源密集型请求的影响,在请求数量为 20 时,三者的错误率均达到了 1,因为 FFSA 对每个问题都只执行确定的行为,所以不能在请求间存在差异时灵活的产出调度策略;而对于 NCO 算法,相较于带宽密集型请求,在请求为 CPU 资源密集型请求时更易产生较高的错误率。值得注意的是,JNNHSP 算法在该实验中能够通过有效地结合神经组合优化和启发式算法各自的优势,明显降低单一资源密集型请求对优化调度求解带来的影响,在稳定性上取得良好的表现,证明了融合了 NCO 指导的启发式算法–JNNHSP 算法的性能得到了有效的提升。

算法执行效率关系着分层边缘网络能否及时有效地执行任务调度,并直接关系到任务的响应延迟。本节对各调度算法的执行时间进行了对比,测试了 128 次请求到达网络场景时,统计了各算法获得调度策略所需的平均时间。在图 6.7 中,可以观察到 NCO、解算器、JNNHSP 计算时间都达到了百秒以上,而 FFSA 和 LTFSA 启发式算法的计算时间很快,通常执行时间都在 1 s 以内。为了在有限的时间内得到优化解,在本实验中,当边缘云服务的任务数量分别为 15、20 和 25 时,将 Gecode 解算器的求解时间上限分别设置为 10 min、20 min 和 25 min 以衡量求得近似理论最优解所需的时间。可以从图 6.7（a）看出，解算器的平均计算时间几乎达到了设置的求解最大时间。尽管在图 6.7（b）中，作为启发式算法求解的 FFSA 和 LTFSA 算法

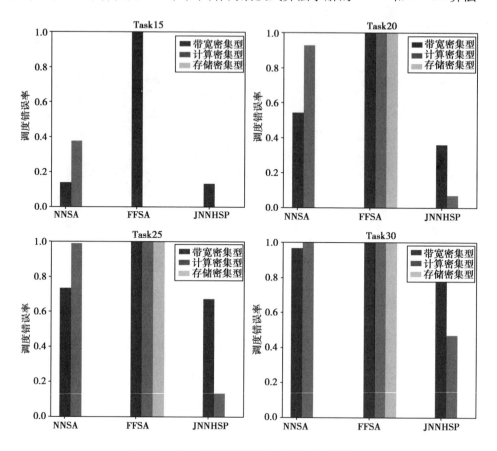

图 6.6　单一资源敏感型请求调度策略错误率

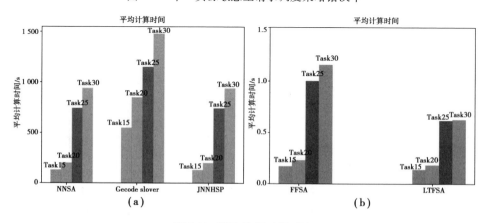

图 6.7　算法执行时间对比

执行效率最高,所需时间优于 NCO、JNNHSP 和解算器,但由于启发式算法只要搜索到满足条件的解即停止搜索,并不能保证该解为最优解或近似最优解,因此启发式算法求解质量不高且不能稳定的实现任务调度。

本章小结

本章首先制订了一个组合优化模型,以最小化任务请求的服务时间。在证明该问题是一个 NP - hard 问题的基础上,本章提出一个新设计的策略——JNNHSP。JNNHSP 通过合理地整合基于 Seq2Seq 的神经网络方法和基于 First-Fit 的启发式方法,可以在效率和解决方案的质量之间实现良好的平衡。深入实验表明,在典型的分层边缘云中,JNNHSP 在调度错误率、平均服务延迟和执行效率方面表现更好。

参考文献

[1] HAN Z H, TAN H S, CHEN G H, et al. Dynamic virtual machine management via approximate Markov decision process [C]//IEEE INFOCOM 2016-The 35th Annual IEEE International Conference on Computer Communications. San Francisco, CA, USA. IEEE, 2016: 1-9.

[2] HUANG D, WANG P, NIYATO D. A dynamic offloading algorithm for mobile computing[J]. IEEE Transactions on Wireless Communications, 2012, 11(6): 1991-1995.

[3] CAO B, ZHANG L, LI Y, et al. Intelligent offloading in multi-access edge computing: A state-of-the-art review and framework[J]. IEEE Communications Magazine, 2019, 57(3): 56-62.

[4] MACH P, BECVAR Z. Mobile edge computing: A survey on architecture and computation offloading[J]. IEEE Communications Surveys & Tutorials, 2017, 19(3): 1628-1656.

[5] MUKHERJEE M, SHU L, WANG D. Survey of fog computing: Fundamental, network applications, and research challenges[J]. IEEE Communications Surveys & Tutorials, 2018, 20(3): 1826-1857.

[6] WANG E, LI D W, DONG B X, et al. Flat and hierarchical system deployment for edge computing systems[J]. Future Generation Computer Systems, 2020, 105: 308-317.

[7] LI D W, DONG B X, WANG E, et al. A study on flat and hierarchical system deployment for edge computing[C]//2019 IEEE 9th Annual Computing and Communication Workshop and Conference (CCWC). Las Vegas, NV, USA. IEEE, 2019: 163-169.

[8] ZHANG L, CAO B, LI Y, et al. A multi-stage stochastic programming-based offloading policy for fog enabled IoT-eHealth[J]. IEEE Journal on Selected Areas in Communications, 2021, 39(2): 411-425.

[9] LI Y, XIA S C, ZHENG M Y, et al. Lyapunov optimization-based trade-off policy for mobile cloud offloading in heterogeneous wireless networks[J]. IEEE Transactions on Cloud Computing, 2022, 10(1): 491-505.

[10] TONG L, LI Y, GAO W. A hierarchical edge cloud architecture for mobile computing[C]//IEEE INFOCOM 2016-The 35th Annual IEEE International Conference on Computer Communications. San Francisco, CA, USA. IEEE, 2016: 1-9.

[11] SONG C, ZHANG M, ZHAN Y Y, et al. Hierarchical edge cloud enabling network slicing for 5G optical fronthaul [J]. Journal of Optical Communications and Networking, 2019, 11 (4): B60-B70.

[12] BOUET M, CONAN V. Mobile edge computing resources optimization: A geo-clustering approach [J]. IEEE Transactions on Network and Service Management, 2018, 15(2): 787-796.

[13] JIANG S H, LI X Y, WU J. Hierarchical edge-cloud computing for mobile blockchain mining game [C]//2019 IEEE 39th International Conference on Distributed Computing Systems (ICDCS). Dallas, TX, USA. IEEE, 2019: 1327-1336.

[14] BRUCKER P, KRÄMER A. Polynomial algorithms for resource-constrained and multiprocessor task scheduling problems [J]. European Journal of Operational Research, 1996, 90 (2): 214-226.

[15] Xu S, Panwar S S, Kodialam M, et al. Deep neural network approximated dynamic programming for combinatorial optimization[C]//Proceedings of the AAAI Conference on Artificial Intelligence. 2020, 34(2): 1684-1691.

[16] YU J J Q, YU W, GU J T. Online vehicle routing with neural combinatorial optimization and deep reinforcement learning[J]. IEEE Transactions on Intelligent Transportation Systems, 2019, 20 (10): 3806-3817.

[17] BELLO I, PHAM H, LE Q V, et al. Neural combinatorial optimization with reinforcement learning[EB/OL]. 2016: 1611.09940. https://arxiv.org/abs/1611.09940v3.

[18] SCHULTE C, TACK G, LAGERKVIST M Z. Modeling and programming with gecode[J]. IEEE Software, 2011,11(5):323-341.

[19] CHO K, VAN MERRIENBOER B, GULCEHRE C, et al. Learning phrase representations using RNN encoder-decoder for statistical machine translation[EB/OL]. 2014: 1406.1078. https://

arxiv. org/abs/1406. 1078v3.

[20] ALADWANI T. Impact of selecting virtual machine with least load on tasks scheduling algorithms in cloud computing[C]//Proceedings of the 2nd International Conference on Big Data, Cloud and Applications. Tetouan Morocco. ACM, 2017: 1-7.

[21] LI C L, TANG J H, MA T, et al. Load balance based workflow job scheduling algorithm in distributed cloud[J]. Journal of Network and Computer Applications, 2020, 152: 102518.

[22] Dean J, Monga ' TensorFlow R. Large-Scale Machine Learning on Heterogeneous Distributed Systems'[J]. TensorFlow. org, 2015.

[23] PANDIT M K, MIR R N, CHISHTI M A. Adaptive task scheduling in IoT using reinforcement learning[J]. International Journal of Intelligent Computing and Cybernetics, 2020, 13(3): 261-282.

[24] SHENG S R, CHEN P, CHEN Z M, et al. Deep reinforcement learning-based task scheduling in IoT edge computing[J]. Sensors, 2021, 21(5): 1666.

[25] 袁泉, 汤红波, 黄开枝, 等. 基于 Q-learning 算法的 vEPC 虚拟网络功能部署方法[J]. 通信学报, 2017, 38(8): 172-182.

[26] URGAONKAR R, WANG S Q, HE T, et al. Dynamic service migration and workload scheduling in edge-clouds[J]. Performance Evaluation, 2015, 91: 205-228.

第7章 边缘计算中基于图到序列强化学习的复杂任务调度

7.1 背景介绍

随着第5代移动通信网络以及物联网的快速部署,各类网络终端设备的规模持续激增并由此涌现出丰富多样的移动业务场景和应用。受限于移动应用的服务质量、数据安全与隐私、云端网络带宽资源瓶颈等方面的局限,基于云计算的移动应用服务模式很难满足用户的服务需求[1]。为应对这一挑战,以移动边缘计算(Mobile Edge Computing, MEC)为代表的近端计算范式应运而生,其目的是在移动网络边缘、无线接入网内以及移动用户附近提供 IT 服务环境[1-3],在为终端用户提供强大的计算能力、能源效率和存储容量的同时具备低延迟和高带宽的服务特点,从而提高用户体验质量,使系统和业务的运营更具成本效益和竞争力[4,5]。在基于 MEC 的框架中,各类无线终端设备可以将各类 IT 资源敏感型任务(如:多模态智能计算应用、算力敏感的区块链应用、基于数字孪生的虚实交互类应用等)卸载到边缘服务节点,从而实现更好的业务体验[6]。而从边缘服务商的角度而言,在接收了用户的任务卸载请求之后,需要根据任务对资源类型、请求规模以及边缘区域中可用资源状况对任务进行合理的部署决策,并进而选择适合的边缘服务节点执行任务。目前学界已经就移动任务在边缘端的卸载问题进行了研究[7~11]。与此同时,为了填补端与中心之间的算力真空和支持各种泛在应用,边缘服务节点被越来越广泛地部署,其中部分部署位置甚至难以通过电网直接供电。因此,如何在保证边缘服务质量的前提下有效控制能耗已成为亟须研究解决的问题。

为应对 MEC 在服务复杂任务过程中的能耗挑战,面向边缘服务商,本章研究在多个边缘节点中进行优化的任务部署。首先从逻辑上将复杂任务分解为多个具有相互依赖关系的子任务[12]，并在满足任务的执行所需的计算、存储和通信等 IT 资源以及边缘节点的资源约束前提下通过建模加以分析，然后将多个子任务之间的潜在关系视作图结构并利用图神经网络加以特征提取，再结合强化学习在自学习探索和实时决策能力强等方面所具有的优势设计求解方法，最后通过对比实验进行全面评估验证。本章的主要贡献如下：

（1）面向复杂任务在边缘端的能耗优化部署问题，本章以边缘服务节点的能耗优化为目标，建立了一个混合整数规划（Mixed Integer Programming，MIP）模型。不仅把多维度 IT 资源的规模纳入考虑，还将 IT 资源的使用率和能耗之间的关系纳入建模分析。该模型更全面地描述了在资源受限情况下对任务的部署决策对于能耗开销的影响。

（2）本章提出了一种基于图到序列强化学习的求解方法，通过智能体与任务及边缘节点的持续交互进行学习并自动寻找部署方案。特别地，智能体由基于图神经网络的编码器和循环神经网络的解码器组成，能够在对任务之间潜在图关联结构进行特征提取的基础上完成部署序列的解码输出。实现了复杂任务部署决策的求解质量和求解效率之间的平衡。

（3）本章设计了详细的实验方案对所提出求解方法的有效性进行评估。特别将所提出的分配部署策略与近年来具有代表性的工作，如：基于神经组合优化（Neural Combinatorial Optimization，NCO）方法[13,14]、基于启发式算法 First-Fit[15,16]、商业求解器 Gurobi[17]以及混合智能算法[18,19]进行多个指标的全面对比。结果表明在相同的实验环境参数下，所提出的方法在求解有效性、求解质量和平均求解时间等方面均优于其他对比方法。

7.2　系统描述与建模分析

7.2.1　场景描述与形式化分析

本章研究的 MEC 场景如图 7.1 所示，多个移动设备（如智能终端、智能车或者工业现场设备等）通过物联网网关或基站就近连接了多个资源异构的 MEC 服务节点。在移动设备上运行了不同的复杂任务。复杂任务可以从逻辑上分解为多个相互关联的子任务,而子任务之间的关系可以是一般化的图结构。边缘服务商通过虚拟化技术的引入,使得 MEC 服务节点可以被实例化为多个虚拟服务节点(Virtualized Service Node, VSN),如:虚拟机(Virtual Machine, VM)或轻量化容器(Container),这也进一步使得边缘服务商可以灵活地决策任务的部署。边缘服务商接收到来自移动设备的任务卸载请求后,根据子任务执行所需资源、子任务之间的逻辑连接关系以及 MEC 服务节点当前可用的计算、内存和磁盘等 IT 资源等,通过虚拟架构管理器(Virtual Infrastructure Manager, VIM)[20,21]的控制系统可以实现对子任务在 VN 上的映射部署。本章以 MEC 节点总能耗最小化为优化目标,同时将 VN 中的网络链路带宽和延迟约束纳入考虑。

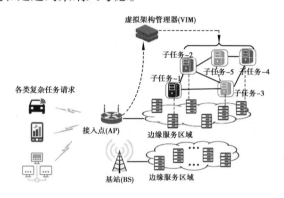

图 7.1　MEC 环境下的复杂任务部署场景

为了详细描述该问题,移动设备的复杂任务表示为一个图结构,用 $G=(V,E)$ 表示。其中,顶点集合 V 由 M 个子任务组合而成,定义为 $V=\{1,2,\cdots,M\}$。每一个子任务 $v \in V$ 可以用一个三元组 $v=(r_v^{\mathrm{cpu}}, r_v^{\mathrm{mem}}, r_v^{\mathrm{disk}})$ 表示,r_v^{cpu}、r_v^{mem}、r_v^{disk} 分别代表子任务 v 执行需要的计算资源、内存资源和磁盘资源。E 表示图结构中边的集合,定义为 $E=\{e(v,v') \mid v,v' \in V\}$,其中 $e(v,v')$ 表示子任务 v 和子任务 v' 之间存在依赖关系。MEC 网络由 N 个 MEC 节点组成,定义为 $H=\{1,2,\cdots,N\}$,其中每个 MEC 节点 $h \in H$ 可以用一个三元组 $h=(a_h^{\mathrm{cpu}}, a_h^{\mathrm{mem}}, a_h^{\mathrm{disk}})$ 表示,a_h^{cpu}、a_h^{mem}、a_h^{disk} 分别代表 MEC 节点 h 可以提供的计算资源、内存资源和磁盘资源。因此本章的复杂任务部署问题转化为寻找一个优化的任务部署集合 $F \in \{0,1\}^{M \times N}$,其中 $f_{vh} \in F$ 表示子任务 v 是否成功部署到节点 h 上(1 表示成功部署,0 表示未部署)。

在 MEC 节点能耗方面,已有工作只考虑节点能耗与中央处理器(Central Processing Unit, CPU)的利用率呈线性关系,本章从多个维度考虑节点的能耗,将内存和磁盘也纳入其中。为此,本章定义了节点负载率 F_h,为 MEC 节点中各个组件赋予了不同的权重比例,然后通过加权求和的方式得到每个节点的负载率,如式(7.1)所示:

$$F_h = \omega_1 \cdot U_h^{\text{cpu}} + \omega_2 \cdot U_h^{\text{mem}} + \omega_3 \cdot U_h^{\text{disk}} \tag{7.1}$$

其中,U_h^{cpu}、U_h^{mem}、U_h^{disk} 分别代表 MEC 节点 h 的 CPU、内存、磁盘的利用率。ω_1、ω_2、ω_3 分别代表 CPU、内存、磁盘在 MEC 节点中的能耗占比且其和为 1。利用率定义如式(7.2)所示:

$$\begin{cases} U_h^{\text{cpu}} = \dfrac{\sum\limits_{v \in V} r_v^{\text{cpu}} \cdot f_{vh}}{a_h^{\text{cpu}}} \\[3mm] U_h^{\text{mem}} = \dfrac{\sum\limits_{v \in V} r_v^{\text{mem}} \cdot f_{vh}}{a_h^{\text{mem}}} \\[3mm] U_h^{\text{disk}} = \dfrac{\sum\limits_{v \in V} r_v^{\text{disk}} \cdot f_{vh}}{a_h^{\text{disk}}} \end{cases} \tag{7.2}$$

本章将 MEC 节点满负荷时的能耗定义为 E_h^{max},MEC 节点空闲时的能耗定义为 E_h^{idle},由可以得到所有 MEC 节点执行子任务时的总能耗 E_H 如式(7.3)所示:

$$E_H = \sum_{h \in H} \left[E_h^{\text{idle}} + (E_h^{\text{max}} - E_h^{\text{idle}}) \cdot F_h \right] \tag{7.3}$$

此外,本章还考虑移动设备与 MEC 节点之间的通信链路资源。假设移动设备中复杂任务的某一子任务部署到 MEC 节点上,则该移动设备和 MEC 节点之间存在一条通信链路 $l(1 \leqslant l \leqslant N)$,所有链路组成的集合定义为 L。

7.2.2　优化模型的建立

本章面向复杂任务在多个边缘节点的能耗优化部署进行建模分析。该模型充分考虑了诸如计算(以边缘节点的 CPU 资源表示)、内存、磁盘资源等硬件约束,以及通信过程中的带宽和时延约束。模型目标是通过找到对于复杂任务所对应的多个子任务的部署策略,使得 MEC 系统在服务过程中所产生的总能耗最优。结合 7.2.1 节中的相关定义,目标函数及相关约束条件如式(7.4)所示。

$$\min_F \sum_{h \in H} \left[E_h^{\text{idle}} + (E_h^{\text{max}} - E_h^{\text{idle}}) \cdot F_h \right]$$

$$\text{s.t.} \quad C_1 : \sum_{h \in H} f_{vh} = 1, \quad \forall v \in V$$

$$C_2 : \sum_{v \in V} r_v^{\text{cpu}} \cdot f_{vh} \leqslant a_h^{\text{cpu}}, \quad \forall h \in H$$

$$C_3 : \sum_{v \in V} r_v^{\text{mem}} \cdot f_{vh} \leqslant a_h^{\text{mem}}, \quad \forall h \in H \qquad (7.4)$$

$$C_4 : \sum_{v \in V} r_v^{\text{disk}} \cdot f_{vh} \leqslant a_h^{\text{disk}}, \quad \forall h \in H$$

$$C_5 : \sum_{v \in V} b_l^v \cdot f_{vh} \leqslant b_l, \quad \forall l \in L$$

$$C_6 : \sum_{l \in L} \sum_{v \in V} d_l^v \cdot f_{vh} + \sum_{h \in H} \sum_{v \in V} d_h^v \cdot f_{vh} \leqslant d_V, \quad \forall l \in L, \forall h \in H$$

在上述的约束条件中,约束条件 C_1 表明对于复杂任务 V 中的任意子任务 v,在同一时间只能在一个 MEC 节点上部署执行。其次,不等式约束条件 C_2—C_4 分别表示所有子任务在某一个 MEC 节点上使用的 CPU、内存和磁盘资源不能超过该 MEC 节点的可用资源。另外,约束条件 C_5 表明每条链路中每个子任务所需的带宽量 b_l^v 之和不会超过该链路的最大带宽 b_l。最后,在约束条件 C_6 中,本章考虑了一个延迟模型,复杂任务部署问题中的延迟包括子任务传输到 MEC 节点的链路延迟 d_l^v 和子任务在 MEC 节点上的执行延迟 d_h^v,其延迟之和不能超过服务复杂任务所允许的最大延迟 d_V。

我们进一步对式(7.4)中定义的优化问题分析其 NP 性。具体来说,每个子任务被视作一个虚拟的"物品",其所需的资源,包括 CPU、内存、磁盘、带宽和延迟,对应于物品的不同维度的属性。同时,MEC 节点被视为具有有限资源能力的"容器"。而对于子任务在 MEC 节点上的优化部署问题实际就是将"物品"优化放置于受限的"容器"之中,这可以被视作一个多维装箱问题(Multi-Dimensional Bin Packing Problem,MDBPP)。式(7.4)所描述的优化目标则可以描述为在不超过任何"容器"的不同维度的容量的条件下,将所有需打包的"物品"放置到最少的"容器"中。由于 MDBPP 是一个 NP-hard 问题[22],因此式(7.4)所描述的优化问题继承了 MDBPP 的 NP-hard 属性,难以在多项式时间内找到全局最优解。为应对这一困难并寻求一种高效的解决方案,本章提出了一种基于 DRL 的求解方法。

7.3　融合图到序列深度强化学习的复杂任务调度方法

本章设计了一个新的 DRL 框架来寻求 MEC 环境中复杂任务的部署决策解。该框架通过将图神经网络与强化学习相结合,运用神经网络表示策略和值函数从而实现高维度且复杂问题的有效处理。为了实现多个子任务在多个边缘服务节点之上的部署,提取和分析子任务之间的复杂依赖关系尤其重要,而这种关联关系可视作一种图结构。另外,图神经网络能够从非欧几里得数据中高效提取特征,适用于完成节点分类、图分类或关系预测等任务[23]。基于图神经网络在处理图结构数据方面的独特优势,本章采用图卷积方法提取子任务之间的依赖关系特征,使得求解框架能够在不违反约束条件的前提下更准确地给出部署策略。同时,由于子任务的部署策略本质上是一个部署决策序列。因此本章基于编码−解码的基本思想构建了一个从图到序列的解输出模型。图 7.2 描述了本章所提出的融合了图到序列模型求解方法(DRL-G2S)的框架和主要组成部分。

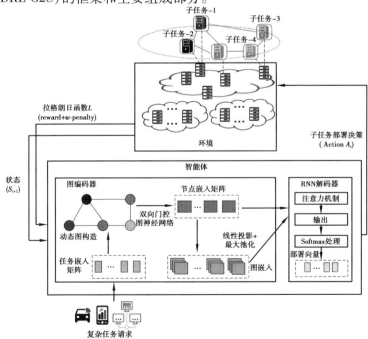

图 7.2　DRL-G2S 求解模型框图

7.3.1 图到序列映射模型

我们首先描述图 7.2 中智能体(Agent)的设计。Agent 采用了一个图到序列结构的神经网络模型,它主要由图编码器和循环神经网络解码器两部分组成。在这个神经网络模型中,一开始就给出固定的子任务依赖关系图作为模型输入进行训练是不合理的。这是因为在复杂的 MEC 环境中,子任务之间的依赖关系可能并非固定不变。相反,它们可能需要根据任务的实际情况进行动态调整。因此,在图编码器中采用一种动态图构造方法从子任务序列中构建依赖关系,以确保神经网络模型能够适应不断变化的 MEC 环境,从而提高任务执行的效率和满足时延要求。在这种方法中,任务序列 $X = \{x_1, x_2, \cdots, x_M\}$ 经过嵌入层得到一个任务嵌入矩阵 $\boldsymbol{E} \in \mathbb{R}^{D \times M}$,其中 M 表示复杂任务中的子任务数量,D 表示嵌入向量的维度。然后对该任务嵌入矩阵运用了自注意力机制计算出子任务稠密邻接矩阵 $\boldsymbol{A} \in \mathbb{R}^{M \times M}$,如式(7.5)所示。

$$A = \mathrm{ReLU}(\boldsymbol{WE})^{\mathrm{T}} \mathrm{ReLU}(\boldsymbol{WE}) \tag{7.5}$$

其中,$\boldsymbol{W} \in \mathbb{R}^{F \times D}$ 是一个可训练的权重矩阵,F 是隐藏层的维度,ReLU 是一个常用的激活函数。

使用 K 最近邻法(K-Nearest Neighbor,KNN)的思想对稠密邻接矩阵 $\boldsymbol{A}$ 进行稀疏化处理,即每个子任务节点只保留与其依赖关系最强的 K 个子任务及注意力分数(依赖关系较弱的会被掩码掉),从而得到一个如式(7.6)所示的稀疏邻接矩阵 $\overline{\boldsymbol{A}}$。

$$\overline{A} = \mathrm{KNN}(\boldsymbol{A}, K) \tag{7.6}$$

受双向循环神经网络(Bidirectional Recurrent Neural Network,BiRNN)[24] 的启发,通过对所得到的稀疏邻接矩阵 $\overline{\boldsymbol{A}}$ 及它的转置 $\overline{\boldsymbol{A}}^{\mathrm{T}}$ 分别进行 Softmax 运算,并根据它们的传入和传出方向计算出两个归一化邻接矩阵 $A^{\dashv}, A^{\vdash}$,如式(7.7)所示。

$$A^{\dashv}, A^{\vdash} = \mathrm{Softmax}(\{\overline{\boldsymbol{A}}, \overline{\boldsymbol{A}}^{\mathrm{T}}\}) \tag{7.7}$$

其中,Softmax 函数是归一化指数函数,将一组输入值(通常称为 logits)映射到一个概率分布使得所有输出值的和为 1。

在构造好任务图之后,本章基于 BiGGNN 来处理任务图,以交错的方式从输入边和输出边学习子任务节点的特征表示。与传统的图神经网络相比[如:图卷积网络(GCN)和图注意力网络(GAT)],BiGGNN 并不依赖于卷积运算,而是利用循环神经网络实现节点表示向量的更新。在节点之间沿有向边进行信息传递和状态更新,可以更好地捕捉图结构中的复杂关系和依赖。另外,我们设计了双向门控递归单元,从任务嵌入 E 中提取任务序列中的所有子任务节点信息作为初始节点嵌入 $h^{(0)}$,其中每个子任务的节点嵌入为 h_v。在每个计算跳 k,对于图中的每个节点 v 应用一个聚合函数,该函数将一组传入(或传出)的邻近节点 v' 权重向量 $a_{vv'}^{\dashv}$(或 $a_{vv'}^{\vdash}$)作为输入,并输出一个向后(或向前)的聚合向量 $h_{N_{\dashv}(v)}^{(k)}$(或 $h_{N_{\vdash}(v)}^{(k)}$)。然后计算聚合的加权平均值,其中权重向量来自归一化后的邻接矩阵,其定义如式(7.8)。

$$h_{N_{\dashv}(v)}^{(k)} = \sum_{\forall v' \in N_{\dashv}(v)} a_{vv'}^{\dashv} h_{v'}^{(k-1)}, \quad h_{N_{\vdash}(v)}^{(k)} = \sum_{\forall v' \in N_{\vdash}(v)} a_{vv'}^{\vdash} h_{v'}^{(k-1)} \tag{7.8}$$

在这里,我们选择在每一跳 k 融合两个方向上聚合信息。如式(7.9)所表示,Fuse 是一个自定义的融合函数,其意义为两个信息源的门控和。而 Fuse 函数具体可表示为式(7.10),其中 $\odot$ 代表元素逐个相乘,σ 代表 Sigmoid 函数,z 是门控向量。

$$h_{N(v)}^{(k)} = \text{Fuse}(h_{N_{\dashv}(v)}^{(k)}, h_{N_{\vdash}(v)}^{(k)}) \tag{7.9}$$

$$\text{Fuse}(a,b) = z \odot a + (1-z) \odot b, z = \sigma(W_z[a;b;a \odot b;a-b] + b_z) \tag{7.10}$$

最后使用 GRU,通过合并聚合信息来更新节点嵌入。

$$h_v^{(k)} = GRU(h_v^{(k-1)}, h_{N(v)}^{(k)}) \tag{7.11}$$

经过 k 跳的计算得到节点的最终状态嵌入 $h_v^{(k)}$,其表达式如式(7.11)所示。其中 k 是一个超参数。为了计算图嵌入 $h^{\mathcal{G}}$,我们首先对节点嵌入应用线性映射(Linear Projection),然后对所有的节点嵌入应用最大池化(Max Pooling),从而获得一个 F 维的向量 $h^{\mathcal{G}} \in \mathbb{R}^F$。

在循环神经网络解码器方面,本章参考了经典的序列到序列模型架构,并采用了基于注意力机制的 GRU 解码器。解码器将图嵌入 $h^{\mathcal{G}}$ 作为 GRU 初始隐藏层状态,同时利用节点嵌入 $\{h_v^{(k)}, \forall v \in \mathcal{G}\}$ 来计算注意力得分。在每一步中,解码器生成一个 MEC 节点编号,然后通过一个全连接层和 Softmax 函数输出部署序列的概率分布。图到序列模型的算法描述见表7.1。

7.3.2　强化学习求解及策略梯度优化

在本章提出的求解方法中,强化学习模型由智能体(Agent)和环境(Environment)组成。Agent 从 Environment 获取某个状态后,利用该状态输出一个动作(Action),Action 会在环境中被执行,然后 Environment 根据 Agent 所采取的动作,输出下一个状态(State)以及当前动作所带来的奖励(Rewards)。强化学习的目的就

表 7.1　图到序列模型算法

算法　图到序列模型算法
输入：任务序列 $X=\{x_1,x_2,\cdots,x_M\}$，邻接点距离 K，计算跳数 k
输出：部署序列 $Y=\{y_1,y_2,\cdots,y_M\}$
Step1：对任务序列 X 进行嵌入操作，生成嵌入矩阵 $\boldsymbol{E}$
Step2：初始化节点嵌入 $h^{(0)}=BiGRU()$ 和可训练矩阵 $\boldsymbol{W}$
Step3：计算任务邻接矩阵 $\boldsymbol{A}$
Step4：任务矩阵稀疏化处理 $\overline{A}$
Step5：归一化任务矩阵传入方向和传出方向 $A^{\dashv},A^{\vdash}$
Step6：FOR 1 to k do
更新传入和传出方向的节点嵌入信息 $\boldsymbol{h}_{N_{\dashv(v)}}^{(k)},\boldsymbol{h}_{N_{\vdash(v)}}^{(k)}$
融合节点的两个方向，聚合成一个节点嵌入 $\boldsymbol{h}_{N_{(v)}}^{(k)}$
融合上一层节点嵌入信息 $\boldsymbol{h}_{v}^{(k)}$
END FOR
Step7：计算任务图嵌入 $\boldsymbol{h}^{\mathcal{G}}=\mathrm{MaxPool1d}(\mathrm{Linear}(\boldsymbol{h}^{(k)}))$
Step8：应用解码器对嵌入向量解码得到 $\mathrm{logits}=\mathrm{RNN}(\boldsymbol{h}^{(k)},\boldsymbol{h}^{\mathcal{G}})$
Step9：进行归一化和抽样 $Y=\mathrm{Sample}(\mathrm{Softmax}(\mathrm{logits}))$
Step10：返回部署序列 Y

是寻找一个策略，使得累计奖励（也称为回报）的期望最大化。这个策略称为优化策略。在本章所研究的场景中，各种移动设备、MEC 节点以及无线链路组成了强化学习的环境。我们在 7.3.1 节描述了 Agent 由深度神经网络模块加以实现。首先各类移动设备发送的复杂任务作为状态被 Agent 接收，然后 Agent 根据所制定的策略给出相应的部署决策作为动作，最后由环境执行该部署决策并给出一个奖励反馈。同时，移动设备发送新的任务作为下一个状态。在求解框架中，状态空间、动作空间以及奖励函数的详细定义。其中，状态空间：移动设备发送的复杂任务可以表示为一个任务序列 $X=\{x_1,x_2,\cdots,x_M\}$，其中 $1\leq x_v\leq M$，x_v 即某一子任务包含 CPU、内存、磁盘资源，该序列是 MEC 环境传递给 Agent 的一个状态，所有可能的任务序列构成的空间称为状态空间，定义为 X，即优化问题中的复杂任务 V 的集合。动作空间：经过

Agent 中神经网络的训练,Agent 将输出一个部署决策序列 $Y = \{y_1, y_2, \cdots, y_N\}$,其中 $1 \leqslant y_h \leqslant N, y_h$ 即 $f_{vh} = 1$ 表示子任务 v 在服务器 h 部署,该序列是表示了每个子任务部署到 MEC 节点的状况,所有可能得到的部署决策构成的空间称为动作空间,定义为 Y,即优化问题中有效解 F 的集合。奖励函数:复杂任务部署的目标是最小化 MEC 系统的总能耗,在假设的多个 MEC 节点的环境中,每次执行任务部署决策后,环境会根据每个子任务部署到相应的 MEC 节点以及链路通信状态计算出复杂任务部署的总能耗。如果总能耗偏高则会给出一个负反馈作为奖励;相反,如果总能耗较低则会给出一个正反馈作为奖励。因此,我们将部署序列 Y 所产生的总能耗 $E(Y)$ 作为奖励函数,其表示如式(7.12)所示:

$$E(Y) = \sum_{y \in Y} \sum_{h \in H} \left[E_h^{\text{idle}} + (E_h^{\text{max}} - E_h^{\text{idle}}) \cdot F_h \right] \cdot y \tag{7.12}$$

$\pi(Y|X;\theta)$ 去近似策略函数,该神经网络被称为策略网络,θ 表示神经网络的参数。每当观测到一个状态 X,就用策略网络计算出每个动作的概率值,然后做随机抽样得到一个动作 Y,最后交由环境执行该动作。为了找到一个良好的策略函数,策略的质量应仅依赖于神经网络参数 θ,而不受任何时刻的状态和动作的影响。为此,本章使用策略梯度方法定义一个目标函数,该目标函数代表每个权值 θ 向量所获得的期望回报,并通过不断地迭代更新,使任务部署模型能够适应各种情况。首先,在给定复杂任务序列的所有可能部署方案 $Y \in \pi_\theta(\cdot|X)$ 中,定义其产生的期望能耗 $J_\pi^E(\theta|X)$,如式(7.13)所示,从而消除不同部署方案带来的影响:

$$J_\pi^E(\theta|X) = E_{Y \sim \pi_\theta(\cdot|X)} \left[E(Y) \right] \tag{7.13}$$

然后,Agent 需要从所有可能的任务组合中推断出子任务部署的策略。因此,求式(7.13)的期望,去除不同任务组合带来的影响,得到式(7.14):

$$J_\pi^E(\theta) = E_{X \sim X} \left[J_\pi^E(\theta|X) \right] \tag{7.14}$$

此时,策略函数只受权重 θ 的影响。同时还需要考虑与策略相关联的约束不满足的情况,则可表示为式(7.15):

$$J_\pi^C(\theta) = E_{X \sim X} \left[J_\pi^C(\theta|X) \right] \tag{7.15}$$

至此,式(7.4)所描述的优化问题则转化为式(7.16)所描述的寻找期望能耗最小的策略。

$$\min_\pi J_\pi^E(\theta) \tag{7.16}$$
$$\text{s. t.} \quad J_\pi^{C_i}(\theta) \leqslant 0$$

其中，$J_\pi^{C_i}(\theta)$表示环境返回的每个约束不满足信号。在本章的场景中有 5 个信号，分别代表 CPU、内存、磁盘、带宽和延迟累计约束不满足。

考虑式(7.16)中描述的原始问题的优化解，即目标函数在满足约束条件下可以获得的最小值。我们继续利用拉格朗日松弛技术，将该问题转化为一个不受约束的问题，其中不可行的解决方案会受到惩罚，如式(7.17)所示：

$$
\begin{aligned}
g(\lambda) &= \min_\theta J_\pi^L(\lambda,\theta) \\
&= \min_\theta\left[J_\pi^E(\theta) + \sum_i \lambda_i \cdot J_\pi^{C_i}(\theta)\right] \\
&= \min_\theta\left[J_\pi^E(\theta) + J_\pi^\xi(\theta)\right]
\end{aligned}
\tag{7.17}
$$

其中，$J_\pi^L(\lambda,\theta)$是拉格朗日目标函数，$g(\lambda)$是拉格朗日对偶函数，λ_i是拉格朗日乘子，也是惩罚系数。同时，定义$J_\pi^\xi(\theta)$为期望惩罚，其值是所有约束不满足信号的期望加权和。

对偶函数是一个凸函数，因此可以据此找到产生最下界的拉格朗日系数，从而求得原始问题的最优值。拉格朗日对偶问题如式(7.18)所示：

$$
\max_\lambda g(\lambda) = \max_\lambda \min_\theta J_\pi^L(\lambda,\theta)
\tag{7.18}
$$

在本章中，我们手动选择拉格朗日乘子，由此产生的拉格朗日函数$J_\pi^L(\theta)$变成了我们需要推导策略的最终目标函数。我们希望对策略网络中的参数θ进行更新，使得目标函数$J_\pi^L(\theta)$越来越小。因此我们采用蒙特卡洛策略梯度以及梯度下降更新θ。设当前策略网络的参数为θ_{now}，经过梯度下降更新，得到新的参数θ_{new}，可以表示为式(7.19)：

$$
\theta_{\mathrm{new}} = \theta_{\mathrm{now}} + \beta \cdot \nabla_\theta J_\pi^L(\theta)
\tag{7.19}
$$

我们使用策略梯度定理，用对数似然法导出了拉格朗日梯度，如式(7.20)所示：

$$
\begin{aligned}
\nabla_\theta J_\pi^L &= E_{Y\sim\pi_\theta(\cdot|X)}\left[L(Y|X)\cdot\nabla_\theta\log\pi_\theta(Y|X)\right] \\
\text{where}\quad L(Y|X) &= E(Y|X) + \xi(Y|X) \\
&= E(Y|X) + \sum_i \lambda_i\cdot C_i(Y|X)
\end{aligned}
\tag{7.20}
$$

其中，$L(Y|X)$定义为每次迭代得到的期望能耗惩罚，它是能耗信号$E(Y|X)$和所有约束不满足信号$C(Y|X)$之和。

在实际操作中，通过连加或者定积分求出期望的计算量非常大，难以求解出该期望。为此，本章使用蒙特卡洛近似方法去近似策略梯度，从状态空间 X 中随机抽

出 B 个样本 $(X_1, X_2, \cdots, X_B) \sim X$。同时，使用一个不依赖于动作 Y 的基线 $b_{\theta_c}(X)$ 减少梯度的方差，可以加快式(7.21)的收敛速度。

$$\nabla_\theta J_\pi^L(\theta) \approx \frac{1}{B} \sum_{j=1}^B (L(Y_j \mid X_j) - b_{\theta_c}(X_j)) \cdot \nabla_\theta \log \pi_\theta(Y_j \mid X_j) \qquad (7.21)$$

其中，本章使用一个只与状态 X 相关的状态价值网络去近似基线，网络的输入与策略网络相同，是策略梯度的一个无偏估计。该神经网络参数 θ_c 使用随机梯度下降训练，损失函数为预测值 $b_{\theta_c}(X)$ 和从环境中获得的实际惩罚期望的均方误差如式(7.22)所示。

$$L(\theta_c) = \frac{1}{B} \sum_{j=1}^B \| b_{\theta_c}(X_j) - L(Y_j \mid X_j) \|^2 \qquad (7.22)$$

综上，本章提出的任务部署决策求解框架的训练算法如表 7.2 所描述。

表 7.2　复杂任务部署的训练算法

算法　基于带基线的 REINFORCE 算法的复杂任务部署训练算法
输入：任务集合 X，训练回合数 episodes，批处理大小 B
输出：权重参数 θ
Step1：初始化环境信息，加载 MEC 节点及链路信息
Step2：初始化策略网络参数 θ
Step3：初始化价值网络参数 θ_c
Step4：FOR $n=1$ to episodes do
$\quad X_j \sim \text{SampleInput}(X), j \in \{1, \cdots, B\}$ //从任务集合中抽取 B 个样本训练
$Y_j \sim \text{SampleSolution}(\pi_\theta(\,\cdot\,\mid X_j)), j \in \{1, \cdots, B\}$ //从 B 个样本中抽取出相应的部署决策
$\quad b_j \leftarrow b_{\theta_v}(X_j), j \in \{1, \cdots, B\}$ //计算相应的基线
$\quad g_\theta \leftarrow \dfrac{1}{B} \sum_{j=1}^B (L(Y_j \mid X_j) - b_{\theta_c}(X_j)) \cdot \nabla_\theta \log \pi_\theta(Y_j \mid X_j)$ //梯度计算
$\quad L(\theta_c) \leftarrow \dfrac{1}{B} \sum_{j=1}^B \| b_{\theta_c}(X_j) - L(Y_j \mid X_j) \|^2$ //计算损失函数
$\quad \theta \leftarrow \text{Adam}(\theta, g_\theta)$ //更新策略网络参数
$\quad \theta_c \leftarrow \text{Adam}(\theta_c, \nabla_{\theta_c} L_c)$ //更新价值网络参数
END FOR
Step5：返回神经网络参数 θ

7.4 实验分析与性能评估

7.4.1 实验场景建立与实验参数设定

本章通过模拟真实 MEC 场景下的节点复杂任务请求,对所提出的求解方法进行性能评估。实验在深度学习服务器上进行,其硬件配置包括 I9 处理器(主频 3.0 GHz),双 NVIDIA GeForce RTX3090 GPU,64 GB 内存以及 2 TB 固态硬盘。同时,实验利用了 Pytorch 1.8 实现深度学习和神经网络部分,并在 Pycharm 平台上实现了系统。MEC 节点部署在多台移动设备周围半径为 1 km 的范围内。

为模拟真实的复杂任务,本章参考文献[9]实现了一个复杂任务图结构生成器来产生任务序列。生成器包括的参数有:①任务长度:每幅图中的子任务数量。我们定义了两类任务,第 1 类任务,其任务长度从 12 增加到 24。第 2 类任务,其任务长度从 20 增加到 32。两类任务均以步长 2 逐渐增加;②资源需求量:包括 CPU、内存和磁盘的需求量。鉴于子任务是在 MEC 节点的虚拟机或容器中执行,本章对 MEC 物理节点资源进行抽象,将 CPU、内存、磁盘等物理资源转换为可管理、调度、分发的逻辑资源。其中从集合{1,2,4}中随机选择 CPU 核心数量,从集合{1,2,4,8}中随机选择内存大小,从集合{50,100,150,250}中随机选择磁盘容量;③子任务需求带宽:子任务部署到 MEC 节点上时,每个子任务执行的带宽需求量,服从[10,100]的均匀分布;④子任务容忍时延:为了简化时延问题,部署问题中每个子任务都有一个从上传数据到执行完成的最大容忍时延,服从[1,10]的均匀分布。

在 MEC 服务节点的参数设置方面,我们首先定义了小型和大型两种网络规模的环境,MEC 节点的数量分别为 10 和 20。另外,实验模拟了真实环境中的 MEC 节点的异构性,即节点的参数规格及可提供的 IT 资源规模存在差异。其中,MEC 节点的满载功耗因具体规格、配置和应用场景而异。通常 MEC 节点会根据其处理能力、内存、磁盘和其他硬件组件的需求进行设计,以确保能效比(性能与功耗之比)达到最佳。实验假设了 4 种类型的 MEC 节点,每个节点的闲置功耗为 100 W。针对大规模环境,我们选择 Type1 型 8 台、Type2 型 6 台、Type3 型 4 台、Type4 型 2 台;针对小规模环境,我们选择 Type1 型 4 台、Type2 型 3 台、Type3 型 2 台、Type4 型 1 台。MEC

节点参数详情见表 7.3。

表 7.3 MEC 环境中服务节点的参数设置

节点类型	取值范围
MEC-Type1	CPU 核心数 6,内存 8 GB,磁盘 300 GB,链路时延 1 s,链路带宽 100 Mb/s 满载功耗 300 W
MEC-Type2	CPU 核心数 8,内存 16 GB,磁盘 400 GB,链路时延 3 s,链路带宽 400 Mb/s,满载功耗 400 W
MEC-Type3	CPU 核心数 10,内存 24 GB,磁盘 500 GB,链路时延 5 s,链路带宽 500 Mb/s,满载功耗 500 W
MEC-Type4	CPU 核心数 16,内存 32 GB,磁盘 600 GB,链路时延 5 s,链路带宽 1 000 Mb/s,满载功耗 700 W

此外,在模型训练方面,针对深度强化学习框架和图神经网络的部分网络参数设置,见表 7.4。

表 7.4 神经网络相关参数设置

节点类型	取值范围
学习率(智能体)	0.001
批处理大小	128
嵌入层维度	3
图神经网络计算跳数	{1,2,3}
学习率(基线)	0.1
温度超参数	2
推理模型数	6
温度超参数抽样数量	16

7.4.2 对比算法介绍

实验选取了 4 种具有代表性的基准部署方法与本章所提出方法(称为 DRL-G2S)进行比较。基准部署方法如下:

(1)首次适应算法(First-Fit,FF)[13,14]:FF 及其变种算法是经典的资源分配和任务调度算法,属于启发式方法。已经被广泛应用于数据中心及云计算等领域。FF算法的核心思想是按照一定的顺序(例如任务到达顺序)对任务进行处理,将每个任务分配给第一个能够满足任务需求的资源。在实验中,该启发式算法能够遍历 MEC 环境中的所有节点,探索出各种可能的部署情况。

(2)神经组合优化算法(Neural Combinatorial Optimization,NCO)[15,16]:该类算法是近年来学界最新提出的基于神经网络求解组合优化问题的新方法。这类方法基于强化学习来训练神经网络以获得优化解。NCO 算法在组合优化问题上求解质量较好,但模型训练和算法执行通常需要较高的计算资源。

(3)Gurobi 求解器[17]:Gurobi 是一款高性能的商用数学优化求解器。无论问题求解速度还是解的质量,Gurobi 求解器都有优秀的表现。本章选择其求解结果作为理论最优结果。虽然 Gurobi 求解器具有良好的性能,但在 MEC 环境下用户对任务的服务响应时间要求很高,许多时候需要在秒级时间内给出良好的部署决策。因此,我们主要在有时间约束的前提下进行 DRL-G2S 与 Gurobi 的求解质量对比。实验中将有效的调度策略的时间限制在 1 s 以内。

(4)混合智能算法(Hybrid Intelligent Algorithm,HIA)[18,19]:该类方法结合了多种不同类型的算法,通过充分发挥各自算法的优势以求解优化问题。该基准算法将启发式算法和神经网络加以结合,通过利用启发式算法先寻找到潜在可行解来指导神经网络算法优化自身参数,以获得优化的部署决策。

7.4.3　评价指标

本章选取了以下几个关键指标作为评价标准,从多个角度对比了各种不同的算法。

(1)模型稳定性:评估模型训练过程中的历史学习曲线的收敛性。通过分析模型在训练过程中损失曲线的波动情况来评估模型的收敛情况。

(2)复杂任务部署错误率:复杂任务的多个子任务在各个不同边缘节点上部署所产生的期望惩罚为部署错误率。如果调度结束后期望惩罚为 0,则认为调度方案有效,否则部署失败。该指标能够直接评估各种部署策略的有效性。

(3)期望能耗:评估在不同部署策略下系统的能耗开销。该指标是能耗优化的最重要指标,良好的部署算法应在满足其他约束条件下,尽量降低系统整体能耗。该指标直接影响边缘服务商的运营开销。

（4）平均求解时间：评估通过不同算法获得的部署决策的实际执行时间。由于该指标直接影响提交复杂任务服务请求的用户体验，因此该指标是衡量部署策略质量的关键指标。

7.4.4　实验结果与分析

在本节中，我们将通过应用上述的各种评价标准，在小规模和大规模环境下对提出的方法进行实验，并对实验结果进行深入分析。首先，我们对所提出的图到序列模型的性能进行了评估。通过研究图到序列模型在不同任务长度下的学习历史，来分析模型的稳定性以及适用性。如图 7.3 所示，在小规模系统环境下，当任务长度分别为 12、16、20 以及 24 的 4 种任务序列时，对模型进行训练的实验结果。可以看到随着训练轮次的增加，在不同参数下模型的代价逐渐下降并逐渐收敛。由于本实验涉及不同任务长度的训练，因此我们将系统总开销除以任务长度得到每单位长度任务的代价，以客观评估在不同长度的任务序列下的模型训练效果。另外，随着子任务数量的不断增加，可用资源数量将会从空间充足的状态变得越来越有限。

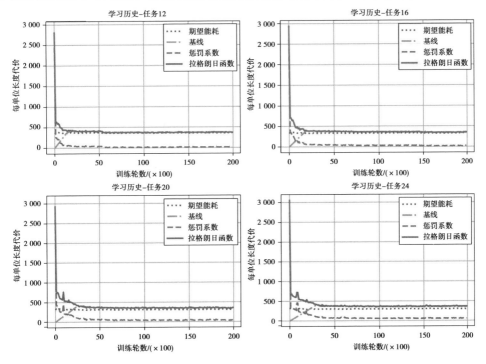

图 7.3　图到序列方法学习历史曲线

为了更加清楚的了解相关的状态,我们引入了期望能耗(energy)J_π^E、基线(baseline)b、惩罚系数(penalty)J_π^ξ 和拉格朗日函数(Lagrange Function)J_π^L 的近似值来进行衡量。

从单一任务长度来看,在学习开始时,智能体生成较多违反约束的随机放置序列,导致惩罚系数较高。然而,在学习过程中,智能体通过随机梯度下降不断调整神经网络参数权重值,使基线值从 0 增加并逼近拉格朗日函数,从而加速拉格朗日函数的最小化速度。在大量迭代过程后,智能体持续改进其策略,减少约束不满足情况的出现,寻找局部极小值或鞍点,直至达到最终的稳定状态。在不同任务长度中,经过 20 000 轮的迭代,我们可以从图中发现,当任务长度较小时,边缘节点所能提供的资源相对充足,与之相关的惩罚系数在训练后接近 0,模型迅速趋于稳定,可以推断出较优的调度策略。然而,随着任务长度的增加,边缘节点所能提供的资源逐渐有限,模型需要更长的时间才能达到稳定状态,同时约束不满足的概率增大,惩罚系数相应提高。图 7.4 展示了不同任务长度下 DRL-G2S 算法训练的损失曲线,该曲线反映了训练的动态趋势和收敛情况。可以发现随着任务长度的增加,模型一开始

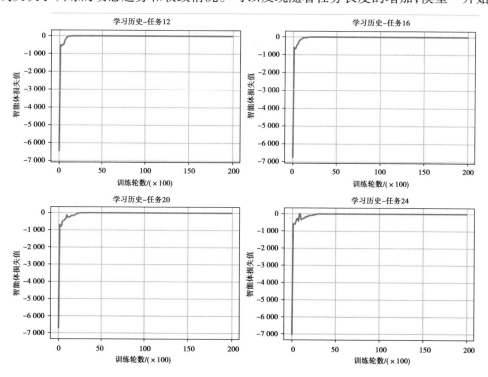

图 7.4　图到序列模型的损失曲线

的损失值逐渐增大且曲线的波动越发明显,同时模型收敛的训练轮次也在增加,这表明任务长度的增加提高了任务复杂度,进而导致 DRL-G2S 需要更长的训练时长。

为了验证所提出 DRL-G2S 的有效性,我们在小规模和大规模环境下,通过应用上述的多种评价标准,将模型的结果与 FF 算法、NCO 算法、Gurobi 求解器以及 HIA 进行实时比较。针对不同任务长度,我们分别随机抽取了 1 000 个任务进行测试,根据可行解的数量来评估结果。在这个实验中,Gurobi 求解器在不同规模下的最大执行限制时间分别为 1 s 和 10 s。

针对子任务部署错误率方面,图 7.5 展示了两种规模下的 5 种不同算法的错误率指标。总体而言,随着任务长度的增加,不同调度策略的部署错误率逐渐上升,这是因为边缘节点的资源环境受到更严格的限制,有效解的空间逐渐减小。从图 7.5 (a)可以看出,在小规模环境下,各算法的错误率差异较小,但 DRL-G2S 算法明显表

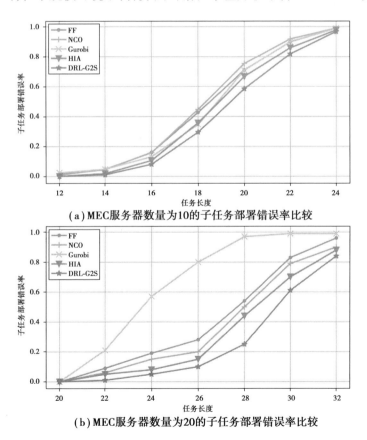

（a）MEC服务器数量为10的子任务部署错误率比较

（b）MEC服务器数量为20的子任务部署错误率比较

图 7.5　不同算法下的子任务部署错误率比较

现更优。同时,当任务长度较短时,FF 算法和 NCO 算法的子任务部署错误率几乎相近。然而,当任务长度适中时(如任务长度为 18 时),Gurobi 求解器的解决方案接近 HIA 算法,相对于其他两种算法有 18.7% 的提升,但仍高于 DRL-G2S 算法。在大规模环境下,如图 7.5(b)所示,Gurobi 求解器的错误率较高,这是求解时间限制导致无法在短时间内获得有效解决方案。FF 启发式算法接近 NCO 算法,但仍存在一定差距。HIA 算法综合了 FF 算法和 NCO 算法的特点,其性能优于前两者,而 DRL-G2S 算法在大规模环境下的错误率相对较低。综上所述,无论在哪种规模的环境下,DRL-G2S 算法在解决方案有效性方面都表现出色。

系统能耗开支是本章关注的重点指标。为评估几种算法在不同网络规模以及不同任务复杂度(一个复杂任务所包括的子任务的规模及关联性)的情况下的性能。我们分别定义了两种 MEC 场景,在小规模和大规模的 MEC 场景下服务节点规模为 10 和 20,而请求的复杂任务则分别设置为包含 12 ~ 24 个子任务和 20 ~ 32 个子任务。

图 7.6 展示了不同算法在不同任务长度下的期望能耗对比情况。在图 7.6(a)的小规模场景下,三种与神经网络相关的算法(NCO 算法、HIA 以及 DRL-G2S)的期望能耗相对接近,但 DRL-G2S 的能耗表现相对更低。值得注意的是,FF 算法的能耗始终保持最高水平,这表明启发式算法所得解的质量不够理想,即使在解的输出时间开销较低的情况下,也不利于能耗的优化控制。在图 7.6(b)的大规模场景下,Gurobi 求解器在任务长度较短(即资源约束较小时)的情况下表现出较低的期望能耗,但随着任务长度的增加,由于求解时间限制的影响,其期望能耗逐渐升高,最终超过其他四种算法。与此同时,FF 算法在求解过程中始终保持较高的期望能耗水平。特别的是,随着网络规模的增加和任务复杂性的提高,DRL-G2S 算法在能耗效率方面相对于 NCO 算法和 HIA 算法表现出明显的优势。这主要是因为 DRL-G2S 算法引入了图神经网络来提取复杂任务中多个子任务之间的关联关系,从而有助于找到更有利于能耗优化的解决方案。

最后,我们对不同算法的部署策略求解时间进行对比。如图 7.7 所示,我们在两种不同规模的 MEC 场景下进行了实验。在小规模场景下[图 7.7(a)],随着任务长度的增加(即任务复杂度增加),NCO、HIA 以及 DRL-G2S 这三种基于神经网络算法的部署策略求解时间都相应增加。值得注意的是,尽管 NCO 和 HIA 算法均采用了强化学习方法以实现自学习搜索优化解,但由于 DRL-G2S 算法在智能体 Agent 的设计中引入了基于图到序列的编解码设计,能够更深入地捕捉子任务之间的关系,从而使得求解时间降低 5.25% ~ 10.37%。同时在大规模场景下[图 7.7(b)],可以发现 Gurobi 求解器在限定时间限制下难以找到具有优势的部署策略,其任务平均求解时间逐渐高于其他对比算法,因此基于商用求解器的方法不适合对时间要求严格的复杂任务的部署决策。更重要的是,随着任务长度增加 DRL-G2S 算法的优势更为明显,表明 DRL-G2S 算法更适合于解决复杂任务的部署请求。当 MEC 边缘节点数量增加,算法有机会选择 IT 资源更充裕或者间距更近的服务节点部署多个子任务,因此在相同任务长度下算法获得的平均求解时间降低。如:与小规模 MEC 场景相比,在任务长度为 20、22 和 24 时,大规模 MEC 场景下的平均求解时间分别降低了 12.23%、11.36% 和 10.17%。另外,和在小规模 MEC 场景下类似,采用 DRL-G2S 算法仍然表现出相对更低的平均求解时间。

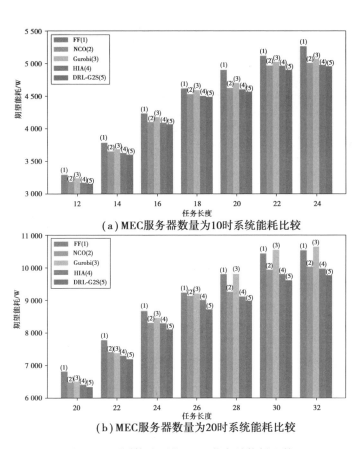

（a）MEC 服务器数量为 10 时系统能耗比较

（b）MEC 服务器数量为 20 时系统能耗比较

图 7.6　不同算法下的 MEC 节点总能耗比较

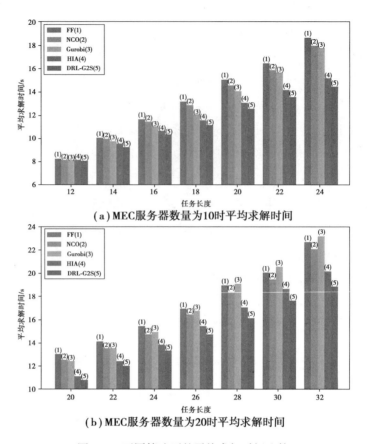

（a）MEC服务器数量为10时平均求解时间

（b）MEC服务器数量为20时平均求解时间

图7.7　不同算法下的平均求解时间比较

本章小结

  本章深入探讨了 MEC 环境中具有挑战性的多资源约束下的复杂任务部署问题。在考虑多种资源限制条件的同时，以最小化能耗为目标建立了 MIP 模型。利用图神经网络方法动态建模子任务间的关系，设计了一个融合图到序列的深度强化学习求解策略。实验结果表明，在相同实验环境下，本章所提出的求解方法通过持续学习和主动推理部署策略，在综合任务部署错误率、MEC 系统总能耗以及算法平均求解时间等关键评价指标方面均优于各类代表性求解方法。后续研究将继续探索图结构的自动特征提取及学习的方法，并进一步研究基于图到序列的神经网络模型求解资源分配等关联问题。

参考文献

[1] DUAN S J, WANG D, REN J, et al. Distributed artificial intelligence empowered by end-edge-cloud computing: A survey[J]. IEEE Communications Surveys & Tutorials, 2023, 25(1): 591-624.

[2] LUO R K, JIN H, HE Q, et al. Cost-effective edge server network design in mobile edge computing environment[J]. IEEE Transactions on Sustainable Computing, 2022, 7(4): 839-850.

[3] DJIGAL H, XU J, LIU L F, et al. Machine and deep learning for resource allocation in multi-access edge computing: A survey[J]. IEEE Communications Surveys & Tutorials, 2022, 24(4): 2449-2494.

[4] GU L, ZHANG W Y, WANG Z K, et al. Service management and energy scheduling toward low-carbon edge computing[J]. IEEE Transactions on Sustainable Computing, 2023, 8(1): 109-119.

[5] FENG C, HAN P C, ZHANG X, et al. Computation offloading in mobile edge computing networks: A survey[J]. Journal of Network and Computer Applications, 2022, 202: 103366.

[6] YE Y H, SHI L Q, CHU X L, et al. Resource allocation in backscatter-assisted wireless powered MEC networks with limited MEC computation capacity[J]. IEEE Transactions on Wireless Communications, 2022, 21(12): 10678-10694.

[7] LV X Y, DU H W, YE Q. TBTOA: A DAG-based task offloading scheme for mobile edge computing[C]//ICC 2022-IEEE International Conference on Communications. Seoul, Korea, Republic of. IEEE, 2022: 4607-4612.

[8] YANG G S, HOU L, HE X Y, et al. Offloading time optimization via Markov decision process in mobile-edge computing[J]. IEEE Internet of Things Journal, 2021, 8(4): 2483-2493.

[9] GHOLAMI A, BARAS J S. Collaborative cloud-edge-local computation offloading for multi-component applications[C]//2021 IEEE/ACM Symposium on Edge Computing (SEC). San Jose, CA, USA. IEEE, 2021: 361-365.

[10] KUMAR V, MUKHERJEE M, LLORET J, et al. Delay-optimal and incentive-aware computation offloading for reconfigurable intelligent surface-assisted mobile edge computing[J]. IEEE Networking Letters, 2022, 4(3): 127-131.

[11] CUI Y Y, ZHANG D G, ZHANG T, et al. A novel offloading scheduling method for mobile application in mobile edge computing[J]. Wireless Networks, 2022, 28(6): 2345-2363.

[12] HU B, YAN Z L, ZHAO M G. Workload-aware scheduling of multiple-criticality real-time applications in vehicular edge computing system[J]. IEEE Transactions on Industrial Informatics, 2023, 19(10): 10091-10101.

［13］ATTAOUI W, SABIR E, ELBIAZE H, et al. VNF and CNF placement in 5G: Recent advances and future trends［J］. IEEE Transactions on Network and Service Management, 2023, 20(4): 4698-4733.

［14］CHEN Z, ZHU B W. Deep reinforcement learning based container cluster placement strategy in edge computing environment ［C］//GLOBECOM 2022-2022 IEEE Global Communications Conference. Rio de Janeiro, Brazil. IEEE, 2022: 2212-2217.

［15］LI C L, TANG J H, MA T, et al. Load balance based workflow job scheduling algorithm in distributed cloud［J］. Journal of Network and Computer Applications, 2020, 152: 102518.

［16］KIRAN N, LIU X L, WANG S H, et al. VNF placement and resource allocation in SDN/NFV-enabled MEC networks［C］//2020 IEEE Wireless Communications and Networking Conference Workshops (WCNCW). Seoul, Korea (South). IEEE, 2020: 1-6.

［17］MULEY V Y. Mathematical programming for modeling expression of a gene using gurobi optimizer to identify its transcriptional regulators［J］. Methods in Molecular Biology, 2021, 2328: 99-113.

［18］XUE F, HAI Q R, DONG T T, et al. A deep reinforcement learning based hybrid algorithm for efficient resource scheduling in edge computing environment［J］. Information Sciences, 2022, 608: 362-374.

［19］CHEN Z, WEI P H, LI Y. Combining neural network-based method with heuristic policy for optimal task scheduling in hierarchical edge cloud［J］. Digital Communications and Networks, 2023, 9(3): 688-697.

［20］HUANG Z N, SAMAAN N, KARMOUCH A. A novel resource reliability-aware infrastructure manager for containerized network functions ［C］//ICC 2021-IEEE International Conference on Communications. Montreal, QC, Canada. IEEE, 2021: 1-6.

［21］ADOGA H U, ELKHATIB Y, PEZAROS D P. On the performance benefits of heterogeneous virtual network function execution frameworks［C］//2022 IEEE 8th International Conference on Network Softwarization (NetSoft). Milan, Italy. IEEE, 2022: 109-114.

［22］MUNIEN C, EZUGWU A E. Metaheuristic algorithms for one-dimensional Bin-packing problems: A survey of recent advances and applications［J］. Journal of Intelligent Systems, 2020, 30(1): 636-663.

［23］RUIZ L, GAMA F, RIBEIRO A. Graph neural networks: Architectures, stability, and transferability［J］. Proceedings of the IEEE, 2021, 109(5): 660-682.

［24］CHEN Y, WU L, ZAKI M J. Reinforcement learning based graph-to-sequence model for natural question generation［J］. arxiv preprint arxiv:1908.04942, 2019.

第 8 章　边缘计算中面向区块链计算
任务的任务调度

8.1　背景介绍

随着物联网(Internet of Things，IoT)应用的广泛部署，各类采集数据的规模持续显著增长。IoT 的快速发展使得大量节点能够生成和传输海量数据，这些数据对实现智能化和自动化的目标至关重要。然而，数据的安全性、可靠性和隐私保护等问题亟待解决。此外，数据收集、传输、共享等方面的潜在风险也在不断增加[1-3]。在这样的背景下，区块链技术作为一种集密码学和分布式共识机制于一体的 P2P 网络系统，引起了广泛关注，并被认为是解决 IoT 数据共享和安全性的潜在解决方案[4-6]。区块链技术以其透明、安全、防篡改和健壮的账本服务，为可靠的 IoT 数据采集和分布式数据共享提供了一种新的机制。通过将数据存储在区块链上，并采用去中心化的共识算法来验证和记录数据交易，区块链能够提供可信任的数据交换环境。然而，传统的区块链系统，如基于工作量证明(Proof-of-Work，PoW)共识算法[7]的区块链系统，由于其完整的去中心化设计和较强的防篡改能力，被各种区块链系统采用[8-10]。然而，由于节点需要消耗计算资源来竞争创建区块的权利，因此将其部署在通常具有有限计算资源和能量资源的 IoT 节点上存在挑战。

为了应对这些挑战，学术界近年提出了基于计算任务卸载的 IoT 区块链挖矿概念[11, 12]，旨在为 IoT 环境中部署区块链应用提供一种可行方案。该概念基于将计算任务从 IoT 节点卸载到附近的边缘服务器或云端的思想，使得计算资源受限的 IoT 节点能够以区块链矿工的身份参与记账权竞争。在该方案下，IoT 节点可以向具有丰富计算资源的边缘服务器或云端租用其所需的计算资源。这些边缘服务器或云端利用其高性能的计算能力来执行区块链挖矿任务，并将计算结果返回给 IoT 节点。通过这种方式,对于资源有限的 IoT 节点也能够实现以区块链矿工的身份参与挖矿过程,从而提高 IoT 系统的整体性能和安全性。

然而,基于计算任务卸载方案的 IoT 区块链也面临着一系列挑战。首先,全面卸载计算任务到边缘服务器或云端可能导致 IoT 节点自身计算资源的浪费。此外,将大量计算任务卸载到边缘服务器和云端需要支付较高的费用,给 IoT 系统增加了显著的成本负担。因此,如何在任务卸载和资源利用之间实现平衡,最大程度地减少资源浪费并降低成本,成为一个亟待解决的问题。其次,边缘服务商通常会根据当前资源利用率调整计算资源的定价。因此,如何根据边缘服务商的定价策略来动态调整任务卸载策略,以达到资源利用效率和经济效益的最优化,也是一个重要的问题。这涉及对边缘服务商的定价机制进行深入研究和分析,从而制定合理的决策算法来实现任务卸载策略的动态调整。最后,IoT 终端设备的需求多样化,一些设备对时延敏感,而另一些设备则更关注能耗。因此,如何根据不同 IoT 设备的需求,灵活地租用计算资源,以满足不同设备的性能要求,是一个巨大的挑战。

本章考虑在由不同终端组成的 IoT 系统中部署了基于 PoW 的区块链系统,终端可以将自己对算力的需求卸载至边云协作的系统,以实现 IoT 数据的安全及隐私保护。PoW 挖矿的计算任务从逻辑上被划分为多个子任务,并综合考虑终端参与挖矿所产生的能耗开销、任务卸载产生的计算时延和传播时延、终端的可用算力、边缘服务提供商以及云服务提供商当前的资源定价等因素。然后,通过优化子任务的卸载比例及从边缘及云服务器租用计算资源规模,以最大化参与区块链挖矿的 IoT 终端的收益为目标建立最优化模型。在优化问题的求解方法上,群体智能算法(Swarm Intelligence Optimization Algorithm, SIOA)已被证明在解决复杂优化问题方面非常有效[13, 14]。然而,SIOA 在解决动态优化问题时,由于环境参数的变化,例如:边缘服务商的计算资源定价的变化,会使得在每一次决策时,都需要重新搜索最优解,导致求解效率低下,并且容易存在收敛速度慢以及陷入局部最优解的情况。本章设计了一种新的群智能算法,使其在求解高纬度复杂优化问题时可以更快得到高质量的解,不容易陷入局部最优。更进一步,得益于深度强化学习(Deep reinforcement learning, DRL)在基于数据驱动的自学习能力以及在求解动态优化问题方面所取得的进展[15,16],本章以群智能算法作为基础优化器,探索将 DRL 融入群智能算法中以提高求解质量和收敛速度,提出了一种强化学习使能的群智能算法(Reinforcement Learning enabled Swarm Intelligence Optimization Algorithm, RLSIOA)并基于此设计 IoT 区块链计算任务动态卸载方案。

8.2　端边结合的系统模型的建立

8.2.1　系统参数模型建立

本章的系统框架如图 8.1 所示。本章考虑集成了边缘服务器和云服务器的 PoW 区块链系统,系统由 IoT 设备、多个边缘计算节点和云服务节点组成。IoT 设备通过 IoT 网络连接到基站(Base Station, BS)或接入点(Access Point, AP), BS 或 AP 连接到附近的边缘服务节点。同时,IoT 设备还可以通过 BS 或 AP 连接到云服务节点,从而决定如何在边缘节点和云服务节点之间租用计算资源,以提高挖掘效率。

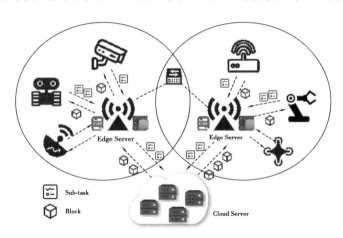

图 8.1　端边结合的系统框架

本章用 $N = \{1, 2, \cdots, N\}$ 表示 IoT 终端的集合,$M = \{1, 2, \cdots, M\}$ 表示边缘服务器的集合,c 表示云服务器。另外将可服务于终端 $n \in N$ 的边缘服务器的集合记作 M_n。我们考虑矿工节点的挖矿计算任务可以分解为 K 个子任务,并且用 $(z_{n,k}^t, \gamma_{n,k}^t)$ 表示第 $k \in K$ 个子任务的计算任务大小(位)和任务处理密度(CPU 转数/位),即处理单个位的数据所需要的 CPU 转数。参加挖矿的终端可以选择在本地计算,或者将其计算任务卸载至可服务的边缘服务器或云服务器。将 t 时间终端 n 的计算卸载策略记作 $A_n^t = (a_{n,1}^t, a_{n,2}^t, \cdots, a_{n,K}^t)$,其中 $a_{n,k}^t$ 表示第 k 个子任务的计算卸载策略,其取值范围为:

$$C1 : a_{n,k}^t = \{0, M_n, c\} , \tag{8.1}$$

其中 0 表示本地计算。给定 t 时刻所有终端的计算卸载策略,我们将所有选择

边缘服务器 $m \in M$ 的终端数量记作 $n_m^t = \sum_{n=1}^{N} I_{\{\exists a_{n,k}^t = m, k \in K\}}$，其中 $I_{\{x\}}$ 是指示函数，如果 x 为真，则 $I_{\{x\}} = 1$，否则，$I_{\{x\}} = 0$。将 t 时间终端 n 的计算资源租用策略记作 $C_n^t = (c_{n,0}^t, c_{n,1}^t, \cdots, c_{n,m}^t, \cdots, c_{n,M+1}^t)$，$c_{n,0}^t$ 表示使用本地计算资源大小，$c_{n,1}^t - c_{n,M}^t$ 表示向第 m 台边缘服务器租借的计算资源大小，$c_{n,M+1}^t$ 表示租借云服务器计算资源大小。

我们将终端 n 的最大计算能力记为 $f_{n,l}$，即 CPU 的时钟频率（CPU 转数/秒），将 t 时间终端 n 所使用的本地计算能力记为 $f_{n,l}^t$，则有：

$$C2 : f_{n,l}^t \leqslant f_{n,l}. \tag{8.2}$$

另外，由于边缘服务器可供租借的计算能力有限，我们使用 f_m 来表示边缘服务器 m 的最大计算能力。每个终端都可以租借边缘服务器的计算资源，我们将 t 时间，终端 n 租借边缘服务器 m 的计算资源大小记作 $f_{n,m}^t$，边缘服务器 m 被租借的计算资源记作 f_m^t，$f_m^t = \sum_{n=1}^{N} f_{n,m}^t$，则有：

$$C3 : f_m^t \leqslant f_m. \tag{8.3}$$

终端 n 租借边缘服务器的计算资源之和记为 $f_{n,e}^t$，$f_{n,e}^t = \sum_{m=1}^{M} f_{n,m}^t$。云服务器的计算资源充足，我们将 t 时刻终端 n 租借云服务器的计算资源记作 $f_{n,c}^t$。综上，终端 n 的计算能力可以表示为：

$$f_n^t = f_{n,l} + f_{n,e}^t + f_{n,c}^t. \tag{8.4}$$

另外，我们定义挖矿所需的最小计算能力为 $f_{\min}$，则有：

$$C4 : f_n^t \geqslant f_{\min}. \tag{8.5}$$

在本地计算的 sub-tasks 只存在计算时延。本地计算的时延可以表示为：

$$D_{n,l}^t = \frac{\sum_{k=1}^{K} z_{n,k}^t \gamma_{n,k}^t I_{\{a_{n,k}^t = 0\}}}{f_{n,l}^t}. \tag{8.6}$$

卸载到边缘服务器的 sub-tasks 存在通信时延以及计算时延。我们用 $R_{n,m}$ 表示当终端 n 独占边缘服务器 m 的信道时，从终端 n 到边缘服务器 m 的传输速率，其取决于物理层信号特征、发射功率、信道增益等。当多个终端将计算任务卸载到边缘服务器 m 上时，终端 n 到边缘服务器 m 的传输速率可以建模为 $R_{n,m}^t = R_{n,m}/n_m^t$。因此，终端 n 卸载到边缘服务器 m 上的 sub-tasks 通信时延可表示为：

$$D_{n,m}^{\text{trans}} = \frac{n_m^t \sum_{k=1}^{K} z_{n,k}^t I_{\{a_{n,k}^t = m\}}}{R_{n,m}^t}. \tag{8.7}$$

终端 n 卸载到边缘服务器 m 上的 sub-tasks 计算时延可以表示为：

$$D_{n,m}^{\text{comp}} = \frac{\sum_{k=1}^{K} z_{n,k}^t \gamma_{n,k}^t I_{\{a_{n,k}^t = m\}}}{(1 - \alpha(n_m^t - 1)) f_{n,m}^t}, \tag{8.8}$$

其中，α 是由租借边缘服务器 m 的计算资源的终端过多而引起的延迟参数。则终端 n 卸载到边缘服务器 m 上的 sub-tasks 总时延为：

$$D_{n,m}^t = D_{n,m}^{\text{trans}} + D_{n,m}^{\text{comp}}. \tag{8.9}$$

终端 n 卸载到边缘服务器的所有 sub-tasks 最大时延为：

$$D_{n,e}^t = \max\{D_{n,1}^t, D_{n,2}^t, \cdots, D_{n,M}^t\}. \tag{8.10}$$

卸载到云服务器的 sub-tasks 同样也存在通信时延以及计算时延。和边缘服务器不同的是，云远离终端，一般通过广域网与终端连接，其通信时延包括与接入点之间的传输时延以及任务从接入点往返云服务器的往返时延。我们假设每个终端 n 都可以以给定的传输速率 $R_{n,c}$ 接入网络，并用 t_c 表示接入点往返云服务器的往返时延。因此如果终端 n 选择将任务卸载到云上，那么其通信时延可表示为：

$$D_{n,c}^{t,\text{trans}} = \frac{\sum_{k=1}^{K} z_{n,k}^t I_{\{a_{n,k}^t = c\}}}{R_{n,c}} + t_c. \tag{8.11}$$

因为云服务器的计算能力充足，因此每个用户可以被分配到固定的计算能力，因此终端 n 将任务卸载到云上的计算时延可以表示为：

$$D_{n,c}^{t,\text{comp}} = \frac{\sum_{k=1}^{K} z_{n,k}^t \gamma_{n,k}^t I_{\{a_{n,k}^t = c\}}}{f_{n,c}^t}. \tag{8.12}$$

卸载到云服务器的 sub-tasks 总时延为：

$$D_{n,c}^t = D_{n,c}^{t,\text{trans}} + D_{n,c}^{t,\text{comp}}. \tag{8.13}$$

综上，在 t 时间，终端 n 进行挖矿任务的总时延为：

$$D_n^t = \max\{D_{n,l}^t, D_{n,e}^t, D_{n,c}^t\}. \tag{8.14}$$

并且由于产生区块的延时不能过大，我们用 $D_{\max}$ 来表示能接收的最高延时，则有：

$$C5 : D_n^t \leqslant D_{\max}. \tag{8.15}$$

由于卸载到边缘服务器和云服务器的 sub-tasks 不会在本地产生计算能耗,并且,传输能耗相比计算能耗可以忽略不计,因此,t 时刻终端 n 进行挖矿计算任务的总能耗为:

$$E_n^t = k_n f_{n,l}^2 \sum_{k=1}^{K} z_{n,k}^t \gamma_{n,k}^t I_{\{a_{n,k}^t = 0\}}, \tag{8.16}$$

其中,k_n 是与硬件结构相关的常数。由于终端有能耗限制,为防止终端因为挖矿造成的能耗而关机,设终端 n 在 t 时间的能源消耗大小为 e_n^t,则有:

$$C6 : E_n^t \leqslant e_n^t. \tag{8.17}$$

边缘服务商和云服务商通常会向用户收取一定的费用。一般来说,任务的计算量越大,边缘服务器和云服务器处理任务时的付出越多,如能耗,因此支付给边缘服务商和云服务商的费用也应该越多。但是,对于边缘服务器而言,如果其服务的终端数越多,单个终端等待的时延及消耗的能耗就越大。因此,终端支付给边缘服务器的费用也应该减少,以弥补增加的时延及能耗代价。从边缘服务商角度理解,边缘服务商为了吸引更多的终端使用自身的服务以增加潜在的收入,并且弥补因为服务终端数的增加而导致的服务质量的下降,边缘服务商会给予用户一定的价格优惠。我们将 t 时间终端 n 支付给边缘服务器 m 的计算资源费用建模为:

$$C_{n,m}^t = c_m^{\text{edge}} (1 - \beta(n_m^t - 1)) \sum_{k=1}^{K} z_{n,k}^t \gamma_{n,k}^t I_{\{a_{n,k}^t = m\}}, \tag{8.18}$$

其中,c_m^{edge} 表示边缘服务器 m 对单位计算量的收费,边缘服务商可以根据当前终端将任务卸载到边缘服务器的数量来对 c_m^{edge} 进行改变,β 是折扣率,则终端 n 需要给所有边缘服务商支付的计算资源总费用为:

$$C_{n,e}^t = \sum_{m=1}^{M} C_{n,m}^t. \tag{8.19}$$

而支付给云的计算资源费用可建模为:

$$C_{n,c}^t = c^{\text{cloud}} \sum_{k=1}^{K} z_{n,k}^t \gamma_{n,k}^t I_{\{a_{n,k}^t = c\}}, \tag{8.20}$$

其中,c^{cloud} 是一个常数,表示云服务提供商对单位计算量的收费。综上,终端 n 在时间 t 的付费总计为:

$$C_n^t = C_{n,e}^t + C_{n,c}^t. \tag{8.21}$$

我们考虑每个终端所能够支付的费用有限,用 $C_{\max}$ 表示 t 时间终端 n 可支付的

费用,则有:

$$C7: C_n^t \leqslant C_{\max}. \tag{8.22}$$

8.2.2　优化模型的建立

为了产生一个新区块,矿工们争相完成一种基于加密哈希算法的数学难题,获胜者有权在区块链上进行交易记录并得到奖励。哈希函数 H 根据区块中所有交易数据的 Merkle 树根数据 tx、父区块哈希值的数据 prev. hash 以及 nonce,来输出一个 L-bit 的哈希值。矿工们需要找到一个 nonce 满足:

$$H(\mathrm{tx}, \mathrm{prev.\,hash}, \mathrm{nonce}) \leqslant 2^{L-h}. \tag{8.23}$$

我们假设一次哈希计算所需要的 CPU 转数为 μ,则单位时间内,终端 n 创造新区块的概率为:

$$p\left[H(\mathrm{tx}, \mathrm{prev.\,hash}, \mathrm{nonce}) \leqslant 2^{L-h}\right] = \frac{1}{D}, \tag{8.24}$$

其中, $D = 2^h$。我们假设一次哈希计算所需要的 CPU 转数为 μ,则单位时间内,终端 n 创造新区块的概率为:

$$\lambda_n^t = \frac{f_n^t}{u} \, \frac{1}{D}. \tag{8.25}$$

对于任意的终端 n,先于其他终端创建区块而获得收益的概率为:

$$P_n^t = \int_0^\infty \lambda_n^t \exp\left(-\sum_{i \in N} \lambda_i^t t\right) \mathrm{d}t = \frac{\lambda_n^t}{\sum\limits_{i \in N} \lambda_i^t} = \frac{f_n^t}{\sum\limits_{i \in N} f_i^t}. \tag{8.26}$$

我们将 t 时刻创建区块所获得的奖励用 R_t 表示。则每一个终端的期望奖励为:

$$R_n^t = P_n^t R_t = \frac{f_n^t}{\sum\limits_{i \in N} f_i^t} R_t. \tag{8.27}$$

则,对于任意的终端 n,其收益可定义为:

$$U_n^t = R_n^t - \lambda_n^C C_n^t - \lambda_n^D D_n^t - \lambda_n^E E_n^t, \tag{8.28}$$

其中, λ_n^C、λ_n^D 和 λ_n^E 分别表示付费、延时和能耗的权重。

我们拟考虑在一个时间维度 T 内的多个决策点的卸载决策下所获得的累计收益为最大,则我们的优化目标可表示为:

$$\max \sum_{t \in T} \sum_{n \in N} U_n^t. \tag{8.29}$$

$$\mathrm{s.\,t.} \; C1 - C7$$

8.3　基于强化学习使能的群体智能求解方法

8.3.1　群体智能与模仿学习基础

在搜索最优解的过程中,所有 SIOAs 涉及两个主要阶段:探索和开发。探索阶段是算法进行全局搜索的阶段,具有较高的随机性。随着迭代次数的增加,算法开始对已探索区域进行深度开发。保持探索和开发之间的平衡至关重要,过度强调探索阶段会导致收敛速度变慢,如图 8.2 所示。

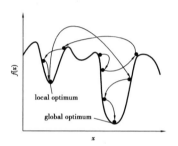

图 8.2　过度探索导致收敛变慢

而过度开发则会导致早熟收敛,使算法陷入局部最优解,如图 8.3 所示。

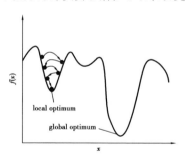

图 8.3　过度开发导致陷入局部最优

传统 SIOAs 采取完全随机的方式进行探索阶段。在迭代搜索过程中,SIOAs 会生成大量的解,并对其进行评估和进化,直到获得一个有希望的解。事实上,在搜索过程中,SIOAs 会产生大量的数据,其中包括优质解或劣质解、搜索策略从头到尾的顺序以及不同解的进化轨迹等。这些数据可能蕴含有用的知识,例如在搜索过程的不同阶段使用不同的搜索策略的性能以及搜索策略的优先级等。然而,传统 SIOAs

未将这些数据进行利用。

在对动态环境下的优化问题进行求解时,由于环境不是稳定的,使得每次环境变量发生变化时,SIOAs 都需要随机生成初始解来重新搜索优质解,这将使得 SIOAs 的优化效率大大降低。事实上,SIOAs 在对每一个环境变量下的优化问题进行求解后,都会得到一个最优解。然而,当环境变量发生变化后,传统 SIOAs 往往不会对先前所得到的最优解进行利用,而采取随机生成初始解的方式。

行为克隆(Behavior Cloning, BC)[17]是模仿学习中的一种方法。通过学习专家数据的数据分布,可以使得 BC 能够很快地学习到一个不错的策略。在本章中,BC 的学习目标可以表示为:

$$\theta^* = \arg \min_{\theta} \mathbb{E}_{(s,a) \sim B} \left[\mathrm{MSE}(\pi_{\theta}(s), a) \right], \tag{8.30}$$

其中,(s,a) 对应状态行为对;B 是专家的数据集;$\pi(s)$ 表示在状态 s 下的所采取的策略。MSE 为均方误差函数,其表达式为:

$$\mathrm{MSE}(y, \acute{y}) = \frac{\sum\limits_{i=1}^{n} (y - \acute{y})^2}{n}. \tag{8.31}$$

SIOAs 在求解动态优化问题时产生的每一个最优解都可以被视为专家数据,提供给 BC 进行学习。BC 由单层全连接神经网络组成,其中输入层神经元个数为环境变量个数,输出层神经元个数为解的维度,隐藏层被设置为 128 个神经元,并且本章采用 Relu[18]作为激活函数,其表达形式如下:

$$f(x) = \max(0, x). \tag{8.32}$$

此外,本章采用 Adam[19]作为优化器,其更新公式为:

$$v = \beta_1 * v + (1 - \beta_1) * g. \tag{8.33}$$

$$s = \beta_2 * s + (1 - \beta_2) * g^2. \tag{8.34}$$

$$\theta = \theta - \alpha * \frac{v}{\sqrt{s} + \varepsilon}. \tag{8.35}$$

其中,v 和 s 是梯度的偏差纠正后的移动平均值;g 是参数的梯度;β_1 和 β_2 是两个指数加权平均值的衰减系数;α 是学习率;ε 是一个很小的常数,用于避免除以零。

在优化的初期阶段,由于 BC 没有学习到足够的专家数据,因此无法输出较高质量的初始解,此时,SIOAs 仍然相当于采取随机生成初始解的方式进行搜索。而在学习到足够的专家数据后,它便能够根据当前环境状态,输出高质量的解作为 SIOAs

优化的初始解。

总的来说,引入 BC 方法可以使得 SIOAs 在处理动态优化问题时,充分利用过去的经验和当前的环境状态,从而为后续的优化提供高质量的初始解。该方法可以潜在地克服 SIOAs 中随机初始化带来的低效问题,并更有效地适应动态变化,从而为解决现实问题提供一个更可靠和高效的优化框架。

8.3.2 融合多智能体强化学习的群体智能求解

基于 RLSIOA 的任务卸载方案框架如图 8.4 所示。本章将 RLSIOA 中麻雀的位置信息 X_i 作为卸载决策,即 $X_i = (D_{i1}, D_{i2}, \cdots, D_{in}, D_{iN})$,其中 $D_{in} = (A_n, C_n)$ 表示第 n 个终端的决策。IoT 区块链系统可以将当前的网络环境,例如边缘服务商与云服务商的定价、计算任务大小、当前终端剩余能源大小、所能接收的最大延时和可支付的费用等变量一起传递给 RLSIOA。在 RLSIOA 中,首先由 BC 根据当前的环境变量生成初始的卸载方案,然后将其交由引入多智能体的 RLSIOA 进行优化。最后,将最优的卸载决策发送给 IoT 区块链系统,使其能够做出收益最大化的卸载决策。同时,将最优的卸载决策返回给 BC 进行学习,以便随着优化次数的增加不断提高初始卸载决策的质量。

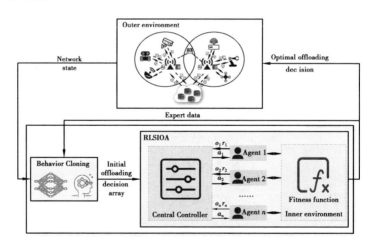

图 8.4　基于 RLSIOA 的任务卸载方案框架

在 RLSIOA 中,每个种群代表着一个智能体,每个智能体根据中央控制器所分发的搜索策略来更新位置。在本章中群智能算法的种群使用 $N_s \times D$ 维的空间表示,其中,N_s 为种群总数,D 为空间维度。此外,本章定义策略 1 的更新公式如下:

$$X_i^{\mathrm{ep}+1} = \begin{cases} X_i^{\mathrm{ep}} \cdot \exp\left(\dfrac{-i}{r1 \cdot \mathrm{iter}_{\max}}\right), & r2 < r3 \\ \\ X_i^{\mathrm{ep}} + \boldsymbol{L}, & r2 \geqslant r3 \end{cases}, \qquad (8.36)$$

其中，i 表示第 i 只智能体；ep 代表当前迭代次数；$\mathrm{iter}_{\max}$ 表示最大迭代次数；$r1$、$r2$ 都是取值为 $(0,1)$ 的随机数；$r3$ 为取值为 $(0.5,1)$ 的随机数；$\boldsymbol{L}$ 表示一个 $1 \times D$ 的矩阵，其元素全为服从标准正态分布的随机数。策略 2 的更新公式如下：

$$X_i^{\mathrm{ep}+1} = \begin{cases} X_b^{\mathrm{ep}+1} + Q \cdot (\mathrm{UB} - \mathrm{LB}), & r2 < r3 \\ Q \cdot (X_b^{\mathrm{ep}+1} - X_i^{\mathrm{ep}}), & r2 \geqslant r3 \end{cases}, \qquad (8.37)$$

其中，Q 为服从标准正态分布的随机数；UB 和 LB 分别为位置空间 X 取值上限和下限。策略 3 的更新公式如下：

$$X_i^{\mathrm{ep}+1} = \begin{cases} Q \cdot \exp\left(\dfrac{X_w^{\mathrm{ep}} - X_i^{\mathrm{ep}}}{i^2}\right), & i > \dfrac{N_s}{2} \\ \\ X_b^{\mathrm{ep}+1} + |X_i^{\mathrm{ep}} - X_b^{\mathrm{ep}+1}| \cdot \boldsymbol{A}, & i \leqslant \dfrac{N_s}{2} \end{cases}, \qquad (8.38)$$

其中，X_b 表示当前最优位置；X_w 表示当前最差位置；$\boldsymbol{A}$ 表示一个 $D \times D$ 的矩阵，其中每一个元素随机赋值为 1 或 -1。策略 4 的位置更新公式如下：

$$X_i^{\mathrm{ep}+1} = \begin{cases} X_w^{\mathrm{ep}} + Q \cdot (X_i^{\mathrm{ep}} - X_w^{\mathrm{ep}}), & f_i > f_b \\ X_i^{\mathrm{ep}} + r3 \cdot \left(\dfrac{X_i^{\mathrm{ep}} - X_w^{\mathrm{ep}}}{|f_i - f_w| + \varepsilon}\right), & f_i = f_b \end{cases}, \qquad (8.39)$$

其中，f_i 为当前种群的适应度值；f_b 和 f_w 分别是当前全局最好和最差的适应度值；ε 是一个极小值，避免分母出现 0。中央控制器是 RLSIOA 的重要组成部分，中央控制器为每一个智能体都维护着一张 Q-table，Q-table 的结构如下所示：

$$Q\text{-table}_i = \begin{bmatrix} \mathrm{Strategy1} & \mathrm{Strategy2} & \mathrm{Strategy3} & \mathrm{Strategy4} \\ Q\text{-value}(1) & Q\text{-value}(2) & Q\text{-value}(3) & Q\text{-value}(4) \end{bmatrix}, \qquad (8.40)$$

其中，不同策略的 Q-value 被初始化为 0，即：

$$Q\text{-table}_i^0 = \begin{bmatrix} \mathrm{Strategy1} & \mathrm{Strategy2} & \mathrm{Strategy3} & \mathrm{Strategy4} \\ 0 & 0 & 0 & 0 \end{bmatrix}, \qquad (8.41)$$

在搜索过程中，中央控制器根据 Q-table 为每个智能体选择动作，设 A 为动作空间，A 的取值范围如下：

$$A = \{\mathrm{Strategy1}, \mathrm{Strategy2}, \mathrm{Strategy3}, \mathrm{Strategy4}\}. \qquad (8.42)$$

中央控制器会将当前 Q-value 最大的动作分配给智能体，即：

$$\text{action}_i = \arg\max_{a \in A} Q\text{-value}(a)_i. \tag{8.43}$$

每个智能体在执行完相应的动作后,都会将其观测和奖励反馈给中央控制器。其中,观测的计算公式为:

$$\text{observation}_i = \begin{cases} 1, & f_{\text{new}} \text{ is bettert hanf}_i \\ 0, & \text{otherwise} \end{cases}. \tag{8.44}$$

而奖励的计算公式为:

$$\text{reward}_i = \begin{cases} 1, & \text{observation} = 1 \\ 0, & \text{otherwise} \end{cases}. \tag{8.45}$$

中央控制器会根据这些反馈信息,更新 Q-table 中的 Q-value,以此来调整智能体的策略和行为。假设中央控制器为智能体分配了策略 $a, a \in A$,则 Q-table 的更新公式如下所示:

$$Q\text{-value}(a)_i^{ep+1} = Q\text{-value}(a)_i^{ep} + \text{reward}. \tag{8.46}$$

此外,在中央控制器为智能体选择搜索策略时,可能会出现某一策略的 Q-value 太大,而导致其他的策略从不被选择,从而陷入局部最优解的情况。因此,本章选择采用轮盘赌法[29]来选择搜索策略,即每一个策略被选中的概率计算如下:

$$p_a = \frac{Q\text{-value}(a)}{\sum_{j=1}^{A} Q\text{-value}(j)}. \tag{8.47}$$

随后,计算出每个策略的累积概率,计算公式如下:

$$q_a = \sum_{j=1}^{a} p_j. \tag{8.48}$$

最后,在 $[0,1]$ 区间内产生一个服从均匀分布的随机数 r,若 $r<q_1$,则选择策略 1,否则,选择策略 a,使得 $q_{a-1}<r \leqslant q_a$ 成立。即:

$$a = \begin{cases} 1, 0<r \leqslant q_2 \\ 2, q_1<r \leqslant q_2 \\ 3, q_2<r \leqslant q_3 \\ 4, q_3<r \leqslant q_4 \end{cases}. \tag{8.49}$$

通过轮盘赌方法,使得每一个搜索策略都有一定概率被选中,有助于保持种群的多样性,从而增强跳出局部最优解的能力。

综上,RLSIOA 的算法伪代码见表 8.1。

表 8.1　RLSIOA 算法伪代码

RLSIOA 算法

输入：环境变量

输出：最优决策

begin

通过 BC 产生初始决策 X_{ini}；

　　初始化 ep$\leftarrow$0，$X_{N_s}\leftarrow X_{ini}$，$Q$-table$(K)_{N_s}\leftarrow$0；

　　　while ep$\leqslant$iter$_{max}$ do

　　　　　for each individual i in the populations do

　　　　　　　计算适应度f_i；

　　　　　end for

　　　　　根据适应度将所有种群进行排序；

　　　　　for each individual i in the populations do

　　　　　　　通过 Q-table$_i$ 选择搜索策略；

　　　　　　　通过策略更新 X_i；

　　　　　　　if f_{new} is better than f_i then

　　　　　　　　　reward$\leftarrow$1；

　　　　　　　elseif f_i is better than f_{new} then

　　　　　　　　　reward$\leftarrow$0；

　　　　　　　end if

　　　　　　　通过公式(8.46)更新 Q-table$_i$；

　　　　　end for

　　　　　ep$\leftarrow$ep+1

　　　　　将最优决策作为专家数据给 BC 进行学习；

　　　end while

　end

8.4 实验分析与性能评估

8.4.1 实验场景建立与对比基线算法

本章的实验参数见表 8.2。除表中的参数以外,计算任务大小 z 的值在 $[35,45]$ Mb 之间随机生成。任务处理密度 γ 在 $[0.45\times10^6,0.55\times10^6]$ cycle/Mb 之间随机生成。本地最大计算能力 $f_{n,l}$ 在 $[4.5\times10^7,5.5\times10^7]$ cycles/s 之间随机产生。边缘服务器的最大计算能力 f_m 在 $[4.5\times10^9,5.5\times10^9]$ cycles/s 之间随机产生。从终端设备到边缘服务器的传输速率 $R_{n,m}$ 在 $[70,75]$ Mb/s 之间随机生成。终端设备到云服务器的传输速率 $R_{n,c}$ 在 $[13,17]$ Mb/s 之间随机生成。AP/BS 到云服务器的往返时延 t_c 设置为 3 s。付费、延时和能耗的权重 λ_n^C,λ_n^D 和 λ_n^E 在 $[0.01,1]$ 之间随机生成。云服务器的定价 c^{cloud} 设置为 9×10^{-10} units/cycle。边缘服务器的基本价格 c_m^{edge} 设置为 9×10^{-10} units/cycle,并随着边缘服务器所被租用地计算资源成比例地增加。基础挖掘奖励 R_l 设置为 100 units。

表 8.2 实验参数

参数	含义	值
N	终端数量	20
M	边缘服务器数量	10
K	子任务数量	10
$f_{\min}$	最小计算能力	5×10^6 cycle/s
$D_{\max}$	可接收的最大时延	30 s
$C_{\max}$	最大预算	5 units
k_n	能耗参数	10^{-21}
e_n	终端初始能量	100 J
α	延时参数	0.04
β	付费折扣参数	0.04
T	决策数量	100
N_s	种群大小	50

为了探究 RLSIOA 在求解质量上的表现，本章对 RLSIOA 进行了性能评估。将其与经典的优化算法 SSA[33]、GA[21]、改进 DE[22]、PSO[23]、GWO[24] 以及近年来新提出的 SIOAs，如：HHO[25]、MPA[26]、SCSO[27]、ARO[28]、HBA[29] 和 AVOA[30] 等算法在 20 个基准测试函数上进行了性能比较。20 个基准测试函数的详细信息见表 8.3。

表 8.3　测试基准函数

Name	Function	n	Value space
F1	$\sum_{i=1}^{n} x_i^2$	100	$[-100,100]$
F2	$\sum_{i=1}^{n} \mid x_i \mid + \prod_{i=1}^{n} \mid x_i \mid$	100	$[-10,10]$
F3	$\sum_{i=1}^{n} \left(\sum_{j=1}^{i} x_j \right)^2$	100	$[-100,100]$
F4	$\max_i \{ \mid x_i \mid, 1 \leq i \leq n \}$	100	$[-100,100]$
F5	$\sum_{i=1}^{n-1} \left[100(x_{i+1} - x_i^2)^2 + (x_i - 1)^2 \right]$	100	$[-30,30]$
F6	$\sum_{i=1}^{n} (x_i + 0.5)^2$	100	$[-100,100]$
F7	$\sum_{i=1}^{n} i x_i^4 + \text{random}[0,1)$	100	$[-1.28,1.28]$
F8	$\sum_{i=1}^{n} - x_i \sin(\sqrt{\mid x_i \mid})$	30	$[-500,500]$
F9	$\sum_{i=1}^{n} \left[x_i^2 - 10\cos(2\pi x_i) + 10 \right]$	30	$[-5.12,5.12]$
F10	$-20\exp(-0.2\sqrt{x_i^2}) - \exp(\frac{1}{n} \sum_{i=1}^{n} \cos 2\pi x_i) + 20 + e$	30	$[-32,32]$
F11	$\frac{1}{4\,000} \sum_{i=1}^{n} x_i^2 - \prod_{i=1}^{n} \cos\left(\frac{x_i}{\sqrt{i}}\right) + 1$	30	$[-600,600]$
F12	$\frac{\pi}{n} \{ 10 \sin^2(\pi y_i) + \sum_{i=1}^{n-1} (y_i - 1)^2 [1 + 10 \sin^2(\pi y_{i+1})] + (y_n - 1)^2 \} + \sum_{i=1}^{n} u(x_i,10,100,4)$	30	$[-50,50]$

续表

Name	Function	n	Value space
F13	$0.1\left\{\sin^2(3\pi x_1)+\sum_{i=1}^{n-1}(x_i-1)^2[1+\sin^2(3\pi x_{i+1})]+(x_n-1)[1+\sin^2(2\pi x_n)]\right\}+\sum_{i=1}^{n}u(x_i,5,100,4)$	30	$[-50,50]$
F14	$\left[\dfrac{1}{500}+\sum_{j=1}^{25}\dfrac{1}{j+\sum_{i=1}^{2}(x_i-a_{i,j})^6}\right]^{-1}$	2	$[-65.536,65.536]$
F15	$\sum_{i=1}^{11}\left[a_i-\dfrac{x_1(b_i^2+b_ix_2)}{b_i^2+b_ix_3+x_4}\right]^2$	4	$[-5,5]$
F16	$4x_1^2-2.1x_1^4+\dfrac{1}{3}x_1^6+x_1x_2-4x_2^2+4x_2^4$	2	$[-5,5]$
F17	$[1+(x_1+x_2+1)^2(19-14x_1+3x_1^2-14x_2+16x_1x_2+3x_2^2)]\times[30+(2x_1-3x_2)^2(18-32x_1+12x_1^2+48x_2-36x_1x_2+27x_2^2)]$	2	$[-2,2]$
F18	$-\sum_{i=1}^{5}[(x-a_i)(x-a_i)^T+c_i]^{-1}$	4	$[0,10]$
F19	$-\sum_{i=1}^{7}[(x-a_i)(x-a_i)^T+c_i]^{-1}$	4	$[0,10]$
F20	$-\sum_{i=1}^{10}[(x-a_i)(x-a_i)^T+c_i]^{-1}$	4	$[0,10]$

8.4.2 求解经典优化问题的性能表现

为了避免实验数据的偶然性,本章所有实验均独立运行 30 次,并采取其最优解的平均值(Avg.)和标准偏差(Std.)作为评价指标,此外所有算法的种群大小设置为50,迭代次数设置为100。最终实验结果见表 8.4,从表中可以看出,RLSIOA 在 13个基准函数中排名第 1,在 4 个基准函数中排名第 2,这说明引入多智能体强化学习后的 RLSIOA 通过多智能体的分布式探索和开发,每只麻雀都能够根据其局部经验和环境线索选择合适的搜索策略,具有良好的跳出局部最优解的能力,在优化问题的求解质量上具有相当的竞争优势。

表 8.4　在基准函数上的性能对比结果

Fun		SSA	GA	DE	PSO	GWO	HHO	MPA	SCSO	ARO	HBA	AVOA	RLSIOA
F1	Avg.	5.11E-28	1.97E+04	2.70E+05	2.47E+05	2.73E-21	1.16E-43	1.90E+04	0	4.02E-07	1.27E-23	3E-52	0
	Std.	1.66E-27	2.36E+03	5.82E-11	3.21E+04	1.11E-20	4.32E-43	3.57E+03	0	1.19E-06	3.21E-23	1.61E-51	0
F2	Avg.	1.59E-14	6.78E+01	6.88E+46	1.35E+45	3.98E-15	1.58E-21	1.32E+02	9.2E-164	7.98E-05	3.6E-13	1.6E-28	0
	Std.	3.98E-14	6.50E+00	1.22E+47	4.55E+45	4.22E-15	8.34E-21	2.90E+01	0	1.14E-04	3.25E-13	8.38E-28	0
F3	Avg.	2.27E-05	2.78E+05	7.77E+05	4.15E+05	2.39E+05	6.42E-14	1.14E+05	0	8.66E-03	1.62E-05	3.97E-27	0
	Std.	9.39E-05	3.38E+04	7.49E+04	9.20E+04	5.79E+04	3.46E-13	3.09E+04	0	1.0E-02	4.78E-05	1.29E-26	0
F4	Avg.	3.73E-16	6.50E+01	9.62E+01	9.41E+01	1.03E-02	3.52E-23	3.70E+01	5.6E-162	6.37E-03	1.82E-09	5.47E-30	0
	Std.	1.62E-15	2.22E+00	4.26E-14	4.08E+00	3.23E-02	1.5E-22	3.63E+00	2E-161	7.88E-03	3.7E-09	1.52E-29	0
F5	Avg.	1.08E-01	1.89E+07	1.18E+09	9.92E+08	9.83E+01	4.36E-03	1.24E+07	9.89E+01	4.12E+01	9.85E+01	7.22E-01	3.81E-03
	Std.	2.41E-03	2.79E+06	2.38E-07	1.96E+08	6.75E-02	5.76E-03	5.75E+06	3.10E-02	3.73E+01	2.42E-01	1.24E+00	8.48E-03
F6	Avg.	4E-06	2.05E+04	2.03E+05	9.51E+04	7.70E+00	7.88E-05	2.09E+04	2.37E+01	1.80E+00	1.73E+01	0.11E+00	1.58E-04
	Std.	5.23E-06	2.30E+03	5.82E-11	2.82E+04	1.49E+00	1.07E-04	5.12E+03	6.68E-01	0.95E+00	0.75E+00	0.17E+00	0.000338
F7	Avg.	1.43E-03	2.57E+01	2.57E+01	1.80E+03	3.94E-03	5.21E-04	2.36E+01	3.2E-04	3.57E-03	1.83E-03	8.42E-04	4.07E-04
	Std.	2.01E-03	6.09E+00	3.0E-01	1.74E+02	3.38E-03	4.8E-04	9.31E+011	2.42E-04	3.38E-03	1.13E-03	6.38E-04	3.74E-04
F8	Avg.	-1.13E+04	-1.19E+04	-5.43E+03	-4.45E+03	-8.62E+03	-1.17E+04	-8.03E+03	-5.85E+03	-7.19E+03	-5.81E+03	-1.20E+04	-1.25E+04
	Std.	1.40E+03	1.58E+02	3.86E+02	5.81E+02	5.61E+02	1.56E+03	5.77E+02	1.13E+02	3.35E+02	5.36E+02	6.46E+02	7.70E+01
F9	Avg.	0	2.80E+01	4.03E+02	3.81E+02	4.33E+00	0	9.91E+01	0	6.3E-09	0	0	0
	Std.	0	3.61E+00	2.83E+01	4.64E+01	2.33E+01	0	2.45E+01	0	1.5E-08	0	0	0
F10	Avg.	9.18E-16	5.65E+022	1.99E+01	1.99E+01	7.32E-13	4.44E-16	5.86E+00	4.44E-16	1.18E-05	2.07E-14	4.44E-16	4.44E-16
	Std.	1.21E-15	4.16E-01	1.95E-02	1.54E-03	8.37E-13	0	1.28E+00	0	1.56E-05	1.16E-14	0	0

续表

Fun		SSA	GA	DE	PSO	GWO	HHO	MPA	SCSO	ARO	HBA	AVOA	RLSIOA
F11	Avg.	0	3.71E+00	5.38E+02	1.56E+02	0	0	1.93E+00	0	3.98E-08	6.58E-04	0	0
	Std.	0	1.20E+00	1.34E+01	7.92E+01	0	0	4.22E-01	0	1.18E-07	3.54E-03	0	0
F12	Avg.	1.17E-03	4.40E+00	5.3E+08	1.56E+08	9.46E-02	1.33E-03	1.02E+01	6.80E-01	2.08E-02	1.93E-01	3.85E-04	6.49E-04
	Std.	8.47E-04	1.53E+00	3.61E+07	1.46E+08	4.37E-02	7.68E-04	4.24E+00	1.46E-01	9.83E-03	9.72E-02	1.18E-03	3.21E-04
F13	Avg.	1.23E-06	1.02E+01	2.06E+03	1.19E+03	9.41E-01	1.10E-03	2.32E+01	2.79E+00	1.21E-01	2.00E-00	4.8E-04	1.18E-05
	Std.	2.85E-06	3.56E+00	1.89E+02	5.08E+02	2.73E-01	3.94E-03	1.38E+01	1.66E-03	8.77E-02	2.39E-01	2.19E-03	1.85E-05
F14	Avg.	8.98E+00	1.89E+00	9.98E-01	2.96E+00	6.11E+00	1.98E+00	1.16E+00	1.26E+01	9.98E-01	1.38E+00	1.59E+00	1.06E+00
	Std.	4.91E+00	1.39E+00	2.65E-14	3.05E+00	4.29E+00	1.24E+00	6.30E-01	2.49E-10	3.49E-06	1.77E+00	1.33E+00	3.56E-01
F15	Avg.	3.56E-04	2.49E-03	9.37E-04	5.66E-03	8.39E-04	4.84E-04	3.07E-04	7.77E-04	6.73E-04	3.59E-04	6.14E-04	4.28E-04
	Std.	1.26E-06	2.22E-03	3.44E-04	3.27E-03	3.34E-04	1.73E-04	9.55E-11	2.63E-05	2.27E-04	7.94E-05	1.06E-04	1.82E-04
F16	Avg.	-1.03E+00	-1.01E+00	-1.03E+00	-1.02E+00	-1.03E+00	-1.03E+00	-1.03E+00	-3.02E-01	-1.03E+00	-1.03E+00	-1.03E+00	-1.03E+00
	Std.	4.17E-16	2.73E-02	4.24E-10	1.06E-02	4.58E-06	2.43E-11	1.17E-12	1.36E-01	3.15E-08	2.78E-16	1.1E-11	4.62E-16
F17	Avg.	3	3.13E+00	3	3.10E+00	3.01E+00	3	3	3.67E+00	3	3	3.01E+00	3
	Std.	2.99E-15	1.17E-01	4.49E-12	3.73E-01	5.56E-04	1.08E-14	1.36E-10	9.48E-02	2.61E-08	3.27E-15	8.44E-05	3.39E-15
F18	Avg.	-1.02E+01	-6.63E+00	-9.17E+00	-5.31E+00	-8.06E+00	-6.41E+00	-5.03E+00	-5.10E+00	-6.92E+00	-8.82E+00	-1.01E+01	-1.01E+01
	Std.	4.02E-04	2.70E+00	1.28E+00	2.33E+00	2.21E+00	2.25E+00	1.63E+00	9.26E-06	1.99E+00	2.48E+00	7.08E-07	1.22E-07
F19	Avg.	-1.04E+01	-9.18E+00	-9.79E+00	-9.97E+00	-9.98E+00	-9.16E+00	-1.04E+01	-1.04E+01	-1.02E+01	-9.78E+00	-1.04E+01	-1.04E+01
	Std.	3.86E-05	9.09E-01	1.12E+00	1.34E+00	5.78E-01	2.24E+00	5.55E-07	7.08E-06	8.88E-01	1.87E+00	5.26E-06	4.85E-06
F20	Avg.	-1.04E+01	-3.47E+00	-9.43E+00	-3.64E+00	-3.92E+00	-5.25E+00	-2.57E+00	-1.67E+00	-1.00E+01	-7.80E+00	-1.05E+01	-1.05E+01
	Std.	9.98E-04	2.12E+00	1.18E+00	3.36E+00	2.00E+00	1.65E+00	1.79E+00	1.44E-06	1.19E+00	2.89E+00	2.21E-07	3.45E-05

8.4.3　任务调度实验的结果与分析

为了验证 RLSIOA 在计算任务动态卸载方案中的求解效率,本章通过与未引入 BC 的 RLSIOA 进行对比,在第 5、10、15、20 和 25 次决策时评估了两种方法的收敛速度。实验结果如图 8.5 所示。从图中可以观察到,在第 5 次决策时,两种方法的平均迭代次数都超过 30 次才能达到收敛。然而,随着决策次数的增加,RLSIOA 在第 25 次决策时的平均迭代次数仅需约 5 次,而未引入 BC 的 RLSIOA 仍然需要超过 30 次的平均迭代次数才能达到收敛。这表明,随着决策次数的增加,RLSIOA 产生的最优决策数量逐渐增多,从而使得 BC 能够学习到足够的专家数据,生成高质量的初始解。最终,这些优质的初始解使得 RLSIOA 能够更快地找到最优解,加速了收敛过程。

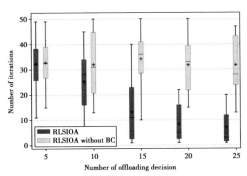

图 8.5　与未加入 BC 的 RLSIOA 的收敛速度对比

随后,本章将 RLSIOA 与经典的优化算法 HHO 与 SCSO 在收敛速度上进行了对比,结果如图 8.6 所示。从图中可以看出,随着决策次数的增加,RLSIOA 的收敛速度明显快于其他方法。

为了验证所提任务卸载方案的有效性,本章对比了 full-local 方案和 full-offloading 方案在多次决策后的总收益,实验结果如图 8.7 所示。从图中可以看出,由于终端设备需要处理所有任务,full-local 方案消耗了大量的能量。在多次迭代决策后,终端设备的能量耗尽,无法继续参与挖矿活动。相反,full-offloading 方案会产生巨大的开销,因为所有的任务都被转移到服务器上进行计算。相比之下,所提优化方案通过动态调整子任务卸载比例,给出了一种有效的解决方案。这种调整确保了收益最大化,同时保持本地计算和卸载之间的平衡。所提方案的性能优于完全本地计算和完全卸载方法,突出了其获得最优收益的优越性。

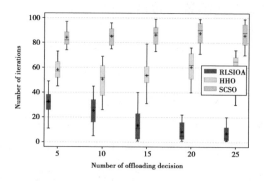

图 8.6　与其他算法的收敛速度对比

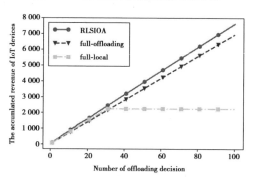

图 8.7　与全卸载方案以及全本地计算方案对比

　　为了验证所提出的方案在大规模 IoT 物联网系统中的适用性,本章将 IoT 终端设备数量增至 50 个,边缘服务器数量增至 20 个,并再次与 full-local 方案和 full-offloading 方案在大规模 IoT 物联网系统中进行多次决策后的总收益加以比较。实验结果如图 8.8 所示。从图中可以观察到,本章所提出的方案仍然明显优于 full-local 方案和 full-offloading 方案,并且相对于小规模的 IoT 物联网系统,本章所提出的方案与 full-local 方案和 full-offloading 方案在总收益上的差异更加明显,同时三种方案的总收益都明显降低。这说明,在大规模 IoT 物联网系统中,由于参与挖矿的终端设备数量增加,矿工之间的竞争程度升高,每个矿工获得区块奖励的概率降低。这进一步导致挖矿成本的增加,因为矿工需要投入更多的计算资源和能源来保持竞争力。总的来说,在大规模 IoT 物联网系统中,本章所提出的优化卸载方案相比 full-local 方案和 full-offloading 方案具有更好的效果。

　　为了验证所提出的方案在不同系统性能下的稳定性,本章运用所提出的方案在不同本地资源的系统下进行了对比,结果如图 8.9 所示。从图中可以看出,在不同本地资源的情况下,矿工在经过 100 次决策后的总收益非常接近,这说明本章所提出的卸载方案具有良好的稳定性,在本地资源缺乏时,仍能使得矿工产生较大的收益。

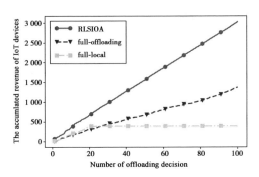

图 8.8　大规模网络下的方案对比

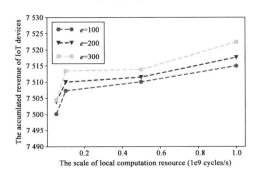

图 8.9　本地计算资源以及能量对收益的影响

　　为了证明本章提出的 RLSIOA 方法在任务卸载方案中的有效性,我们首先将其与上文中的 SIOAs 及深度强化学习方法 DDPG[31] 和 SAC[32] 在单个挖矿时间内的矿工期望总收益进行了比较,结果如图 8.10 所示。从图中可以看出,RLSIOA 方法在单次挖矿周期内所产生的矿工总收益明显高于其他方法,说明 RLSIOA 在求解任务卸载方案上具有较好的适用性。

　　随后,本章对比了 100 次决策后的矿工累积总收益,实验结果如图 8.11 所示。从图中可以观察到,经过 100 轮决策后,RLSIOA 方法所产生的总收益明显高于其他方法。这表明,本章提出的 RLSIOA 方法在求解计算任务动态卸载方案时能够生成更优的计算任务卸载决策,从而提高整个 IoT 物联网区块链系统中矿工的收益。

　　为了验证 RLSIOA 在大规模 IoT 物联网系统中的适用性,本章再次将 RLSIOA 与其他方法在多次决策后的矿工总收益进行比较。结果如图 8.12 所示。从图中可以明显观察到,相较于小规模系统,所有方法下的矿工总收益都明显降低,这同样是大规模系统的复杂性和资源竞争导致的。然而,即使在这样具有挑战性的大规模IoT物联网系统中,RLSIOA 的总收益仍然显著高于其他方法。这表明 RLSIOA 在面对大量任务和资源时,仍能有效地进行任务卸载决策,使得系统中的矿工获得更优的收益。

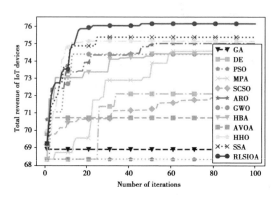

图 8.10　单次挖矿下的收益对比

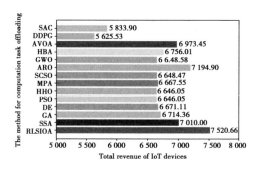

图 8.11　一段时间内的挖矿收益对比

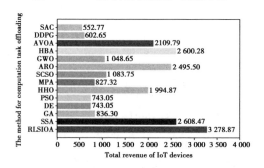

图 8.12　大规模网络下的一段时间内挖矿收益对比

最后,为了验证 RLSIOA 在不同子任务数量下的有效性,本章将子任务数量分别设置为 5 和 20,并与其他方法再次进行对比。结果如图 8.13 和图 8.14 所示。从图中可以明显观察到,当 $K = 5$ 时,所有方法下的矿工总收益均显著增加。这说明,当子任务数量减少时,卸载决策的维度也随之减少,更容易找到最优的卸载决策。而当 $K = 20$ 时,所有方法下的矿工总收益则普遍减少。这说明当子任务数量增多时,卸载决策的维度也会增加,使得更难找到最优的卸载决策。值得注意的是,不论子任务增加还是减少,RLSIOA 的总收益都显著高于其他方法,充分说明了 RLSIOA 在任务卸载方案中的卓越有效性。

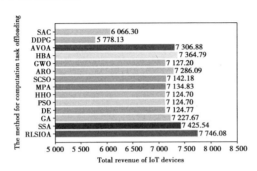

图 8.13　子任务数量为 5 时的挖矿收益对比

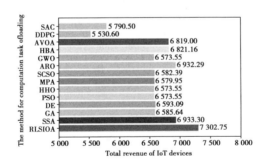

图 8.14　子任务数量为 20 时的挖矿收益对比

本章小结

本章提出了一种基于 PoW 共识的区块链系统挖矿任务动态卸载方案,该方案综合考虑了 IoT 终端参与挖矿的能耗开销、卸载到边缘服务器的计算时延和传播时延、IoT 终端的可用算力以及边缘服务提供商和云服务提供商的定价策略等因素。通过合理调整子任务的卸载比例和从边缘云服务器租用的计算资源规模,从而最大化 IoT 终端节点的总收益。在求解方法上,本章基于 RL 与 SIOAs 提出了 RLSIOA, 融合了模仿学习以及多智能体强化学习思想,显著提高了搜索效率以及求解质量。 实验结果表明,RLSIOA 在决策解的质量和时间开销方面都优于现有方法,更适合于 实际场景。在未来,我们将继续研究由 RL 使能的 SIOAs 在边缘计算中的动态资源 分配。

参考文献

[1] KHANAM S, AHMEDY I B, Idris M Y I, et al. A survey of security challenges, attacks taxonomy and advanced countermeasures in the internet of things [J]. IEEE access, 2020, 8: 219709-219743.

[2] HASSIJA V, CHAMOLA V, SAXENA V, et al. A survey on IoT security: Application areas, security threats, and solution architectures[J]. IEEE Access, 2019, 7: 82721-82743.

[3] ALABA F A, OTHMAN M, HASHEM I A T, et al. Internet of Things security: A survey[J]. Journal of Network and Computer Applications, 2017, 88: 10-28.

[4] DORRI A, KANHERE S S, JURDAK R, et al. Blockchain for IoT security and privacy: The case study of a smart home [C]//2017 IEEE International Conference on Pervasive Computing and Communications Workshops (PerCom Workshops). Kona, HI, USA. IEEE, 2017: 618-623.

[5] KHAN M A, SALAH K. IoT security: Review, blockchain solutions, and open challenges[J]. Future Generation Computer Systems, 2018, 82: 395-411.

[6] LI T, WANG H Q, HE D B, et al. Blockchain-based privacy-preserving and rewarding private data sharing for IoT[J]. IEEE Internet of Things Journal, 2022, 9(16): 15138-15149.

[7] NAKAMOTO S. Bitcoin: A peer-to-peer electronic cash system[J]. Consulted: 2008,4(2):15.

[8] ALSAMHI S H, SHVETSOV A V, SHVETSOVA S V, et al. Blockchain-empowered security and energy efficiency of drone swarm consensus for environment exploration[J]. IEEE Transactions on Green Communications and Networking, 2023, 7(1): 328-338.

[9] HUANG S J, HUANG H, GAO G J, et al. Edge resource pricing and scheduling for blockchain: A Stackelberg game approach [J]. IEEE Transactions on Services Computing, 2023, 16(2): 1093-1106.

[10] AL MAMUN A, AZAM S, GRITTI C. Blockchain-based electronic health records management: A comprehensive review and future research direction[J]. IEEE Access, 2022, 10: 5768-5789.

［11］ XIONG Z H, ZHANG Y, NIYATO D, et al. When mobile blockchain meets edge computing［J］. IEEE Communications Magazine, 2018, 56(8): 33-39.

［12］ QIU C, YAO H P, JIANG C X, et al. Cloud computing assisted blockchain-enabled Internet of Things［J］. IEEE Transactions on Cloud Computing, 2022, 10(1): 247-257.

［13］ WAN Y T, ZHONG Y F, MA A L, et al. An accurate UAV 3-D path planning method for disaster emergency response based on an improved multiobjective swarm intelligence algorithm［J］. IEEE Transactions on Cybernetics, 2023, 53(4): 2658-2671.

［14］ ZHOU J L, SHEN Y F, LI L Y, et al. Swarm intelligence-based task scheduling for enhancing security for IoT devices［J］. IEEE Transactions on Computer-Aided Design of Integrated Circuits and Systems, 2023, 42(6): 1756-1769.

［15］ HUANG J W, WAN J Y, LV B F, et al. Joint computation offloading and resource allocation for edge-cloud collaboration in Internet of vehicles via deep reinforcement learning［J］. IEEE Systems Journal, 2023, 17(2): 2500-2511.

［16］ LIU D, DOU L Q, ZHANG R L, et al. Multi-agent reinforcement learning-based coordinated dynamic task allocation for heterogenous UAVs［J］. IEEE Transactions on Vehicular Technology, 2023, 72(4): 4372-4383.

［17］ SYED U, BOWLING M, SCHAPIRE R E. Apprenticeship learning using linear programming ［C］//Proceedings of the 25th International Conference on Machine Learning-ICML '08. Helsinki, Finland. ACM, 2008: 1032-1039.

［18］ Nair V, Hinton G E. Rectified linear units improve restricted boltzmann machines ［C］// Proceedings of the 27th international conference on machine learning (ICML-10). 2010: 807-814.

［19］ KINGMA D P, BA J, HAMMAD M M. Adam: A method for stochastic optimization［EB/OL］. 2014: 1412.6980. https://arxiv.org/abs/1412.6980v9.

［20］ SAMPSON J R. Adaptation in natural and artificial systems (john H. Holland)［J］. SIAM Review, 1976, 18(3): 529-530.

［21］ WHITLEY D. A genetic algorithm tutorial［J］. Statistics and Computing, 1994, 4(2): 65-85.

［22］ MOHAMED A W, HADI A A, JAMBI K M. Novel mutation strategy for enhancing SHADE and LSHADE algorithms for global numerical optimization［J］. Swarm and Evolutionary Computation, 2019, 50: 100455.

［23］ KENNEDY J, EBERHART R. Particle swarm optimization ［C］//Proceedings of ICNN '95-International Conference on Neural Networks. Perth, WA, Australia. IEEE, 1995: 1942-1948.

[24] Mirjalili S, Mirjalili S M, Lewis A. Grey wolf optimizer[J]. Advances in engineering software, 2014, 69: 46-61.

[25] HEIDARI A A, MIRJALILI S, FARIS H, et al. Harris Hawks optimization: Algorithm and applications[J]. Future Generation Computer Systems, 2019, 97: 849-872.

[26] FARAMARZI A, HEIDARINEJAD M, MIRJALILI S, et al. Marine predators algorithm: A nature-inspired metaheuristic[J]. Expert Systems with Applications, 2020, 152: 113377.

[27] SEYYEDABBASI A, KIANI F. Sand Cat swarm optimization: A nature-inspired algorithm to solve global optimization problems[J]. Engineering with Computers, 2023, 39(4): 2627-2651.

[28] WANG L Y, CAO Q J, ZHANG Z X, et al. Artificial rabbits optimization: A new bio-inspired meta-heuristic algorithm for solving engineering optimization problems [J]. Engineering Applications of Artificial Intelligence, 2022, 114: 105082.

[29] HASHIM F A, HOUSSEIN E H, HUSSAIN K, et al. Honey Badger Algorithm: New metaheuristic algorithm for solving optimization problems [J]. Mathematics and Computers in Simulation, 2022, 192: 84-110.

[30] ABDOLLAHZADEH B, GHAREHCHOPOGH F S, MIRJALILI S. African vultures optimization algorithm: A new nature-inspired metaheuristic algorithm for global optimization problems[J]. Computers & Industrial Engineering, 2021, 158: 107408.

[31] Silver D, Lever G, Heess N, et al. Deterministic policy gradient algorithms[C]//International conference on machine learning. Pmlr, 2014: 387-395.

[32] HAARNOJA T, ZHOU A, ABBEEL P, et al. Soft actor-critic: Off-policy maximum entropy deep reinforcement learning with a stochastic actor[C]//International conference on machine learning, 2018:1861-1870.

[33] XUE J K, SHEN B. A novel swarm intelligence optimization approach: Sparrow search algorithm [J]. Systems Science & Control Engineering, 2020, 8(1): 22-34.

第9章 边缘计算中面向数据及时性的多作业联邦学习调度

9.1 背景介绍

随着信息技术的发展以及智能硬件在计算能力和存储能力方面的增强,大量的可穿戴式设备、智能手机、无人机、摄像头等移动终端接入互联网,并依托已有的网络资源,实现设备之间的通信与交互,尤其是城市网络覆盖面积日益扩大,更多的移动终端可通过互联网进行资源的获取与数据的交互,真正实现"万物互联,万物联网",这是一个规模庞大、结构复杂的互联网环境,其有效地支撑起交通行业、家居装饰、金融领域、工业制造等向智能化方向转型,并促使智慧城市设施和模式的应用落地。特别地,5G 通信乃至 6G 通信的不断研究与技术落地,其所具有的增强移动带宽(enhanced Mobile Broad Band, eMBB)、大规模机器类通信(massive Machine Type Communications, mMTC)和超高可靠低延迟通信(ultra-Reliable Low Latency Communications, uRLLC)特点,极大地加速了物联网[1](Internet-of-Things, IoT)以及边缘计算[2,3](Edge Computing, EC)在智慧城市中的部署和应用,推进了智慧城市的建设,如增强现实(Augmented Reality, AR)和虚拟现实(Virtual Reality, VR)。为优化智慧城市对用户所提供的服务质量,特别是服务的响应时间,越来越多的应用服务被部署在靠近用户的网络边缘,以解决传统 IT 服务因云计算模式而导致的连接不稳定和高时延问题,这是目前的应用和发展趋势。不仅如此,2030 年全球物联网设备总数将突破 1 250 亿[4],其中到 2025 年全球由边缘计算所赋能的众多边缘设备,将所产生高达 175 ZB 的数据规模[5]。通过在城域互联网中加入或部署大量智能终端设备,构造出丰富的应用场景以及生产出对应的多元化数据,为智慧城市建设所需的人工智能技术(Artificial Intelligence, AI)和网络智能化技术[6,7]带来了新的发展机遇。

AI 领域的核心技术有机器学习技术(Machine Learning, ML)和深度学习技术(Deep Learning, DL),通过建立合适的数学模型及结构,可实现辅助决策、数据预测和人像识别等功能。传统的 AI 方法需将多个用户的数据提前收集至数据中心,以对数据做统一的预处理和集中分析,数据中心通常为具有高计算性能的服务器集群,而传统方法作为一种集中式架构,其所训练的数据不仅具有零散且异构的特征,而且随着用户设备的增加,网络边界比较模糊,用户数据面临着严重的数据泄露问题。与之相对的是,用户数据若无法共享至服务中心而仅保留在本地,则可能因自身较小的数据规模而无法训练出高质量的 AI 模型,同时也将导致数据孤岛[8]进而抑制 AI 的性能。数据作为 AI 提升性能的重要资源,数据的规模大小和数据特征的丰富度,在很大程度上将决定 AI 的表现是否出色,但出于隐私安全的考虑,数据安全成为各用户所关注的焦点。特别是随着智能手机、家居传感器等设备的在智慧城市的整个处理流程中使用频率逐渐增多,移动终端将产生大量涉及金钱、隐私的数据信息,如 GPS 定位数据、人脸图像数据、视频数据等,加之近年出现的多起隐私泄露事件,引发公众对数据保护的重视,例如 Twitter 被黑客窃取了超 500 万用户的电子邮件地址和电话号码。随之,各国和各机构实施强有力措施对个人信息、企业数据、国家数据进行保护和限制[9]。学术界以及工业领域也在不断探索可信安全的 AI 方法,以缓解隐私保护和 AI 对数据需求之间的矛盾。联邦学习[10](Federated Learning, FL)的提出则在一定程度上缓解了上述矛盾,FL 是一种分布式机器学习范式,参与 FL 的各用户之间无需共享本地的原始数据,仅共享本地的模型参数或梯度信息,即可由服务器聚合得到一个全局模型,FL 的结构以及执行流程可简化为如图 9.1 所示的"云-端"架构,这在一定程度上克服了集中学习的应用模式制约[11],以"数据不动,模型移动"[12]的方式既保护了用户的数据隐私,又打破了数据孤岛对 AI 的制约。

智慧城市建设在"智能辅助决策,隐私安全保护"方面面临着较大的挑战,特别是多方出于监管风险所导致的数据孤岛问题,严重干预了智慧城市的发展,而联邦学习作为一种面向隐私保护的分布式机器学习技术,在数据隐私和集成异构数据方面有着突出的优势。联邦学习在实际的边缘智能网络中,通常设定设备之间静态采用同步或异步聚合方法,一方面这将导致模型的训练效率极易受到网络状态的影响,另一方面复杂的区域和工作单位所属关系导致数据集之间存在一定的同构关系,已有的相关工作未充分考虑到其对联邦学习最终性能的影响。同时在边缘网络

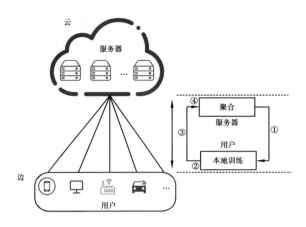

图 9.1　FL 结构以及执行流程

环境中,任务的执行和设备(用户)的参与是复杂多变的,以模型的训练效率和准确率为目标,充分提升设备的利用效率,对于实际多方协作场景而言,同样显得至关重要。本章针对上述问题进行相应的研究,具体的研究内容及创新之处如下。

(1)提出一种基于实际区域关联关系的分层联邦学习模型 H-FL,层次中各节点被模拟为智慧城市中相关的参与实体,一方面继承已有层次化联邦学习[13]方法在通信开销和服务时延等方面的优势,另一方面将传统的层次化联邦学习模型进一步泛化并推广至多层,除位于服务中心的顶层节点(Central Parameter Server, CPS)和层次模型最底层节点(client)外,其余各层的节点统称为区域参数服务器(Regional Parameter Server, RPS),RPS 同时具备两重身份,分别作为边缘服务器和参与训练的客户端,即 RPS 作为上层节点不仅完成边缘模型的聚合同时还需要结合本地数据完成本地模型的训练更新,而 CPS 即作为全局模型的拥有者和全局协调者,完成全局模型的聚合,client 仅完成本地模型参数计算。进一步基于动态变化的边缘网络,在层次模型中提出一种自适应方法,以应对网络质量的变化而调整为合适的聚合策略,提升模型整体的训练效率和收敛速度。最终基于非凸优化目标函数,对 H-FL 完成收敛性的理论分析。

(2)针对智慧城市中的智慧水务应用场景在资源分配和输水管网管理方面所应对的挑战,为提升模型预测的精度以及减少传统中心化模型在数据收集方面存在的隐私安全风险和通信开销,本章将 H-FL 模型应用至智慧水务问题中,同时因各级水厂之间通过供水管网建立着数据方面固有的区域关联关系,因此符合 H-FL 的数据应用场景。

(3)联邦学习通常仅选择一小部分设备参与至具体轮次的训练过程中,大部分设备在此过程中处于闲置状态,且在复杂的边缘智能网络中,多个互不相同的作业往往需同时得到执行,而作业的执行效率受限于对设备的使用效率,因此本章提出面向多个独立联邦作业并行执行的训练方法 IMWFL,多个作业用于模型训练的客户端集合之间具有一定的交集,即同一客户端在整个训练生命周期中,将有机会参与到多项联邦作业的训练过程中。具体而言,基于客户端的时间敏感度和参与对应作业的积极性来考虑客户端调度至对应任务的优先级,以此设计一个多作业价值优化模型,并使用一种多智能体强化学习算法完成设备的调度,IMWFL 的优化目标则为最大化该全局价值函数。各个联邦任务采取合作共赢的方式,使得联邦多作业系统取得整体的最优调度结果。

9.2 系统模型及问题描述

9.2.1 系统模型描述

本章的系统框架中仅包含有一个中央参数服务器和多个客户端。同时聚焦实际边缘智能网络环境中,客户端(如智能手机)往往会涉及多个应用程序所对应的多个任务训练(如键盘输入预测、人脸识别等),因此单个客户端又可根据所需执行的任务数量,进一步抽象为多个执行子进程,每个子进程根据对应任务的数据集,完成相应的任务训练,如图 9.2 所示的多作业联邦学习框架,参数服务器具体可根据所需处理的作业数量,抽象为多个具有独立计算和调度能力的 AP(Access Point)接口。

假设图 9.2 所示的框架中,拥有的客户端集合 $C = \{C_1, C_2, \cdots, C_N\}$,其中 $N \triangleq |C|$ 为客户端的总数量,所有的客户端构成候选的边缘设备池。所需执行的作业集为多个独立且不存在任意模型以及数据交集的作业(Multi Independent Task,MIT),与传统的多任务学习差异如图 9.3 所示,多任务学习(Multi Task Learning,MTL)的成功在于不同任务之间可以互相吸收彼此的有用信息以得到更具鲁棒性的模型,其面向的是具有相关性的多个任务,而本章所考虑的多作业之间不存在任何的数据和模型相关性,多作业之间仅部分共用客户端用于模型的训练。作业集合可

表示为 $J = \{J_1, J_2, \cdots, J_J\}$，其数量记为 $J \triangleq |J|$。作业的类型可以是文本类应用、图像数据类应用等。每个客户端 C_n 拥有的数据集个数为 J_n，即该客户端可以参与到 J_n 个作业的模型训练中，其中 $0 < J_n \leq J$，所有客户端的数据集拥有个数可被描述为式（9.1）所示的问题：

$$\frac{1}{N} \sum_{n=1}^{n} J_n \leq J \tag{9.1}$$

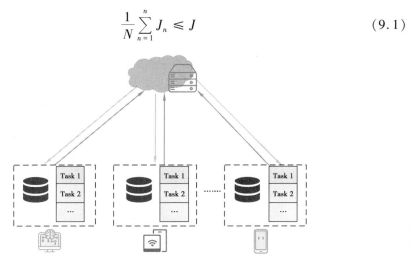

图 9.2　C/S 架构在多作业系统中的联邦学习应用框架

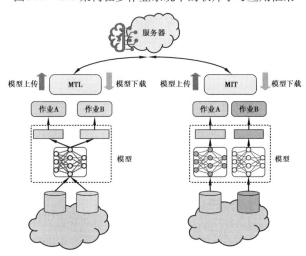

图 9.3　MIT 与传统多任务学习的差异

同时为减少边缘设备的计算负担和能源损耗，每个客户端在同一训练轮次中最多参与一项作业的训练，而在任一轮次中所有作业均需得到相应数量的客户端得到运行，进一步对客户端的调度和多作业的执行情况加以约束和说明，如式（9.2）所示：

$$\sum_{j=1}^{J} S_{n,r}^{j} \in \{0,1\}$$

$$1 \leq \sum_{n=1}^{N} S_{n,r}^{j} \leq N - J + 1 \tag{9.2}$$

其中,$S_{n,r}^{j}$ 表示索引为 n 的客户端在第 r 轮中是否参与作业 j 的执行。

抽象出的 AP 拥有可参与其对应作业的客户端设备列表,且在运行过程中,客户端与作业之间的对应关系不会发生变化,各作业独立地从候选边缘客户端中调度 $S_{n,r}^{j}=0$ 的客户端,参与其执行过程,客户端作为具体联邦作业的参与者与原始数据的拥有者,结合本地数据迭代训练本地模型并完成模型参数的更新与上传。

9.2.2 优化模型的建立

若客户端 C_n 拥有第 j 个作业所对应的数据集,则该数据集表示为 $D_j^n = \{\boldsymbol{X}_j, \boldsymbol{Y}_j\}$,$\boldsymbol{X}_j, \boldsymbol{Y}_j$ 分别为输入数据向量和输出标签向量,该数据样本的数据规模为 $J_j^n \triangleq |D_j^n|$。否则 $D_j^n = \varnothing, J_j^n = 0$,表示客户端 C_n 中不存在该作业的数据集,即不会被调度参与至索引为 j 的作业训练过程中。作业 j 的整体数据集表示为 $D_j = U_{n \in N} D_j^n$,对应的数据大小为 $D_j \triangleq |D_j|$。基于同步联邦学习方法,多作业系统的全局损失函数 L 表示为:

$$L = \sum_{j=1}^{J} \lambda_j L_j$$

$$L_j = \frac{1}{J_j} \sum_{n=1}^{N} S_n^j J_j^n F_j^n(\widetilde{w}) = \frac{1}{J_j} \sum_{n=1}^{N} S_n^j J_j^n \sum_{x \in X, y \in Y} f_j^n(x, y, \widetilde{w}) \tag{9.3}$$

其中 L_j 表示作业 j 所对应的全局损失函数,λ_j 表示对应作业的权重值。$F_j^n(\widetilde{w})$ 表示客户端 C_n 对应作业 j 的相关数据而计算得到的损失值,$f_j^n(x, y, \widetilde{w})$ 表示基于输入输出数据对 (x, y),采用梯度下降算法得到的损失值。则多作业系统的整体优化目标则为:

$$\min L = \sum_{j=1}^{J} \lambda_j L_j \tag{9.4}$$

MIT 的处理过程如图 9.4 所示,整个过程由 7 个核心步骤组成,首先服务器基于整个多作业系统的状态(如设备的空闲程度等),由多个虚拟 AP 调度最优设备参与对应的联邦作业当中,并将对应作业的全局模型传输至所调度的设备中,完成步骤①。被调度的设备接收全局模型即开始基于本地数据完成本地模型的若干次迭代训练,随后将对应的设备信息和模型参数上传至服务器,即对应图9.4中的步骤②—④,这与经典的联邦学习执行过程相同。AP 端接收到来自客户端侧的信息后将进一步处理此类信息,一方面,步骤⑤需记录客户端的相关性能参数,便于步骤⑥计算客户端的被调度优先级,用于下一回合相应作业的设备调度;另一方面,步骤⑦需采用同步聚合方法得到对应作业的全局模型信息。以循环上述的操作过程,直至达到指定的训练轮数或者模型收敛。

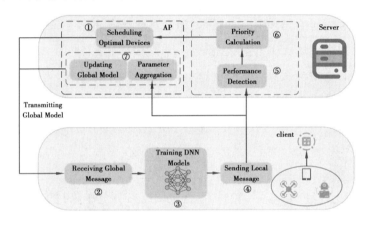

图9.4 MIT 的处理过程

通过优化处于边缘网络中的设备调度问题,在保证模型达到较高精度的同时,减少训练所需的时间和资源消耗,这在动态变化的边缘智能网络环境下显得尤为重要。同时在多作业学习中,依据客户端所代表的边缘设备的状态信息进行合理且高效的设备调度,这将有效提升设备的利用率。本小节首先探索了一个基于数据新鲜度、设备的调度频次以及设备积极性的值函数模型,用于对设备调度策略的评估与优化,该值函数由设备的时间敏感度(Age Sensitivity of Device,ASD)和设备的工作积极性(Work Enthusiasm of Device,WED)共同决定。

定义1(Age Sensitivity of Device,ASD) 特别地,$F_{n,r}^{j}$ 表示索引为 n 的客户端在第 r 轮时在作业 j 上表现的时间敏感度,该参数的初始值定义为常数 $F_0(F_0>1)$。假设客户端 n 被 AP 调度以参加相应作业的训练后,即会立刻重新收集终端数据以更新本地数据库中的信息,对应的 $F_{n,r}^{j}$ 将重置为 $(1-\alpha')F_0$,而在第 r 轮未被调度则对应敏感度将会降低,即 AP 将选择 ASD 更大的客户端参与联邦作业,因为此类客户端的数据新鲜度会更高,而更有利于模型的训练[14],每个客户端 n 的 ASD 表示为:

$$F_{n,r+1}^{j} = \begin{cases} F_0, & \text{if } r=0 \\ (1-\alpha') F_0, & \text{if } r=0 \text{ and } U_{u,r}^{j}=1 \\ F_{n,r}^{j}-1, & \text{if } r=0 \text{ and } U_{u,r}^{j}=1 \end{cases} \qquad (9.5)$$

其中 $U_{n,r}^{j}=1$ 表示客户端 n 被调度至作业 j 中,否则 $U_{n,r}^{j}=0$,并且做以下基础假设:①多作业学习模型在初始化阶段,各个客户端所拥有的数据均为最新数据,即 $F_{d,1}^{j}=F_0$;②设备被调度后重新收集并更新终端数据的过程中,通信链路假定处于畅通状态不会发生任何的异常阻塞和重传,但考虑到数据的更新需要一定等待时间,因此被调度后的客户端 ASD 值将会相较于 F_0 减少了 $\alpha' F_0$,同时 ASD 的大小将与实际数据的质量有着对应关系,即 ASD 越小数据质量越差。同时为避免 ASD 具有优势的客户端一直被优先调用,而造成小部分客户端未有机会参与,本章引入一个修正因子 $X_{n,r}^{j}$ 用于平衡 ASD 与被调度次数过多的问题,具体而言,$X_{n,r}^{j}$ 为:

$$X_{n,r}^{j} = \frac{1}{|D_j|} \sum_{n \in D_j} \left(s_{n,r}^{j} - \frac{1}{|D_j|} \sum_{n \in D_j} s_{n,r}^{j} \right)^2 \qquad (9.6)$$

其中,$s_{n,r}^{j}$ 表示客户端 n 在 r 轮时,累计被调度参与至作业 j 的次数。

将式(9.5)和式(9.6)相结合,最终形式的 ASD 表示为:

$$F_{n,r}^{j} = F_{n,r}^{j} + X_{n,r}^{j} \qquad (9.7)$$

作业 j 的整体时间敏感度为:

$$F_r^{j} = \sum_n F_{n,r}^{j} \qquad (9.8)$$

定义 2(Work Enthusiasm of Device,WED) WED 由客户端参与作业 j 的工作积极性 $\vartheta_{n,r}^{j}$ 度量,其中 $\vartheta_{n,r}^{j}$ 与设备执行对应作业 j 的时间 $t_{n,r}^{j}$ 相关,假设设备的训练时间 $t_{n,r}^{j}$ 满足如下分布:

$$P(t_{n,r}^{j} \leq T_j) = \begin{cases} 1-e^{-\frac{\mu_n}{ID_n}(T_j - Iq_nD_n)}, & T_j \geq Iq_nD_n \\ 0, & \text{otherwise} \end{cases} \qquad (9.9)$$

其中 $\mu_n > 0$ 和 $q_n > 0$ 分别表示客户端 n 的算力波动值和算力的最大值,其均为常数,I 表示客户端的本地模型更新次数。

设备积极性 $\vartheta_{n,r}^{j}$ 则表示为:

$$\vartheta_{n,r}^{j} = 1 - \exp\left[-\frac{\beta_2 (t_{n,r}^{j})^{-2}}{\beta_1 + (t_{n,r}^{j})^{-1}} \right] \qquad (9.10)$$

其中,β_1 和 β_2 为常数,由系统对服务质量的需求决定。设备积极性 $\vartheta_{n,r}^{j}$ 对应的曲线波形如图9.5所示,给出了多组不同数值大小β_1和β_2的曲线对比,随着客户端在作业j所需执行时间的增加,设备参与对应作业的积极性将降低,因为此类工作将占据客户端大量的计算和通信资源。

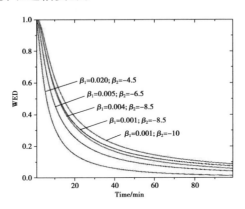

图9.5 工作积极性与所耗时间关系曲线

因此作业j的整体设备积极性表示为:

$$\vartheta_r^j = \sum_n \vartheta_{n,r}^j \tag{9.11}$$

综上,作业j在r轮对应的值函数由 ASJ 和 WED 可表示为:

$$V_r^j = \psi_1 F_r^j + \psi_2 \vartheta_r^j \tag{9.12}$$

其中ψ_1和ψ_2均为常数。

那么,多作业面向实际边缘网络的优化问题可重新被描述为公式(9.13),在任意训练轮次r中,满足限制条件:任一作业j的全局损失值小于等于给定的损失值L_j,且满足公式(9.2)的限制,使得多作业系统的全局值函数V_r值最大。由于多个作业在客户端的调度选择方面存在复杂的重叠关系,即若作业 A 与作业 B 在同一时间可能需要调度同一设备,然而该作业在同一时间仅能响应一个作业。因此一个作业的调度结果将会对其他作业的客户端调度产生一定的潜在影响。这类的调度问题是一类组合优化问题,问题的解空间大小为$O(2^N)$。

$$\max V_r = \sum_j (\psi_1 F_r^j + \psi_2 \vartheta_r^j)$$

$$\text{s. t.} \begin{cases} L_j \leqslant L_j, \forall j \in J \\ \sum_{j=1}^{J} S_{n,r}^j \in \{0,1\} \\ 1 \leqslant \sum_{n=1}^{N} S_{n,r}^j \leqslant N - J + 1 \end{cases} \tag{9.13}$$

9.3 多作业联邦学习调度算法

9.3.1 基于马尔可夫决策的形式化描述

强化学习(Reinforcement Learning, RL)是一种不断从试错过程中学习经验的人工智能算法,其主要包括环境(Environment)和智能体(Agent)两个模块,强化学习重点关注智能体如何在与环境交互的过程中,利用得到的反馈对行为策略 π 做出优化,以采取合理的动作(Action)实现奖励最大化或其他的特定目标。

强化学习流程示意图,如图 9.6 所示。智能体根据当前的环境状态 S_t 采取相应动作 A_t 后,环境的状态信息会转变为 S_{t+1},智能体随之获得相应的奖励 R_{t+1},且 A_t 所得到的奖励越大,则在后续的动作选择时将更有可能选择会带来高奖励所对应的动作,并且可由马尔可夫过程(Markov Process, MP)来描述强化学习状态的转移,如下所示:

$$P(S_{t+1} \mid S_t) = P(S_{t+1} \mid S_1, S_2, \cdots, S_t) \tag{9.14}$$

其中 $P(\cdot \mid \cdot)$ 表示状态的转移概率,式(9.14)说明环境的下一个状态 S_{t+1} 仅与当前状态 S_t 有关。值得注意的是,强化学习中,状态的转移还与智能体当前所采取的动作 A_t 有关,因此,适用于强化学习的状态转移概率表示如式(9.15)所示:

$$P(S_{t+1} \mid S_1, A_1, \cdots, S_t, A_t) = P(S_{t+1} \mid S_t, A_t) \tag{9.15}$$

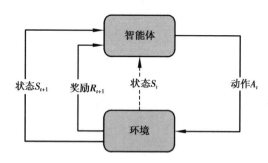

图 9.6 强化学习流程示意图

此外,图 9.6 中的奖励 R_{t+1} 是适用于当下情况的立即奖励,该回报值为立即收益,通常需要引入一个奖励衰减因子 $\gamma \in [0,1]$,平衡未来奖励与立即奖励之间的大小关系,因为智能体必须考虑长期的累计奖励,其表示为:

$$G_t = \sum_{i=0}^{\infty} \gamma^i R_{t+i} \tag{9.16}$$

其中,γ 大小越接近 1 则表示智能体越重视未来奖励,否则更重视当前的立即奖励。进一步可得到状态 S 下的状态值函数 $V(S)$:

$$
\begin{aligned}
V(S) &= E[\,G_t \mid S_t = S\,] \\
&= E[\,R_t + \gamma R_{t+1} + \cdots \mid S_t = S\,] \\
&= E[\,R_t + \gamma G_{t+1} \mid S_t = S\,] \\
&= E[\,R_t \mid S_t = S\,] + \gamma V(S')
\end{aligned}
\tag{9.17}
$$

类似地,将动作 A 以及策略 π 考虑入值函数中,可得到基于策略-状态-动作的值函数 Q:

$$Q_\pi(S, A) = E[\,G_t \mid S_t = S, A_t = A, \pi\,] \tag{9.18}$$

强化学习算法包括 Actor-Critic、Q-Learning、SARSA 等经典算法,此类算法均是模型未知的算法。Actor-Critic 算法由两个网络模型构成,其中 Actor 作为执行者基于概率选择动作,而 Critic 作为评判者给予 Actor 的行为以评价,该算法的训练速度较快。Q-Learning 是一种基于值的强化学习方法,Q 即为式(9.18)中的 $Q_\pi(S, A)$,将环境状态 S 与智能体的动作 A 相联系,建立一张存储 Q_π 的表格,算法的关键是不断得到精准的 Q 值,进而获得最优价值的策略 π。SARSA 是一种在线迭代算法,且以 E-贪婪的方式更新 Q 值,Q-Learning 和 SARSA 算法的迭代更新方法见式(9.19)和式(9.20):

$$Q(S, A) \leftarrow Q(S, A) + \eta[\,R + \gamma \max Q(S', A') - Q(S, A)\,] \tag{9.19}$$

$$Q(S, A) \leftarrow Q(S, A) + \eta[\,R + \gamma Q(S', A') - Q(S, A)\,] \tag{9.20}$$

其中 η 为学习率。

深度强化学习(Deep Reinforcement Learning,DRL)则是将强化学习与深度学习相结合的衍生物,特别是当处理的任务具有大量的状态和动作时,利用深度学习对高维数据的感知能力以提升强化学习在高维度问题上的处理能力,如 AlphaGo[15] 挑战成功人类世界冠军。Deep Q-Networks(DQN)、DDQN 等均为 DRL 经典算法。本小节重点介绍基于值的 Deep Q-Learning Network(DQN)算法,该算法引入了一个记忆库,将学习过程中获得的信息存入记忆库中用于重复学习,将 Q-Learning 中对 Q 值的记录和查询,转换为仅依靠神经网络的预测输出,见式(9.21):

$$Q_\Theta(\boldsymbol{S}, \boldsymbol{A}) \approx Q_\pi(\boldsymbol{S}, \boldsymbol{A}) \tag{9.21}$$

其中 S 和 A 分别是状态和动作的向量形式,Θ 是神经网络,通常称为 Q 网络,通过设置一个结构与 Θ 相同的目标网络 Θ',两者不断优化 TD 损失来训练神经网络。

强化学习尤其是深度强化学习可有效帮助解决较复杂场景中的决策和控制问题,随着待处理问题规模以及复杂程度的增加,无论是以 Q-Learning 为代表的基础强化学习方法,还是以 DQN 为代表的深度强化学习方法,均存在较大的计算开销和时间花费。若从分布式机器学习的设计思路出发会发现,利用集群的方式将提高系统的性能,并可扩展至更复杂问题和更大的数据中。与之对应,多智能体系统利用协作的方式,由多个智能体构成一个集群计算系统,以充分提升系统的效率,并可提升任务规模的可扩展性。多智能体强化学习(Multi-Agent Reinforcement Learning,MARL)在高维空间中同样具有模型收敛速度快、执行效率高等类似的优点。其中,MARL 主流的框架是中心学习去中心控制,即策略的学习是中心化的,然而策略模型的运行是独立控制的。

MARL 主要的工作方式有:

①行为分析:将传统的 Q-Learning 等算法直接应用于 MARL 中的单个智能体中,智能体之间彼此独立执行;

②通信学习:智能体之间将基于局部所观测的信息而决定是否彼此进行显式通信,提升自己的学习能力;

③合作学习:智能体之间的通信是隐式完成的;

④智能体建模:基于多智能体系统中其余智能体的信息和目标建立自身的模型,以在合作或竞争中取得更好的效果。

联邦学习在边缘网络环境下,所控制的节点具有明显的异构性,即设备的计算能力有差异、设备因所处地理位置不同而导致通信能力有差异以及数据规模和分布的差异,此类异构性的存在也使得联邦学习存在较大的优化空间,高效的节点调度算法将直接影响到模型的性能。同时大多数的调度和选择问题均为 NP 完全问题,获得全局最优解比较困难,启发式方法和基于规则的方法在时刻变化的边缘环境中难以适应,而强化学习方法在此类调度问题中表现出较好的泛化性。特别地,智能体在学习的过程中本身可与环境不断交互,以根据相应的环境状态信息采取相应的动作。因此,强化学习方法在联邦学习的节点调度方面有着显著的优势。

9.3.2　基于多智能体强化学习的调度算法

本小节基于前文的问题描述以及系统模型,将提出一种联邦多作业调度算法 IMWFL,用于解决式(9.13)中的问题。其中将每一个独立的联邦学习作业都抽象为单一的智能体。单个作业在某一轮次采取何种客户端调度策略,将通过影响设备在某一时间段内的空闲状态,进而影响其他作业的调度执行,因此式(9.13)的全局最优解需要由多个作业合作求解,即多智能体之间采用协作的方式,提升模型的效率和合作水平,同时作业与客户端之间复杂多变的对应关系使得多作业系统长期处于一种非稳定的环境之中,将本问题建模为去中心化的部分可观测马尔可夫决策模型(Dec-POMDP),并采用强化学习方法近似求解该问题,其中由式(9.14)所示的六元组描述该模型,其中多智能体系统中涉及一个智能体集合 J,各智能体的状态集合表示为 S,多智能体的联合动作集合为 A,智能体的观察集合为 O,多智能体系统的整体奖励为 R,P 为环境的状态转移概率,$P(S'|S,A)$ 表示多智能体在状态 S 下采取联合动作 A 转移状态到 S' 的概率。

$$\langle J,S(S_1 \times S_2 \times \cdots S_J),A(A_1 \times A_2 \times \cdots A_J),O(O_1 \times O_2 \times \cdots O_J),R,P \rangle \quad (9.22)$$

其中,智能体的状态空间 S_j 的设置与智能体所处的大环境相关,即客户端池中各个客户端在第 r 轮的空闲状态 $p_{n,r}$、r 轮累计被调度次数 $s_{n,r}^j$ 和客户端的工作积极性 $\vartheta_{n,r}^j$。

本章探讨的是多个联邦作业在同一候选客户端池中进行设备的调度,但各个联邦作业可供调度的客户端不完全一致,因此,第 i 个智能体与第 j 个智能体的状态空间满足:

$$S_i \approx S_j, 1 \leqslant i \leqslant J, 1 \leqslant j \leqslant J, i \neq j \quad (9.23)$$

IMWFL 借鉴 QMIX[16] 多智能体强化学习算法的设计思路,如图9.7所示的调度器部分,该框架主要由智能体网络(Agent Network)、经验记忆库(Experience Memory)以及混合网络(Mixing Network)三部分构成,各个联邦作业被抽象为多个智能体,分别执行对应的智能体网络,该网络的输入为智能体的观测 $O_{n,r}$ 和上一轮次的动作 $A_{n,r-1}$,输出为智能体的值函数 Q_n,其中 FC 为全连接网络层。因为本章优先考虑多作业系统的整体最优性,即多个智能体的联合奖励值 R(总奖励)最大,而不考虑每个智能体自身的独立奖励值 R_j 是否最大,因此该调度器被设计为"中央训练分布执行"架构,对各个智能体的 Q 值汇聚后得到联合的奖励值 R:

$$R = \sum_j^J c_j R_j \tag{9.24}$$

其中 c_j 表示第 j 个作业对整个多作业系统的贡献度。

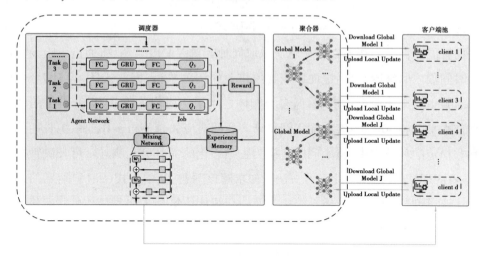

图 9.7　多联邦作业流程图

经验记忆库中存放着每个智能体历史的观测值、动作、状态等记录，随机从中抽取 p 条数据记录用于强化学习模型的训练，以减少基于相邻状态数据而导致的强相关性。混合网络则将全局状态和局部值函数 Q_j 采用非线性方法合并得到联合的全局值函数 Q_{tot} 值，根据多作业系统的目标设定，将 IMWFL 中所涉及的强化学习奖励值 R 设定为与 V_r 相关，即 $R \propto V_r$。同时，为保证全局 Q_{tot} 与各智能体的局部 Q_j 单调性一致，使得由最大局部值函数选取得到的动作也可使全局值函数最大，其中各个智能体本地动作 A_j 的选择则采用贪心策略，通过使局部值函数 Q_j 最大以获得对应的动作，如式(9.25)所示：

$$\arg \max Q_{tot}(R,A) = \begin{pmatrix} \arg \max Q_1(R_1,A_1) \\ \cdots \\ \arg \max Q_J(R_J,A_J) \end{pmatrix} \tag{9.25}$$

进一步，上述单调性转化为约束关系 $\partial Q_{tot}/\partial Q_j \geqslant 0$。

IMWFL 模型以最小化公式(9.25)的损失值为目的，进而迭代更新参数 θ：

$$g = \frac{1}{p} \nabla_\theta \sum_i (R^i + \gamma \overline{Q}_{tot}^i(\theta') - Q_{tot}(\theta))^i \tag{9.26}$$

$$\theta = \theta - \frac{1}{\sqrt{\delta + \tau(g)}} \odot g \tag{9.27}$$

其中,θ' 表示的是目标网络参数,$\overline{Q}_{tot}(\theta)$ 表示目标网络的输出值,$Q_{tot}(\theta)$ 表示待评估网络的输出值,γ 表示折扣因子,由式(9.26)得到梯度值,$\tau(\cdot)$ 则基于梯度计算得到累计平方梯度。IMWFL 的伪代码部分见表 9.1。

表 9.1　IMWFL 调度算法

算法 2　IMWFL 算法

输入:可供调度的候选客户端集合 C,所需并行执行的多作业集合 J,各个客户端对应可参加的任务数 J_n,ASD 初始值 F_0,模型的超参数 ψ_1 和 ψ_2 等.

输出:被调度产生的客户端序列 S_j.

1:　　for round r in $\{1,2,\cdots,T\}$ do

2:　　　　for task j in $J=\{J_1,J_2,\cdots,J_J\}$ 并行 do

3:　　　　　　基于 DQN 的策略网络 Θ 得到客户端调度序列 S_j^r.

4:　　　　　　更新客户端被调度的频次 $s_{n,r}^j$、ASD 和候选客户端集合 C_j.

5:　　　　end for

6:　　　　计算奖励值 R.

7:　　　　更新经验池.

8:　　　　if $r>r'$ then

9:　　　　　　for task j in $J=\{J_1,J_2,\cdots,J_J\}$ 并行 do

10:　　　　　　　经验池中抽取历史信息,以训练对应的网络 Θ.

11:　　　　　　end for

12:　　　　end if

13:　　end for

9.4　实验分析与性能评估

9.4.1　实验场景建立与对比基线算法

实验以计算机视觉为基础类型的任务,在联邦学习模型中分别集成了 CNN、LeNet、VGG 经典的神经网络模型,这三类任务则构成了多联邦作业系统所需并行执行的图像分类任务,即 $J=3$。根据神经网络的层次数和神经元的个数划分,VGG 模型的复杂程度最大,CNN 的复杂程度次之(含五层卷积),LeNet(含三层卷积)的复杂程度最低。三个作业的网络模型结构无任何的共用结构和数据包含关系,属于上文所提及的彼此相互独立作业,以上网络模型的框架基础均为 TensorFlow 2.3.0 GPU。基于三个独立的网络模型,本章选取了三个不一样的公开数据集分别用于上述神经网络模型的训练和预测。这三个公开数据集分别为 Emnist Letters、Emnist Digitals 和 CIFAR-10。Emnist[17]是经典手写体数字数据集 MNIST 的扩展版,MNIST 中每张图像为 28×28 像素大小的手写体字符,Emnist Letters 和 Emnist Digitals 是该数据集的子集,Letters 总共拥有 145 600 张图像,字母不区分大小写共有 26 个类别,每一类字母图像对应的训练集大小和测试集数目分别为 4 800、800。Digitals 拥有 10 个类别的数字图像数据,共计 28 000 张图像,其中每一种数字图像对应训练集和测试集的数目分别为 2 400 和 400。EMNIST 的 Letters 和 Digitals 数据集如图 9.8 所示。

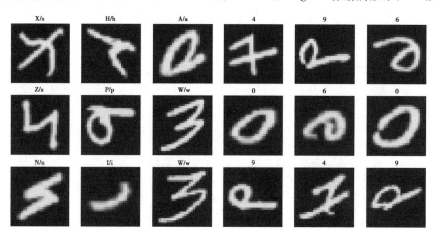

图 9.8　EMNIST 数据集展示

CIFAR-10 数据集同样具有 10 个类别的图像数据,但是其图像类型更加丰富,具有更大的噪声、多样的特征等特点,每一张图像的尺寸为 32×32 像素,为三通道彩色图片,每一类图像具有的训练集和测试集数目分别为 5 000 和 1 000。CNN 采用的数据集是 Emnist Letters,VGG 使用的数据集为 CIFAR-10,LeNet 由数据集 Emnist Digitals 完成训练。其中客户端所拥有的数据量见表 9.2。

表 9.2　客户端的数据规模及属性特征

	Emnist Digitals	Emnist Letters	CIFAR-10
训练集数目	2 400	1 248	500
测试集数目	400	208	100

续表

	Emnist Digitals	Emnist Letters	CIFAR-10
特征像素大小	28×28	28×28	32×32
训练模型	LeNet	CNN	VGG
异构性	Y/N	Y/N	Y/N

进一步,为有效模拟联邦学习应用场景,原始数据按照不同的采样方式分别分发至相应的边缘客户端中,具体则为 NIID-0($\varphi=0$)、NIID-2($\varphi=2$),此类数据的划分是通过改变参数 φ 进而改变数据的异构程度完成,便于讨论和分析异构数据对于联邦学习整体的影响,表 9.2 异构性一栏中 Y/N 表示是否具有异构数据关系。其中$\varphi=0$ 表示数据的采集和划分是按照 IID 方式完成的,即各个客户端拥有从对应数据集中随机获得相同数量且相同类别的图像。$\varphi=2$ 则表示每个客户端随机抽取两个类别的图像,再从剩余的类别中取出若干图像数据。不论何种数据采样方式,拥有相同数据集的客户端所拥有的数据总量均假设相同。

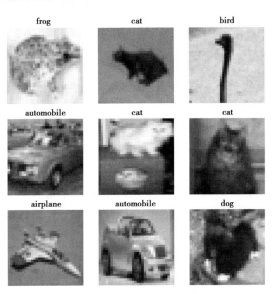

图 9.9　CIFAR-10 数据集展示

本章使用硬件资源为 NOVIDIAGeforce RTX2080Ti 仿真了一个多联邦任务的分布式环境,该环境总共包含有一个参数服务器和 100 个客户端设备,即 $N=100$。该100 个设备与参数服务器之间可通过网络建立连接,参数服务器中虚拟出多个 AP接口以供多任务的使用,此处 AP 数量为 3。其中每个作业随机从这 100 个终端中

取出 70 个客户端完成对应标识,以供作业对客户端的调度,可供三类作业调度的客户端集合分别为 N_1, N_2, N_3,其中 $N_1 \cap N_2 \neq \varnothing, N_1 \cap N_3 \neq \varnothing, N_2 \cap N_3 \neq \varnothing, |N_1| = |N_2| = |N_3| = 70$。具体地,每个作业在一轮执行过程中,仅从对应的客户端集合 N_j 中选择一小部分最优的设备执行作业。

为评估本章提出的 IMWFL 算法性能,本节将与三种调度选择算法进行对比,具体如下:

(1)基于随机策略的调度算法(Random):各个智能体在需要选择客户端参与相应工作时,随机从对应的候选客户端集合 N_n 中选择空闲的设备完成调度,因为该算法的限制因素较少,所以该调度算法的时间复杂度较低,计算复杂度较少。

(2)基于贪心方法的调度算法(Greedy):此类算法往往选择局部状态下的最佳选择,作为当下的调度方法,并认为未来的每一步都可以是最佳的选择。智能体选择客户端执行对应的作业时,会计算各个客户端的状态信息并将候选客户端的状态信息按数值大小进行降序排列,随后依次从中选择若干个空闲的设备,用以执行联邦多作业。

(3)基于文献[18]的客户端选择策略算法(Client Selection, CS)。此类算法针对的场景即是客户端资源异构的情况,通过选择本地模型计算更新和上传参数所消耗时间在指定阈值内的设备,以调度此类客户端接入服务器,使得服务器可在同样的时间内搜集更多的客户端参数信息。

9.4.2 实验结果与性能分析

在实验的过程中,IMWFL 算法中 CNN 对应的作业需要完成 200 轮的训练,LeNet 对应的作业需完成 300 轮训练,VGG 需要迭代训练轮次为 400,当最后一项作业完成则多作业系统结束,而 IMWFL 调度算法总的训练轮次数为 1 000,其中 batch 设置为 32,采用 RMSprop 优化器,学习率设置为 0.000 9,智能体与环境交互所产生的数据均经过数据归一化处理后存入记忆经验库。同时借鉴文献[19]中对难度较大的任务给予优先调度可提升多任务学习性能的思想,将 VGG、CNN、LeNet 对整体多作业系统的贡献度分别设置为 $c_1 = 0.4, c_2 = 0.36, c_3 = 0.24$,ASJ 和 WED 对应的权重值分别设置为:$\psi_1 = 0.5, \psi_2 = 1.5$。ASD 的初始值 F_0 设定为 15。设备积极性 $\vartheta_{n,r}^j$ 所涉及的两个参数 β_1 和 β_2 分别设置为 0.001 和 -10。在训练轮次数达到 900 轮以后 IMWFL 算法趋于收敛,表现为整体奖励值 R 随时间变化而不会呈现较大的上升或者下降趋势,在整个训练过程中,R 与训练轮次之间的对应关系如图 9.10 所示。其中在前 120 轮的学习过程中,多智能体系统中的所有智能体处于一个不断试错的阶段,即在这一阶段可认为智能体所掌握的动作策略处于较低水平,多智能体无法确定怎样的策略将会获得长期的更大奖励。当训练达到 200 轮以后,智能体积累足够多的激励经验,R 随着时间的变化将逐渐得到提高,并最终达到模型收敛的效果。

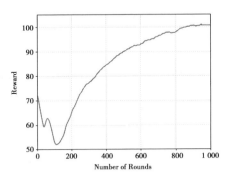

图 9.10　奖励值随训练轮次的变化曲线图

从算法所需的时间开销方面进行测试与评估,并与基准算法性能进行比较,根据数据的采集方式(NIID-2, IID)不同而分为两组,其中每组包括三个任务(VGG、CNN、LeNet)在不同调度算法之间的性能比较。

图 9.11 中左右两幅子图分别展示了 Emnist Letters 数据集基于 IID 和 NIID 方式划分后,将各调度算法所调度选择的设备运用在 CNN 模型中的收敛效果。因为拥有相同数据集的各设备之间,若其数据特征为独立同分布(IID)则相较于非独立同分布(NIID)的数据而言会减少许多来自数据异构方面的干扰,因此将 CNN IID 和 CNN NIID 场景对比来看,可以发现基于各类方法所调度的客户端在 CNN IID 中,随着时间的变化均可表现出更稳定平滑的收敛效果,而 CNN NIID 场景中时间-精度曲线则表现出一定的抖动,说明异构数据确实会影响到模型的收敛过程,其中 IMWFL 在 CNN IID 和 CNN NIID 场景下均可实现更高的预测精度。特别地,在 NIID 场景下,基于 IMWFL 算法所调度的客户端序列明显优于其他基准算法,Greedy 算法虽然在训练初始阶段在收敛速度上相较于 IMWFL 算法有一定的优势,但是受限于贪心算法的局部最优性质,当调度算法趋于收敛后其调度性能甚至差于 Random 调度算法和 CS 调度算法,而其余算法均未考虑到 ASD 对设备调度的影响,因此在 NIID 场景下的精度和收敛性表现均差于 IMWFL,甚至 CS 算法在考虑时效性问题时弱于 Random 调度算法。

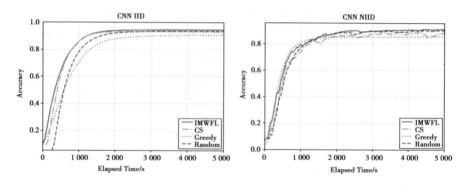

图 9.11　CNN 在 IID 和 NIID 情况下收敛对比

表 9.3 中展示了各类调度算法所调度的客户端序列,完成 200 轮次的 CNN 模型训练所需的时间以及收敛后的精度值。在 NIID 环境中,IMWFL 相对于其他算法而言可以平均节省 20.8% 的时间,精度平均可提升 4.38%。在 IID 环境中,则可平均节省 38.4% 的时间,精度平均可提升 2.16%。因为 IID 场景中,数据本身具有较好的同构性,可更有利于模型的训练和收敛,而 NIID 场景则给模型的训练带来了更多的挑战,所以本章所提出的 IMWFL 算法面向联邦学习在 NIID 数据场景下,有着更明显的优势。

表 9.3　各算法完成 CNN 作业所对应的时间开销及精准度

	IMWFL		CS		Greedy		Random	
	Time	Accuracy	Time	Accuracy	Time	Accuracy	Time	Accuracy
NIID	8 484.4	0.922	9 982.2	0.895	10 754.3	0.857	10 018.4	0.899
IID	8 608.0	0.949	10 071.7	0.934	12 819.0	0.914	12 870.2	0.939

图 9.12 展示了 Emnist Digitals 基于 IID 和 NIID 方式划分后,将各调度算法的调度客户端序列运用在 LeNet 模型中的训练效果。可得到与 CNN IID、CNN NIID 类似的执行效果,Greedy 在训练的前期在收敛速度上有一定细微优势,随着时间的推进,IMWFL 呈现更好的收敛效果和精度。表 9.4 展示了 300 轮次的 LeNet 模型训练完成所需的总时间及达到的模型精准度。虽然经典的 LeNet 模型已经可达到较高的精准度,但面向联邦学习的异构分布式计算架构,在 NIID 场景下本章的调度算法依然可将精度平均提升 1.25%,同时相较于其他基准算法可以平均节省 11.4% 的时间。在 IID 环境中,则可平均节省 14.2% 的时间,精度平均可提升 0.06%。

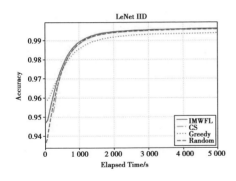
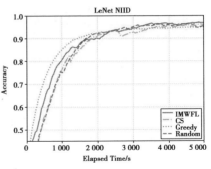

图 9.12　LeNet 在 IID 和 NIID 情况下的收敛对比

表 9.4　各算法完成 LeNet 作业所对应的时间开销及精准度

	IMWFL		CS		Greedy		Random	
	Time	Accuracy	Time	Accuracy	Time	Accuracy	Time	Accuracy
NIID	12 912.7	0.967	13 156.0	0.960	13 213.3	0.950	16 821.4	0.955
IID	12 701.3	0.996	12 904.6	0.996	13 341.8	0.994	17 269.1	0.996

图 9.13 展示了 CIFAR-10 基于 IID 和 NIID 方式划分后，将各调度算法的调度设备序列运用在 VGG 模型中的训练效果，由于多作业调度算法在训练时，将 VGG 对应的贡献权重设置为最大，因此在 IMWFL 训练过程中会优先倾向于为 VGG 提供客户端的选择，故 VGG IID 和 VGG NIID 中的 IMWFL 执行效率和效果不同于 CNN 和 LeNet，在初始阶段 IMWFL 的收敛速度即比 Greedy 调度算法快。表 9.5 展示了 400 轮次的 VGG 模型训练完成所需的总时间以及达到的模型精准度。在 NIID 环境中，IMWFL 相对于其他算法而言可以平均节省 11.3% 的时间，精度平均可提升 4.8%。在 IID 环境中，则可平均节省 20.6% 的时间，精度平均可提升 1.61%。

表 9.5　各算法完成 VGG 作业所对应的时间开销及精准度

	IMWFL		CS		Greedy		Random	
	Time	Accuracy	Time	Accuracy	Time	Accuracy	Time	Accuracy
NIID	27 840.8	0.714	29 802.2	0.666	32 163.1	0.696	31 035.8	0.681
IID	25 270.4	0.760	30 188.8	0.741	30 420.8	0.747	30 865.6	0.756

按照上述作业的权重 $c_1 = 0.4$，$c_2 = 0.36$，$c_3 = 0.24$，本章所提出的 IMWFL 算法在

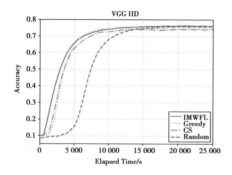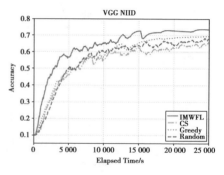

图 9.13　VGG 在 IID 和 NIID 情况下的收敛对比

IID 和 NIID 场景中,整体时间开销分别减少了 25.4% 和 14.7%,整体精准度方面分别提升了 1.43% 和 3.79%。

本章小结

　　智能信息化时代,移动智能设备的数量以及无线网络的覆盖率日益增加,终端用户所使用的多个便携式设备每时每刻都将产生大量的应用数据,海量的数据为智能化应用的发展提供了诸多成长空间。与此同时,大量的数据通过网络环境完成转发与存储,这在很大程度上增加了数据泄露的风险。联邦学习在多方参与的局域网或广域网中则可有效保护用户的隐私数据,从而辅助多方协同完成一个全局模型的更新与优化。虽然联邦学习在新形势下具有可信计算的研究价值和应用背景,但在效率以及精准度方面仍有许多待研究和提升的地方。本章基于智慧城市的应用背景,对动态变化的边缘网络环境以及多联邦作业对客户端的调度选择问题进行了分析,以有效提升系统的执行效率和性能。本章的主要工作及贡献如下。

　　(1)本章针对现有联邦学习算法在训练时间和通信资源方面存在的问题,研究了各客户端数据之间的相关性,并分析了在智慧城市场景中各个区域协同训练的问题。本章设计了一种面向数据关联关系的层次联邦学习模型 H-FL,层次结构中包含三类不同的设备,一方面通过分层设计减少通信瓶颈对基于星型拓扑结构的联邦学习,带来的不利影响,另一方面设计了一种基于层次间的自适应参数聚合方法,以动态调整训练过程中采用同步和异步聚合方法,实验结果表明 H-FL 相较于其他方式在系统的整体效率以及收敛后的精准度方面有所提升。

　　(2)本章针对设备之间考虑到数据隐私和各类安全问题,而导致参与联邦学习的各个客户端之间无法完成模型和计算能力上的共享。特别地,边缘计算场景中的许多客户端需要完成多个联邦作业,且其所执行的作业类型高度分离,这将影响到资源的利用率和工作向前推进的效率问题。本章提出了一种多联邦作业并行执行的框架,该框架的客户端调度通过设计一种基于多智能体强化学习的调度算法 IMWFL 完成,算法考虑了客户端对应的数据新鲜度以及参与作业积极性,以此保证多作业系统的高效性以及设备的高利用率。实验结果表明 IMWFL 相较于其他调度算法可实现更快的收敛速度以及更高的精准度。

参考文献

[1] CHI H R, WU C K, HUANG N F, et al. A survey of network automation for industrial Internet-of-things toward industry 5.0 [J]. IEEE Transactions on Industrial Informatics, 2023, 19(2): 2065-2077.

[2] LANKA S, AUNG WIN T, ESHAN S. A review on edge computing and 5G in IOT: Architecture & applications [C]//2021 5th International Conference on Electronics, Communication and Aerospace Technology (ICECA). Coimbatore, India. IEEE, 2021: 532-536.

[3] ZHAO C Y, XU S Y, REN J Y. AoI-aware wireless resource allocation of energy-harvesting-powered MEC systems [J]. IEEE Internet of Things Journal, 2023, 10(9): 7835-7849.

[4] CAMPBELL M. Smart edge: The effects of shifting the center of data gravity out of the cloud [J]. Computer, 2019, 52(12): 99-102.

[5] REINSEL D, GANTZ J, RYDNING J. Data age 2025: the digitization of the world from edge to core [J]. Seagate, 2018, 11(1):20-22.

[6] WHIG P, VELU A, NADIKATTU R R. Blockchain platform to resolve security issues in IoT and smart networks [M]. AI-Enabled Agile Internet of Things for Sustainable FinTech Ecosystems. IGI Global, 2022: 46-65.

[7] WU Y L, DAI H N, WANG H Z, et al. A survey of intelligent network slicing management for industrial IoT: Integrated approaches for smart transportation, smart energy, and smart factory [J]. IEEE Communications Surveys & Tutorials, 2022, 24(2): 1175-1211.

[8] 史鼎元, 王晏晟, 郑鹏飞, 等. 面向企业数据孤岛的联邦排序学习 [J]. 软件学报, 2021, 32(3): 669-688.

[9] 太平洋财经网. 什么是《2018 年数据保护法》? [EB/OL]. (2020-02-05) [2024-12-01] http://

www. pacificcj. com/news/2020/02/05/26582.

[10] MCMAHAN H B, MOORE E, RAMAGE D, et al. Communication-efficient learning of deep networks from decentralized data［C］. PMLR. Artificial Intelligence and Statistics, 2017: 1273-1282.

[11] 顾育豪, 白跃彬. 联邦学习模型安全与隐私研究进展[J]. 软件学报, 2023, 34 (6): 2833-2864.

[12] 杨强, 刘洋, 程勇, 等. 联邦学习[M]. 北京: 电子工业出版社, 2020.

[13] LIU L M, ZHANG J, SONG S H, et al. Client-edge-cloud hierarchical federated learning［C］// ICC 2020-2020 IEEE International Conference on Communications (ICC). Dublin, Ireland. IEEE, 2020: 1-6.

[14] LIM W Y B, XIONG Z H, KANG J W, et al. When information freshness meets service latency in federated learning: A task-aware incentive scheme for smart industries［J］. IEEE Transactions on Industrial Informatics, 2022, 18(1): 457-466.

[15] CHEN J X. The evolution of computing: AlphaGo［J］. Computing in Science & Engineering, 2016, 18(4): 4-7.

[16] RASHID T, SAMVELYAN M, DE WITT C S, et al. QMIX: Monotonic value function factorisation for deep multi-agent reinforcement learning［EB/OL］. 2018: 1803. 11485. https:// arxiv. org/abs/1803. 11485v2.

[17] COHEN G, AFSHAR S, TAPSON J, et al. EMNIST: Extending MNIST to handwritten letters ［C］//2017 International Joint Conference on Neural Networks (IJCNN). Anchorage, AK, USA. IEEE, 2017: 2921-2926.

[18] NISHIO T, YONETANI R. Client selection for federated learning with heterogeneous resources in mobile edge［C］//ICC 2019-2019 IEEE International Conference on Communications (ICC). Shanghai, China. IEEE, 2019: 1-7.

[19] GUO M, HAQUE A, HUANG D A, et al. Dynamic task prioritization for multitask learning ［C］// Computer Vision – ECCV 2018. Cham: Springer International Publishing, 2018: 282-299.

第 10 章　边云协同中基于强化学习的网络功能部署

10.1　背景介绍

云计算技术通过将互联网中互联互通的资源采用虚拟化技术有效的整合和抽象处理后,建立了一个巨大的虚拟化资源池,从而实现了将资源集中化。同时云计算通过网络将资源以高效可靠的方式提供给使用者,从而将用户不再面临烦琐且费用高昂的基础设施维护工作。云计算技术中潜在的社会价值以及不可估量的商业价值使得国内外各大互联网企业(如 Google、华为、阿里巴巴以及中国移动等)都先后推出了云服务产品。此外,各国政府也加快了云计算技术的研究进度。边缘计算目前正朝着边云协同服务之间互通融合的方向发展,边云协同战略已逐渐成为云服务的共识,但边云协同架构并不常见,与多个私有云或公有云联合组成规模更大的边云协同时,其运营复杂性将会大大增加。针对此问题企业除在主要云服务商的选择方面需深入调查研究外,其边云协同系统的中工作负载的平衡以及其部署问题也是一个复杂的问题,该问题目前在学术领域亟待开展深入研究。

Gartner 分析报告中显示,边云协同绝不是简单地选择将边缘云与多云服务商及其云资源堆叠起来。当前,边缘模型的发展趋势是将本地云和第三方云资源扩展到不同位置,即将计算资源分配到更靠近网络用户的位置,以最小化端到端延迟,并减少核心网络中的传输流量。在分布式的边缘场景中,计算能力通常比云数据中新的限制更大,建议使用轻量级虚拟化平台,使用容器化技术[1]作为协调和管理网络服务的解决方案[2,3],并部署虚拟网络功能,实现非常低的资源使用开销,几乎与裸机[4]相当。同时亚马逊云科技[5]首次提出了以容器的方式部署虚拟网络功能。为进一步减少系统代价,传统的基于虚拟机的虚拟网络功能将与基于容器的虚拟网络功能在同一管理系统下共存。从服务器利用率的角度看,与基于虚拟机的虚拟化技术引入的开销相比,部署基于虚拟机的虚拟网络功能比部署基于容器的虚拟网络功能需要更多的服务器资源。从运营成本的角度来看,第三方云通常采用按需收费的方式,这就导致在第三方云服务上部署更为轻量级的基于容器的虚拟网络功能的成本通常要低于基于虚拟机的虚拟网络功能的部署成本。因此本章考虑将轻量级的基于容器的虚拟网络功能部署于第三方云,并将具有固定成本率的基于虚拟机的虚拟网络功能部署于本地边缘云。因此在边云协同的虚拟网络功能部署问题中出现了两个重要决策问题。首先网络服务提供商(Internet Service Provider,ISP)需对接受服务的虚拟网络功能做出类型决策,即选择以基于虚拟机的虚拟化技术部署或以基于容器化技术部署,在选定类型后,ISP 需继续对虚拟网络功能的部署位置进行决策。

本章提出了一个混合整数线性规划模型(MILP)来研究在边云协同系统中共存虚拟机和容器的部署优化问题。该问题有三种不同的代价模型:①在边云协同系统中部署虚拟网络功能的延迟代价;②在边缘云部署基于虚拟机的虚拟网络功能的计算代价和本地边缘云的维护代价;③服务提供商使用第三方云提供商部署基于容器的虚拟网络功能的付费代价。为求解该问题,本章根据马尔可夫决策过程(Markov Decision Process,MDP)将该组合优化问题建模为一个 MDP 模型,并构建了基于演员-评论家(Actor Critic)的深度强化学习的求解框架以完成对边云协同系统中虚拟网络功能部署问题最小化代价策略的求解,并通过与多种相关部署算法的求解结果进行对比实验,结果表明本章提出的求解框架能在相同的边云协同系统资源配置的条件下,获得更接近理论最优解的双重部署决策,使得边云协同系统的总代价保持最低。

10.2 系统描述与形式化定义

10.2.1 系统参数模型的建立

(1)形式化定义。

本章定义了一个由能耗、时延和付费组成的加权代价函数,并将其建模为一个最小化代价虚拟网络请求部署的混合整数线性规划模型(Mixed-Integer Linear Programming, MILP)。如图 10.1 所示,边云协同系统包括边缘云和第三方云服务商提供的第三方云,其中边缘云由运营商提供,如电信运营商可通过在接入点或基站附近安装服务器的方式为用户提供云计算服务,第三方云由云服务提供商提供,如华为、阿里巴巴、微软等。互联网服务提供商调度器(Internet Service Provider Scheduler,ISPS)基于虚拟网络请求的属性和能耗决定以何种形式部署请求,基于时延、服务质量以及收费情况考虑将虚拟网络请求部署至边缘云或第三方云。

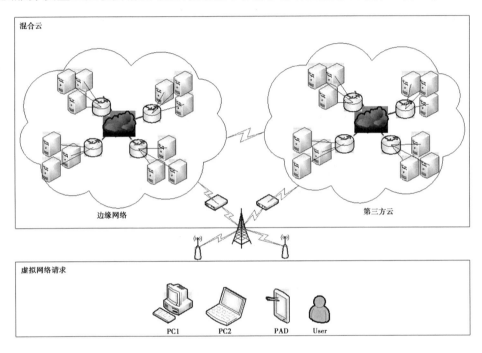

图 10.1　虚拟网络请求部署图

为便于分析,首先将边缘云服务器节点集合定义为 $H^e = \{h_1^e, h_2^e, \cdots, h_n^e\}$,其中 n 为边缘云中服务节点的数量,h_i^e 表示边缘云中第 i 个服务节点。定义 $\gamma_{c\_i}^e$ 为边缘云服务节点 h_i^e 的计算资源,$\gamma_{B\_i}^e$ 为边缘云服务节点 h_i^e 的带宽资源。第三方云服务器节点集合定义为 $H^c = \{h_1^c, h_2^c, \cdots, h_m^c\}$, m 为第三方云服务节点的服务节点数量,h_i^c 表示第三方云中第 i 个服务节点。定义 $\gamma_{c\_i}^C$ 为第三方云服务节点 h_i^c 的计算资源,$\gamma_{B\_i}^C$ 为第三方云服务节点 h_i^c 的带宽资源。同时,定义两个无向图 $G_e = (H^e, E^e)$ 和 $G_c = (H^c, E^c)$,其中 H^e 和 E^e 分别为边缘云 G_e 中的服务节点集合和节点间的链路集合,$e(n, u)e(n, u) \in H^e$ 表示边缘云服务节点 $h_n^e \in H^e$ 和 $h_u^e \in H^e$ 间的网络链路,$\gamma_L(n, u)$ 表示链路 $e(n, u)$ 的带宽资源。定义 H^c 和 E^c 分别为第三方云服务节点 G_C 中的服务节点集合和节点间的链路集合,$e(n^c, u^c)e(n^c, u^c) \in H^c$ 表示第三方云服

务节点 $h_{n^c}^e \in H^C$ 和 $h_{u^c}^e \in H^C$ 间的网络链路，$\gamma_L(n^c, u^c)$ 表示链路 $e(n^c, u^c)$ 的带宽资源。

采用 $S_v = \{v_1, v_2, \cdots, v_s\}$ 表示来自一个虚拟化网络的互联请求存在 s 个虚拟网络请求且网络请求中按照集合存在逻辑关系，其中 $v_i, \cdots, v_j \in V$，$V = \{v_1, v_2, \cdots, v_k\}$。$V$ 为网络中虚拟网络请求的种类的集合，并采用一个参数二元组 (γ_C, γ_B) 来表示虚拟网络请求 v_i。其中 γ_C 表示请求所需的计算资源，γ_B 表示请求所需的带宽资源。如图 10.1 所示，一个存在逻辑的多个虚拟网络请求的虚拟化网络由用户方产生，并且在虚拟网络请求到达边云协同系统后，虚拟网络请求的部署模式将由互联网服务提供商决定，部署模式分为两种，一种是采用基于虚拟机的虚拟化技术将虚拟网络请求部署在边缘云服务器中，另一种是基于容器化技术的容器形式部署于第三方云服务器中，不同的部署模式将为边云协同系统带来不同的系统代价。ISPS 掌握当前边缘网络和第三方云服务节点的部署情况，并根据虚拟网络请求所需的资源以及当前边缘网络的服务器节点状态决定是否开启新的第三方云服务器并将虚拟网络请求部署在第三方云服务器上，在资源异构的服务节点中完成部署工作同样会产生不同的部署代价。因此，ISPS 应当做出双重决策，ISPS 首先完成是以虚拟机的模式部署在边缘云服务器或以容器的形式部署于第三方云服务器的类型决策，其次完成虚拟网络请求在边缘云服务器或在第三方云服务器的部署位置决策。

（2）延迟模型。

首先，定义了虚拟网络请求在边云协同系统中的排队延迟 T_L，其中 δ_c 为虚拟网络请求的计算率，γ_c 为服务节点的服务率，f_x 为决策变量，表示当前边缘云服务节点存在正在排队的虚拟网络请求。

$$T_L = \frac{1}{\gamma_c - \sum_{x \in H} \delta_c \times f_x} \tag{10.1}$$

其次，定义了虚拟网络请求在服务节点接收服务的计算延迟 T_c。

$$T_c = \frac{\delta_B}{\gamma_B} \tag{10.2}$$

最后，定义了向第三方云传输虚拟网络请求的通信延迟 T_t，部署于边缘云的通信延迟相较于第三方云可忽略不计，其中 R_{h^c} 为请求到第三方云的传输速率。

$$T_t = \frac{\delta_B}{R_{h^c}} \tag{10.3}$$

综合以上,将请求部署于边缘云的总延迟为 T^e,部署于第三方云的总延迟为 T^C。

$$T^e = T_L + T_c \tag{10.4}$$

$$T^C = T_L + T_c + T_t \tag{10.5}$$

(3)计算模型。

在计算模型中,考虑采用 F^e 计算边缘云中每一个服务节点的计算成本。其中, E_i 为已开启的边缘云服务节点的维护成本和在服务节点以虚拟机形式部署虚拟网络请求的开销, E_u 则为边缘云服务节点提供计算服务时的计算成本。

$$F^e = E_i + E_u \tag{10.6}$$

在计算成本的线性函数 F^e 中, E_u 代表每一个服务节点的计算成本。计算成本与服务节点的计算资源利用率和带宽资源利用率相关,且计算资源利用率的权重 P_C 要高于带宽资源利用率的权重 P_B。

$$E_u = \frac{\delta_C}{\gamma_C} \times P_C + \frac{\delta_B}{\gamma_B} \times P_B \tag{10.7}$$

(4)付费模型。

在付费模型中,主要考虑第三方云的付费情况。通常情况下,第三方云按照使用量计费,再者以容器接近裸机部署特性来部署虚拟网络请求可以大大节省付费开销。本模型采用式(10.8)计算了边缘云中每一个服务节点的计算成本。其中, E_i 为已开启的边缘云服务节点的维护成本, E_u 则为边缘云服务节点提供计算服务时的计算成本。 f_x 为决策变量,代表当前边缘云服务节点已开启且需为虚拟网络请求提供计算服务。

$$F^c = \eta_C^u \times p_C^f + \eta_B^u \times p_B^f \tag{10.8}$$

在计算成本的线性函数式(10.8)中, η_C^u 和 η_B^u 分别代表第三方云中服务节点的被使用的计算资源和带宽资源。 p_C^f 和 p_B^f 分别在第三方云中计算资源和带宽资源的收费价格。

(5)代价模型。

本章将虚拟网络请求在边云协同系统中的部署问题建模为由延迟代价,计算成本和费用代价构成的组合优化问题。综合以上模型,如果 ISPS 将虚拟网络请求以虚拟机的形式部署于边缘云中,其代价可以表示为:

$$k^e = \sum_{x \in H^e} (F^e + T^e \times p_T^e) \times f_{x1} \tag{10.9}$$

式(10.9)中,F^e 和 T^e 分别为虚拟网络请求的计算成本和时延代价,p_T^e 为在边缘云中时延代价所占权重,f_{x1} 为决策变量。

当 ISPS 将虚拟网络请求以容器的形式部署于第三方云中,则其代价可表示为:

$$k^c = \sum_{x2 \in H^c} (F^c + T^C \times p_T^C) \times f_{x2} \qquad (10.10)$$

式(10.10)中,F^c 和 T^C 分别为虚拟网络请求的付费和时延代价,p_T^C 为在第三方云中时延代价所占权重,该权重大于 p_T^e。f_{x2} 为决策变量。

综合以上,当前边云协同系统中的总代价即为:

$$k = k^e + k^C \qquad (10.11)$$

10.2.2 系统优化模型

本问题中,构建优化模型的目的是为在一个有逻辑的虚拟化网络的虚拟网络请求到达边云协同系统时,根据虚拟网络请求的特点以及边云协同系统的负载情况,智能的在系统中做出位置决策和部署决策的双重决策,以最小化总代价。因此,可将在边云协同系统中部署虚拟网络请求的问题建模为:

$$\text{Min}\Big(\sum_{x1 \in H^e} (F^e + T^e \times p_T^e) \times f_{x1} + \sum_{x2 \in H^c} (F^c + T^C \times p_T^C) \times f_{x2} \Big) \qquad (10.12)$$

$$\text{s. t.} \sum_{x1 \in H^e} f_{x1} = 1, \sum_{x2 \in H^c} f_{x2} = 1 \qquad (10.13)$$

$$\sum_{x1 \in H^e} f_{x1}\delta_C \leqslant \gamma_C^{l\_x1}, \sum_{x2 \in H^c} f_{x2}\eta_C^u \leqslant \gamma_C^{l\_x2} \qquad (10.14)$$

$$\sum_{x1 \in H^e} f_{x1}\delta_B \leqslant \gamma_B^{l\_x1}, \sum_{x2 \in H^c} f_{x2}\eta_B^u \leqslant \gamma_B^{l\_x2} \qquad (10.15)$$

$$\sum_{x1 \in H^e} f_{x1}\delta_B \leqslant \gamma_L(n, u), \sum_{x2 \in H^c} f_{x2}\eta_B^u \leqslant \gamma_L(n^C, u^C) \qquad (10.16)$$

模型的约束条件式(10.13)中,$f_{x1} = 1$ 和 $f_{x2} = 1$ 分别表示将虚拟网络请求以虚拟机的方式部署在边缘云中和以容器的方式部署在第三方云中。约束条件式(10.14)表示以虚拟机形式部署在边缘云的虚拟网络请求对计算资源的需求 δ_C 不得超过当前边缘云服务节点拥有的计算资源 $\gamma_C^{l\_x1}$,同理以容器形式部署在第三方云的虚拟网络请求对计算资源的需求 η_C^u 不得超过当前第三方云服务节点的剩余可用计算资源 $\gamma_C^{l\_x2}$。约束条件式(10.15)表示以虚拟机形式部署在边缘云的虚拟网络请求对带宽资源的需求 δ_B 不得超过当前边缘云服务节点拥有的带宽资源 $\gamma_B^{l\_x1}$,同理以容器形式部署在第三方云的虚拟网络请求对带宽资源的需求 η_B^u 不得超过当前第三方云服务节点的剩余可用带宽资源 γ_B^{Lx2}。约束条件式(10.16)为边云协同系统中两服务节点间的链路带宽限制。

本节定义的最优化模型为基于 MILP 的组合优化问题,该问题已经在文献[6]中证明其为一个 NP-Hard 问题。因此本章定义的在边云协同系统中面向最小化代价的虚拟网络请求的部署问题为一个 NP-Hard 问题,且难以在多项式时间内找到全局最优解。

10.3　基于"演员-评论家"的网络功能部署方法

10.3.1　基于马尔可夫决策的形式化描述

根据马尔可夫决策过程将上节定义的组合优化问题建模为一个 MDP 模型,并构建了基于演员-评论家的深度强化学习的模型。首先将该 MDP 模型描述为 $M = \{S, A, P, R, \eta\}$,其中:

S 为状态空间,定义

$$S(t) = \{(h^e(t), h^C(t), \gamma_C(t), \gamma_B(t)) \mid \forall h \in H, \forall \gamma_C \in C, \gamma_B \in B\}$$

代表时刻 t 的状态空间,h 为包括边缘云和第三方云的边云协同系统的服务节点,H 表示当前边云协同系统中服务节点的状态空间。$\gamma_C(t)$ 和 $\gamma_B(t)$ 分别代表在时刻 t 时,虚拟网络请求对服务节点的计算资源需求和带宽资源需求。

A 为动作空间,定义在时刻 t 的动作空间为 $A(t) = \{a^{h(t)}, h(t) \in H\}$,$a^{h(t)}$ 代表到达边云协同系统的虚拟网络请求的映射动作。

P 为状态转移概率,在时刻 t 的状态 $s(t)$ 选择动作 $a(t)$,会使得状态转移到下一时刻的状态 $s(t+1)$,其状态转移概率为 $P(s(t+1) \mid s(t), a(t))$。

R 为效益函数,定义一个回报函数作为每一次动作的回报,该函数使用组合优化模型的目标函数式(10.12)为奖励函数 $r(t)$,使用约束函数式(10.12)至式(10.16)为惩罚函数,其中 λ_x 为违反不同约束的惩罚比重,x 代表不同种类的约束,分别为计算约束,带宽约束以及链路约束。

$$r(t) = \sum_{x1 \in H^e} (F^e + T^e \times p_T^e) \times f_{x1} + \sum_{x2 \in H^c} (F^c + T^c \times p_T^C) \times f_{x2} \qquad (10.17)$$

$$J(t) = \sum_x \lambda_x \cdot J_x(t) \qquad (10.18)$$

因此,部署虚拟网络请求的即时效益即为 $\text{reward}(t) = r(t) - J(t)$,其在 t 时刻的累积回报即为式(10.19),其中,$\eta \in (0,1)$ 为折扣因子,n 为迭代次数,随着迭代次数增加,当前动作带来的未来回报会逐渐减小,因此需对未来收益实施一定的折扣。

$$R(t) = \text{reward}(t) + \eta \cdot \text{reward}(t) + \eta^2 \cdot \text{reward}(t) + \cdots$$

$$= \sum_{n=0}^{\infty} \eta^{\infty} \cdot \text{reward}(t+n) \tag{10.19}$$

在时刻 t 处于状态 $s(t)$ 的环境会根据策略 π 选择动作 $a(t) = \pi(s(t))$。基于该策略 π,环境会通过值函数 $Q^{\pi}(s(t), a(t))$ 评估动作 $a(t)$,并作出合理的选择。

$$Q^{\pi}(s(t), a(t)) = E[R(t) \mid s(t), a(t)]$$

$$= E[\text{reward}(t) + \eta \cdot \text{reward}(t) + \cdots + \mid s(t), a(t)]$$

$$= E[\text{reward}(t) + Q^{\pi}(s(t+1), a(t+1)) + \cdots + \mid s(t), a(t)] \tag{10.20}$$

因此,在边云协同系统中部署虚拟网络请求的最优策略 π^* 即为式(10.21)。

$$\pi^* = \arg \max Q^{\pi}(s, a) \tag{10.21}$$

10.3.2 基于"演员-评论家"的虚拟网络功能部署

目前,越来越多的学者采用深度强化学习方法解决 MDP 问题[7,8],且均取得了较优异的成果。深度强化学习方法通常不需要对模型进行假设,而是通过不断与环境交互,学习当前策略的优劣程度并逐步达到回报最大化的目的。本章考虑的虚拟网络请求对计算资源需求和带宽需求均为随机生成,因此无法获得其状态转移概率分布。解决本章问题的关键所在是需要为虚拟网络请求选择合适的部署方式和部署位置,环境状态和动作空间的维度高。受到基于第 3 章提出采用基于蒙特卡洛策略梯度的强化学习方法对从请求任务到边缘服务节点的神经网络映射框架进行的优异表现,由此考虑继续采用深度强化学习方法完成对模型求解。针对当前虚拟网络请求部署问题这类连续的状态和动作维度高的特点,传统深度强化学习算法如 Q 学习,会出现难收敛,维度爆炸等问题,因此考虑采用学界更为新兴的无模型方法演员-评论家算法,该算法可解决状态空间大和动作维度过高的问题。

本节使用演员-评论家算法实际上是指基于价值评估和策略生成的强化学习方法,该算法结合了强化学习的策略方案和值函数方案,其中演员是指策略函数,用于生成动作,而评论家是指价值函数,用于评价演员的表现。该方法可以在连续动作空间中高效的学习随机策略,即解决了维度高的问题,同时算法也具有较好的收敛性,大大缩短了训练时长。在蒙特卡洛策略梯度中,通过采样的形式更新参数,即使用时刻 t 的回报值作为当前策略下动作价值函数的无偏估计。但在该方法中依旧存在一些问题,首先,智能体在一次训练中会采取多个动作,无法判断是哪一步动作对最后结果产生了正向效益,即该方法存在高方差问题,其次训练所需的时间比论述更高,其收敛速度缓慢。而本章求解框架演员-评论家算法通过引入一种评论家的评估机制来处理高方差的问题,即引入策略评估机制计算动作的价值函数。框架中的演员模块会随机参数并根据环境状态和虚拟网络请求的状态生成对应的部署策略,随后评论家会对执行演员动作后所获得的回报进行评估,并通过时间差分(Time Difference-Error, TD-error)对评估网络,即值函数进行更新,评论家完成值函数评估模块和参数更新后,演员模块将根据评论家模块的输出更新产生新的部署策略,即演员模块将选择回报更高的动作。

如图 10.2 所示,该求解框架中演员-评论家网络中的演员网络和评论家网络均由编码器和解码器构成,其中编码器和解码器均由长短时记忆网络构成,长短时记忆网络可用于序列的记忆。首先,演员网络接收到达边云协同系统的虚拟网络请求 $S_v = \{v_1, v_2, \cdots, v_s\}$ 并将其转化为词向量输入演员网络的编码器,经历编码器中的长短时记忆网络的运算以及加权处理后输入解码器,并由解码器采用相同的网络结构对结果进行解码,最终输出部署策略,该策略既包含类型决策又包含位置决策,即状态 S_t 下的动作 A_t。评论家网络根据执行动作后改变的状态 S_{t+1} 和拉格朗日法处理后的回报 L 对演员网络输出的部署策略进行评估,减轻深度神经网络中参数的相关性,从而很大程度上避免过拟合问题的发生。特别地,评论家模块中拉格朗日松弛技术的使用,能够有效避免回报最终收敛至次优值,使得评论家能够更为高效地完成评估工作,其具体表示为式(10.22),将部署问题转化为无约束问题。其中,$\sum_x \lambda_x \cdot J_x(t)$ 为由于部署策略违反计算约束,带宽约束以及链路约束而产生的惩罚值总和,λ_x 为不同约束条件对应的拉格朗日乘子。

$$
\begin{aligned}
L(s(t), a(t)) &= r(t) + J(t) \\
&= \sum_{x1 \in H^e} (F^e + T^e \times p_T^e) \times f_{x1} + \sum_{x2 \in H^c} (F^c + T^c \times p_T^C) \times f_{x2} + \\
&\quad \sum_x \lambda_x \cdot J_x(t)
\end{aligned} \tag{10.22}
$$

式(10.20)的 $Q^\pi(s(t), a(t))$ 的值由演员-评论家算法中评论家网络中的估计 Q

网络近似得到,即为式(10.23),其中 θ^Q 为深度神经网络的权重值,评论家 Q 网络中的动作 $a(t)$ 由演员网络输出得到。

$$Q^{\pi}(s(t),a(t)) \approx Q(s(t),a(t),\theta^Q) \qquad (10.23)$$

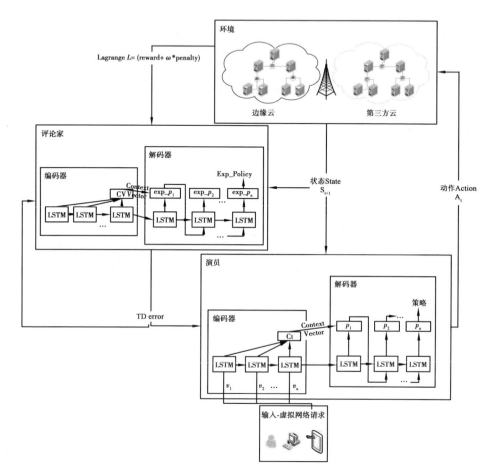

图 10.2　基于演员-评论家的求解框架示意图

评论家最终会产生一个时间差分值(TD-error),并将该 TD-error 反馈给演员网络,其具体表示见式(10.24)。

$$\sigma = r_{t+1} + \xi Q\_(s(t),a(t)) - Q(s(t),a(t)) \qquad (10.24)$$

评论家网络根据 TD-error 采用梯度下降法完成对自身的训练,其损失函数为式(10.25)和式(10.26)。

$$\sigma = L + \xi Q\_^{\pi}(s(t),a(t)) - Q^{\pi}(s(t),a(t)) \qquad (10.25)$$

$$\text{Loss}(\theta^Q) = E[\sigma(t)^2] \qquad (10.26)$$

演员网络通过输入部署策略 $\pi(s,a,\theta^{\mu})$，其中 θ^{μ} 为演员网络的权重，其参数采用策略梯度法结合评论家网络输出的 TD-error 进行更新，其参数更新为式(10.27)，其中 $\alpha \nabla_{\theta}\log \pi_{\theta}(s(t),a(t))$ 采用了 softmax 函数。

$$\theta^{\mu} = \theta^{\mu} + \alpha \nabla_{\theta}\log \pi_{\theta}(s(t),a(t))\sigma \qquad (10.27)$$

当演员网络参数训练完成之后，即可得到近似最优策略，即式(10.28)。

$$\pi^{*} = \pi(s(t),a(t),\theta^{\mu}) \qquad (10.28)$$

基于演员-评论家算法的虚拟网络请求部署算法可描述为表 10.1。

表 10.1　基于演员-评论家算法的虚拟网络功能部署算法

基于演员-评论家算法的虚拟网络功能部署算法
输入：虚拟网络请求 S_v，训练轮数 ep，演员网络学习率 l_a，评论家网络学习率 l_c
输出：近似最优策略 π^{*}
Step1 初始化环境信息，加载服务节点和链路信息，初始化状态 S_t
Step2 初始化演员网络参数(θ^{μ})
Step3 初始化评论家网络参数(θ^{Q})
Step4 for epoch $\in$ $(1,2\cdots,\mathrm{ep})$ do
$s,a \sim \mathrm{InputRequestToActor}(S_v)$ 　//获得状态和动作。
$Q^{\pi}(s,a) \sim \mathrm{Critic}(s,a)$ 　//获得评论家评论。
根据 $\sigma = L + \xi Q^{\pi}(s',a') - Q^{\pi}(s,a)$
更新评论家网络参数。
$s \sim s', a \sim a'$
$\pi(s,a,\theta^{\mu}) \sim \mathrm{Actor}(\sigma)$ 　//获得策略。
根据 $\theta^{\mu} = \theta^{\mu} + \alpha \nabla_{\theta}\log \pi_{\theta}(s,a)\sigma$ 更新演员网络参数。
end for
//获得近似最优解 π^{*}
return θ^{μ},π^{*}

10.4　实验分析与性能评估

本节通过大量仿真实验并与其他部署算法对比，验证了基于演员-评论家的边云协同系统中虚拟网络请求部署算法能够合理地对虚拟网络请求完成类型决策以及位置决策,且能够在保证用户服务质量的前提下,极大地降低边云协同系统的总代价。仿真实验所用的深度学习主机处理器为 IntelCorei7-9700K @ 3.60GHz,GPU 计算采用 NVIDIA GeForceRTX 2080 Ti,配置了 12 G 显存容量,32 G 的 Memory 和 2 T 的硬盘存储。仿真平台是 Python3.7,并采用 Tensorflow 模块构建了基于演员-评论家的边云协同系统中虚拟网络请求部署算法。

10.4.1 实验场景建立与对比基准算法

(1)实验场景的建立。

受到参考文献[9—11]的启发,本章模拟了混合边缘云和第三方云的基础边云协同系统。系统中共 24 台服务器,其中边缘云包括 12 个服务节点,第三方云由第三方云服务商提供,第三方云的服务节点的拓扑结构与边缘云中服务节点的位置一一映射。边云协同系统中的服务节点包括虚拟网络请求所需的异构的 IT 资源,具体包括:计算资源和带宽资源。在本章实验中,设立了在更大规模的网络场景中测试基于演员-评论家的虚拟网络请求部署算法是否能够在不同网络场景中均可生成良好的部署决策,同时设置了对比算法与部署策略的评价指标,并用实验对算法性能进行评估。

(2)调度算法的对比。

为评估基于演员-评论家的边云协同系统中虚拟网络功能部署框架的部署效果,本章将其与四种部署算法进行对比,各对比算法如下:

①随机选择法(Random Choose):该实验在基于边云协同系统的环境下完成。虚拟网络请求进入边云协同系统后,调度器将随机选择当前虚拟网络请求的部署类型,随后会根据选定的部署类型在对应的边缘云或第三方云为虚拟网络请求选择部署位置。可比较该算法与基于演员-评论家的边云协同系统中虚拟网络请求部署框架的平均系统代价以及部署延迟,同时可比较其在边缘云和第三方云的代价对比。

②仅部署于边缘云(Edge Cloud Only):取消边云协同系统的部署模式,仅在系统中设定边缘云,虚拟网络请求将以虚拟机的形式部署于边缘云。当虚拟网络请求进入系统后,调度器将在边缘云中寻找能够满足虚拟网络请求资源需求的最充裕的服务节点提供服务。将把请求部署于边缘云时的平均系统代价与采用演员-评论家方法部署于边云协同系统的平均系统代价进行比较。

③仅部署于第三方云(Third-party Cloud Only)：取消边云协同系统的部署模式，仅在系统中设定第三方云，虚拟网络请求将以容器的形式部署于第三方云。当虚拟网络请求进入系统后，调度器将在第三方云中寻找能够满足虚拟网络请求资源需求的最充裕的服务节点提供服务。将把请求部署于第三方云时的平均系统代价与采用演员-评论家方法部署于边云协同系统的平均系统代价进行比较。

④最小化运营开销算法(Min-ServiceNodes)：该实验在基于边云协同系统的环境下完成。虚拟网络请求进入边云协同系统后，调度器将以占用最少数量的服务节点为目标，即通过减少运营中的服务节点数量来降低系统代价。在该算法中，调度器首先收集了已开启的服务节点信息，并在已开启的服务节点中寻找部署请求后剩余资源最少的服务节点，并将虚拟网络请求调度至该服务节点。比较最小化运营开销算法与基于演员-评论家算法部署决策的系统代价以及部署延迟。

10.4.2　实验评估指标描述

本章着重评估了基于演员-评论家的边云协同系统中虚拟网络功能部署算法的部署效果，设立了需要评估的指标。

(1)基于演员-评论家的虚拟网络功能部署算法的收敛性。评估随着需要部署的虚拟网络请求规模的扩大，基于演员-评论家的边云协同系统中虚拟网络请求部署算法是否能够在不同规模下的虚拟网络请求数量下均能够在训练后达到收敛状态，并完成合理的部署决策使得系统总代价最小化。

(2)基于演员-评论家的虚拟网络功能部署算法的普适性。评估基于演员-评论家的边云协同系统中虚拟网络请求部署算法在网络场景的普遍适应性，即评估该算法可在不同规模的边云协同系统中均可以在经历多轮数学习后达到收敛状态。

(3)基于演员-评论家的虚拟网络功能部署算法的执行时间。本实验评估了基于演员-评论家的虚拟网络请求部署算法在网络场景的执行时间。

(4)边云协同系统的平均代价。边云协同系统的平均代价是虚拟网络请求部署决策优良性的评估指标之一。本章设置实验评估了不同虚拟网络请求数量下基于演员-评论家的边云协同系统中虚拟网络请求部署算法与其他对比算法的边云协同系统平均代价。

(5)部署决策的平均惩罚值。部署决策的平均惩罚值是虚拟网络请求部署决策优良性的评估指标之一。本章设置实验评估了不同虚拟网络请求数量下基于演员-

评论家的虚拟网络请求部署算法与其他对比算法的边云协同系统的平均惩罚值。

（6）部署决策的平均延迟。部署决策的平均延迟是虚拟网络请求部署决策优良性的评估指标之一，同时延迟在一定程度上影响了用户服务质量。本章设置实验评估了不同虚拟网络请求数量下基于演员-评论家的边云协同系统中虚拟网络请求部署算法与其他对比算法的边云协同系统的平均延迟。

10.4.3　实验结果与分析

本章首先评估了基于演员-评论家的虚拟网络功能部署算法的收敛性。该实验建立在基础边云协同系统中，边缘云和第三方云共拥有 24 个服务节点，设定了不同大小流量的部署需求，分别为拥有 10 个虚拟网络请求的虚拟化网络的互联请求，拥有 30 个虚拟网络请求的虚拟化网络的互联请求，拥有 50 个虚拟网络请求的虚拟化网络的互联请求以及拥有 70 个虚拟网络请求的虚拟化网络的互联请求。实验中互联请求中的虚拟网络请求将从在实验中设定的虚拟网络请求集合中随机产生。

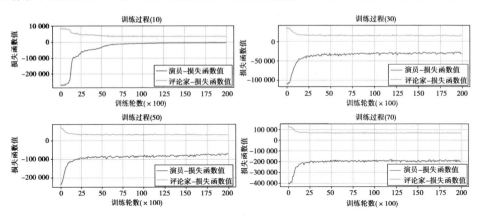

图 10.3　基于演员-评论家的虚拟网络功能部署算法收敛性评估图

如图 10.3 所示，首先提取了在不同大小流量的情况下，演员模块和评论家模块损失函数的收敛情况。首先可以看到不同流量的损失函数值均达到了收敛状态，演员模块和评论家模块的损失函数值分别从不同的方向下降并随着训练轮数的增加而达到收敛状态。实验数据显示将 10 个虚拟网络请求的部署问题训练至收敛状态需要最多的训练轮数。尽管在实验中 10 个虚拟网络请求的部署问题相较于其他流量的部署问题应当相对容易，但正是因为其部署问题过于简单，算法能够轻易地完成部署决策且不违反约束，这使得演员生成策略动作间的回报值差异过小，因此 10

个虚拟网络请求的部署问题反而花费了最多的训练轮数,即大约在训练至 7 500 轮时演员模块和评论家模块才均达到收敛状态。在 30 个虚拟网络请求的部署问题上,实验数据显示约在 2 500 轮时,算法达到了收敛状态。在 50 个和 70 个虚拟网络请求的部署问题上,其收敛轮数均约在 3 000 轮。在高流量的边云协同系统中,高流量下为演员模块的动作带来了更为明显的差异,评论家也从不同策略和状态中学习到了如何评估策略,因此较于低流量的部署问题,高流量需要更短的训练轮数以达到收敛状态。同时从图 10.3 中可以了解到,随着流量规模的增加,演员和评论家的损失函数收敛值的绝对值也逐渐升高。这是由于随着请求数量的增加,边云协同系统中的负载也逐渐增大,虚拟网络请求的部署策略越来越不易满足约束条件,因此由式(10.24)和式(10.26)所得的损失函数值也随之升高。

在图 10.4 中继续展示了随着流量规模的扩大,边云协同系统中总代价的变化,以及边缘云和第三方云的代价变化。在规模为 10 个虚拟网络请求时,边云协同系统的总代价由初始代价值 8 000 经历训练后逐渐降为 3 500 左右,其下降过程的波动状态与损失函数值的波动过程类似,均存在一个极速下降的状态并随之缓慢地下降至收敛值。在规模为 30 个虚拟网络请求时,边云协同系统的总代价由初始代价值 30 000 降至 13 000 左右,并且在训练初期第三方云的代价高于边缘云的代价,在经过训练后第三方云的代价从 15 400 降至 3 700 左右,边缘云代价由初始的 30 000 下降到 9 500 左右。在规模为 50 个虚拟网络请求时,边云协同系统的总代价由初始代价值 53 000 降至 28 000 左右,与在规模为 30 个虚拟网络请求部署问题的训练过程相似,在训练初期时第三方云的代价高于边缘云的代价,在经过训练后第三方云的代价从 31 000 降至 13 000 左右,边缘云代价由初始的 22 000 下降到 14 700 左右,

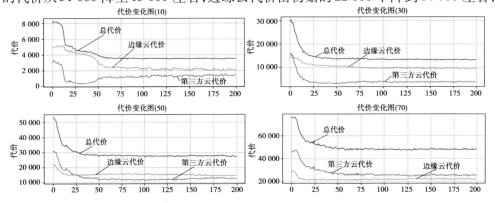

图 10.4　边云协同系统代价变化示意图

训练结束后边缘云的代价高于第三方云。这是由于在多轮训练后,基于演员-评论家的边云协同系统中虚拟网络请求部署算法寻找到了边缘云和第三方云中部署代价的平衡点,并确保了系统总代价尽可能最小。在规模为 70 个虚拟网络请求时,边云协同系统的系统总代价由初始代价值 76 000 降至 48 600 左右,在经过训练后第三方云的代价从 46 800 降至 25 800 左右,边缘云代价由初始的 29 200 下降到 22 000 左右。不同于其他规模下的虚拟网络请求部署问题,规模为 70 个虚拟网络请求在训练初始至训练结束第三方云的代价均高于边缘云的代价。这是因为在高流量的虚拟网络请求部署问题中,边缘云的负载已达到极限,继续在边缘云中部署请求不仅会导致更高的代价,还会产生因无充足计算资源而导致违反约束的高惩罚问题,因此算法选择将请求部署于第三方云中,此时第三方云便为边缘云大大减轻了部署压力,平衡了边云协同系统的总代价。该实验说明基于演员-评论家的虚拟网络功能部署算法能够适应网络请求规模的变化,无论是面对小型用户请求还是面对用户请求规模较大的网络场景,基于演员-评论家的虚拟网络请求部署算法均可以灵活地产生不同的应对策略,这一特点在当下时时变化的网络场景中显得格外重要。

为评估基于演员-评论家的虚拟网络功能部署算法的普适性,本节不仅在设立的基础边云协同系统中测试了算法的收敛状况和代价的下降程度,此外在一个大规模边云协同系统中也做了同样的收敛性测试。大规模边云协同系统中同样由边缘云和第三方云共同构成。与基础边云协同系统不同的是,在大规模边云协同系统中,部署了更多的服务节点,大规模边云协同系统中边缘云和第三方云的服务节点的数量是基础边云协同系统的两倍,其拥有的资源也比基础边云协同系统成倍扩增。值得一提的是,基于演员-评论家的虚拟网络请求部署算法在大规模的边云协同系统中也取得了优异的表现,图 10.5 为在大规模边云协同系统中部署拥有 50 个虚拟网络请求的虚拟化网络的互联请求的系统代价下降情况和算法的收敛状态。可以看出系统总代价由初始的 73 000 降至 25 000 左右,其中第三方云的代价下降极为明显,但也不可缺少。收敛性部分随着网络规模的扩增,训练要比基础边云协同系统花费更多的轮数,演员模块约在 7 500 轮才达到收敛状态。这是由于在大规模边云协同系统中,演员模块的动作空间成倍地增长,使得评论家模块和演员模块都需要更久的计算以寻找到最优策略。幸运的是,基于演员-评论家的虚拟网络功能部署算法在基础边云协同系统和大规模边云协同系统中均在训练后达到收敛状态,且取得良好的策略使得系统总代价都大大降低,该实验说明了基于演员-评论家的虚拟网络功能部署算法对不同规模的网络均有良好的适应性。

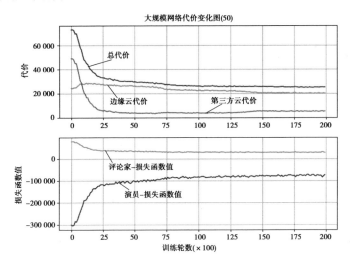

图 10.5　大规模边云协同系统中代价及损失函数变化示意图

在边云协同系统中,虚拟网络功能部署算法的执行时间将直接影响用户的服务质量,优异的部署算法应当尽可能地缩短算法本身的时间,减少因虚拟网络功能部署算法生成策略时的执行与计算时间而影响算法的性能。因此,本章测试了基于演员-评论家的虚拟网络功能部署算法的执行时间。图 10.6 展示了在虚拟网络功能的数量分别为 10、30、50 及 70 时,部署算法的执行时间分别约为 9 ms、16 ms、23 ms以及 33 ms。可以看到基于演员-评论家的虚拟网络功能部署算法的执行时间均为毫秒级,并且无论是在低流量下还是高流量的情况下,执行时间均极低,对用户体验的影响几乎可以忽略不计。

在边云协同系统中,虚拟网络请求部署算法的决策是否合理将直接体现在系统代价中。因此本章比较了基于演员-评论家的虚拟网络功能部署算法(Actor-Critic),仅部署于边缘云(Edge Cloud Only),仅部署于第三方云(Third-party Cloud Only),随机选择(Random Choose)法以及最小化运营开销(Min-ServiceNodes)算法。设定在基础边云协同系统中,边缘云和第三方云共拥有 24 个服务节点。实验分别测试了在基础边云协同系统中部署不同数量虚拟网络请求的系统代价,并设置了 200 轮测试求取边云协同系统的平均代价以避免算法的随机性。图 10.7 展示了测试不同算法的平均系统代价,随着虚拟网络请求数量的增加,每个算法的部署平均代价均相应地增长,其中基于演员-评论家的虚拟网络请求部署算法和最小化运营开销算法

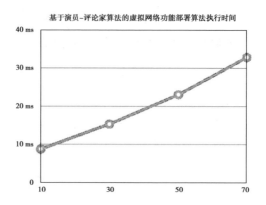

图 10.6　边云协同系统中基于演员-评论家的虚拟网络功能部署算法执行时间

的平均代价相较于其他算法增长缓慢且平均系统代价较低。基于演员-评论家的虚
拟网络请求部署算法的平均代价在虚拟网络请求数量为 10、30、50、70 时分别为
5 989、21 634、41 117、64 542；最小化运营开销算法的平均代价在虚拟网络请求数量
为 10、30、50、70 时分别为 5 253、15 760、26 812、43 730。虽然基于系统平均代价的
数据，最小化运营开销算法的平均代价要低于基于演员-评论家的虚拟网络功能部
署算法，但由于最小化运营开销算法部署以最小化运营中的服务节点数量为目的，
这将导致服务节点的资源占用率极高，从而使得服务质量下降，而基于演员-评论家的
虚拟网络请求部署算法通过基于强化学习的动态部署策略，能够将虚拟网络请求分
散且合理地部署于不同节点，因而在资源充足的情况下保证了服务质量。因此从服
务质量角度考虑，最小化运营开销算法的低代价并不足以使最小化运营开销算法的
优势优于基于演员-评论家的虚拟网络请求部署算法。图 10.7 中的其他算法平均
代价在不同数量的平均代价均高于基于演员-评论家的虚拟网络请求部署算法，其
中仅部署于第三方云算法在高负载 70 个虚拟网络请求的部署决策的平均系统代价
极高，这是因为在高负载状态下仅部署于第三方云的服务延迟增大导致延迟代价升
高，计算代价也因第三方云的高收费而随之增加。而仅部署于边缘云和随机选择算
法在虚拟网络请求数量为 10、30、50、70 时分别为 21 867 和 8 270、38 892 和 30 283、
47 737 和 53 195、70 424 和 434 730，两种算法的平均代价均高于基于演员-评论家
的虚拟网络功能部署算法。

　　在基于系统平均代价的实验中继续测试了影响虚拟网络请求部署决策优良性
的评估指标的平均惩罚值。如图 10.8 所示，基于演员-评论家的虚拟网络请求部署
算法的部署决策在算法中取得了最低的惩罚值，在虚拟网络请求数量为 50 和 70

时,系统平均代价分别为 2 050 和 6 317。而在系统平均代价实验中表现优异的最小化运营开销算法在平均惩罚值实验中得出了最高的惩罚值,在虚拟网络请求数量为50 和 70 时,平均惩罚值分别为 130 630 和 284 847。这是因为最小化运营开销算法将多个虚拟网络请求集中于少量的服务节点,这将增加单一服务节点的负担,这将容易违反系统约束,且在实际应用中易出现系统宕机的风险、仅部署于边缘云算法,仅部署于第三方云算法以及随机选择法在虚拟网络请求数量为 50 和 70 时的表现均不如基于演员-评论家的虚拟网络请求部署算法。虚拟网络请求的数量为 10 和30 时,各类虚拟网络请求的部署算法的平均惩罚值均为 0,因此未做展示。

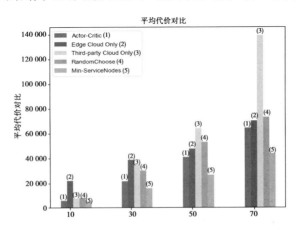

图 10.7　边云协同系统中部署平均代价对比

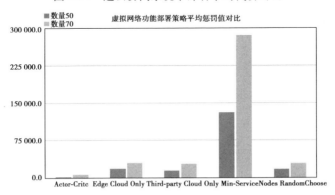

图 10.8　不同算法的部署决策平均惩罚值对比

实验继续测试了在边云协同系统中基于演员-评论家的虚拟网络功能部署算法、随机选择算法以及最小化运营开销算法分别在边缘云和第三方云的延迟代价。如图 10.9 所示,本节采用折线图分别表示了每种算法在不同数量的虚拟网络请求下的总延迟代价以及分别在边缘云和第三方云的延迟代价,可以看到基于演员-评论家的虚拟网络功能部署算法在请求数量分别为 10、30、50、70 时的总延迟代价均低于基于随机选择算法和最小化运营开销算法的总延迟代价。更为明显的是,无论是哪种算法,部署于边缘云的延迟代价总是低于第三方云的延迟代价,这是因为边缘云相比于第三方云通常部署于距离用户更近的地方,因此付出了更少的延迟代价。而基于演员-评论家算法的虚拟网络功能部署决策比起随机选择算法以及最小化运营开销算法能够根据当前边云协同系统的负载状况,在类型决策与部署位置决策中的双重决策中均优于随机选择算法以及最小化运营开销算法,并为虚拟网络请求选择出使得总代价最低,惩罚最低且延迟最低的服务节点。

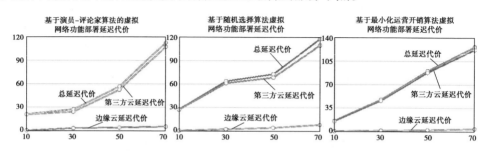

图 10.9　边云协同系统中部署算法延迟代价对比

因此,本节探讨了在测试实验中总代价最小的数据中基于演员-评论家的虚拟网络功能部署算法、随机选择算法以及最小化运营开销算法的类型决策的差异,并对比了不同类型决策算法下边缘云和第三方云的部署代价。图 10.10 展示了基于演员-评论家的虚拟网络功能部署算法、随机选择算法以及最小化运营开销算法的部署类型对比。由图可见,在请求数量分别为 10、30、50、70 时,在基于演员-评论家算法的虚拟网络功能的部署类型中虚拟机类型的虚拟网络请求数量要高于容器类型虚拟网络请求的数量,且随请求数量增加,容器类型的虚拟网络请求数量逐渐增加,这是因为随着请求数量增加边缘云的资源逐渐不足以为虚拟网络请求提供计算服务,基于演员-评论家算法通过与边云协同系统交互,及时了解到系统负载及环境状态的变化,并对部署策略进行调整,因而增加了容器类型的虚拟网络请求,而容器类型的虚拟网络请求数量增加并没有导致总代价的增加。如图 10.11 所示,在请求数量分别为 10、30、50、70 时,基于演员-评论家算法的虚拟网络功能的部署算法在第三方云的代价分别为 1 806、2 358、9 780、3 214。在图 10.11 中,最小化运营开销算法尽管获得了较低代价,但算法以最小化运营开销为目的的部署请求,高负载下追寻

最少运营服务节点为目标而不考虑服务节点的计算能力,这通常导致部署策略具有
较高的惩罚,此点也在图 10.8 中有所验证。而基于随机选择算法采用随机选择的
方式不能根据环境变化做出当下的最优决策,在图 10.11 中,随机选择算法的总代
价均超过了基于演员-评论家算法的虚拟网络功能的部署算法的代价。

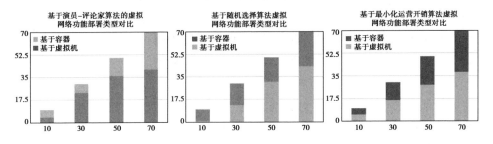

图 10.10　边云协同系统中虚拟网络功能部署类型对比

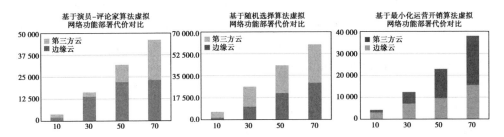

图 10.11　边云协同系统中虚拟网络功能部署代价对比

本章小结

　　本章提出了在边云协同系统中最小化虚拟网络功能部署代价的问题,建立了一
个混合整数线性规划模型来研究在边云协同系统中共存虚拟机和容器的部署代价
的优化问题。研究了在边云协同系统中虚拟网络功能部署的两个重要决策问题,即
类型决策及部署位置决策。将该优化问题建模为一个 MDP 模型,并构建了基于演
员-评论家的深度强化学习的求解框架完成对边云协同系统中虚拟网络功能部署问
题最小化代价策略的求解,进行了大量实验与多种部署算法的求解结果并对比,结
果表明,本章提出的基于深度强化学习的求解框架能够在边云协同系统中,合理利
用边缘云和第三方云的部署优势、平衡总代价、系统惩罚及用户服务质量,获得更接
近理论最优解的双重部署决策。

参考文献

[1] STAHLBOCK R, VO ß S. Operations research at container terminals: A literature update[J]. OR Spectrum, 2008, 30(1): 1-52.

[2] RIGGIO R, KHAN S N, SUBRAMANYA T, et al. LightMANO: Converging NFV and SDN at the edges of the network[C]//NOMS 2018-2018 IEEE/IFIP Network Operations and Management Symposium. Taipei. IEEE, 2018: 1-9.

[3] SEWAK M, SINGH S. Winning in the era of serverless computing and function as a service[C]// 2018 3rd International Conference for Convergence in Technology (I2CT). Pune, India. IEEE, 2018: 1-5.

[4] SHEORAN A, BU X Y, CAO L J, et al. An empirical case for container-driven fine-grained VNF resource flexing[C]//2016 IEEE Conference on Network Function Virtualization and Software Defined Networks (NFV-SDN). Palo Alto, CA, USA. IEEE, 2016: 121-127.

[5] SBARSKI P. SERVERLESS ARCHITECTURES ON AWS : with examples using AWS Lambda [M]. California: Manning Publications, 2017.

[6] BULUT A, RALPHS T K. On the complexity of inverse mixed integer linear optimization[J]. SIAM Journal on Optimization, 2021, 31(4): 3014-3043.

[7] LI J L, SHI W S, ZHANG N, et al. Reinforcement learning based VNF scheduling with end-to-end delay guarantee[C]//2019 IEEE/CIC International Conference on Communications in China (ICCC). Changchun, China. IEEE, 2019: 572-577.

[8] LI X R, SAMAAN N, KARMOUCH A. An automated VNF manager based on parameterized action MDP and reinforcement learning [C]//ICC 2021-IEEE International Conference on Communications. Montreal, QC, Canada. IEEE, 2021: 1-6.

[9] 朱智强. 混合云服务安全若干理论与关键技术研究[D]. 武汉: 武汉大学, 2011.

[10] 车天伟. 面向多级混合云的数据安全保护技术研究[D]. 西安: 西安电子科技大学, 2016.

[11] CARPIO F, BZIUK W, JUKAN A, et al. On optimal placement of hybrid service function chains (SFCs) of virtual machines and containers in a generic edge-cloud continuum[EB/OL]. 2020: 2007.04151. https://arxiv.org/abs/2007.04151v1.

第 11 章　边缘计算中融合强化学习与图卷积的容器集群部署

11.1　背景介绍

基于容器的虚拟化技术由于其更少的资源占用、更快的启动能力和更好的资源利用效率等优点,近年来在边缘计算环境中得到了广泛的应用。在实际应用中,为了满足任务的不同需求,通常需要将多个容器互联成为一个容器集群。随后,容器集群将部署在资源相对有限的边缘服务节点上以提供更复杂的服务。然而,任务的日益复杂和时变特性给容器集群的部署带来了巨大的挑战。本章将提供服务所需的各类资源收益视为系统收益,将服务效率和系统能耗视为系统支出,随后建立了一个混合整数规划模型来描述边缘服务节点上容器集群的最优部署问题。此外,本章还提出了一种称为 RL-GCN 的基于深度强化学习结合图卷积网络的求解框架来解决上述优化问题。该框架根据容器集群资源需求和优化目标通过自我学习来获得相对最优的部署策略。特别地,本章通过引入图卷积网络,可以有效地提取容器集群,汇总多个容器之间的关联关系以提高部署质量。实验结果表明,与其他代表性的基准方法相对,在不同规模的服务节点和任务请求下,所提出的方法可以在部署错误率、求解时长和累积系统收益方面获得更好的求解性能。

近年来,随着无线接入技术的快速发展,各种移动互联网和新型物联网应用不断涌现。业务越发呈现出响应时间要求更短、服务质量要求更高、对资源需求越发多元以及对资源需求规模动态变化等新的特征,而将 IT 资源集中于数据中心为用户提供服务的云计算模式已经很难满足上述新的需求。

边缘计算通过将云计算应用到网络边缘侧来解决传统云计算模式下存在的高延迟、带宽占用量大等问题[1-3]。一般来说,它们建立在服务器集群上,并结合内部应用和系统软件。而云资源在过去通常被打包到不同类型的虚拟机中(VM),以服务于云用户。最近,云容器成了虚拟机一种更轻量的替代品。虚拟机中需要模拟一台物理机的所有资源,这就给物理机增加了不必要的计算量。而容器仅仅在操作系统层面上,对应用所需的各类资源进行了隔离。

除购买单个容器外用于计算外,用户通常还需要一组容器和它们之间的网络,以创建一个容器集群,从而构建一个可靠且可扩展的分布式系统。典型的例子包括地理分布的机器学习系统,以及网络功能虚拟化环境中的服务链。类比网络虚拟化环境下的服务功能链部署,可以将云计算环境下的容器集群部署问题理解为容器集群前向图嵌入问题(CC Forward Graph Embedding problem)[4],也就是如何将容器集群中包含的所有容器以及建立容器间通信的链路映射到底层物理网络环境中,这项技术面临的主要挑战之一是在有限时间内将容器集群中所有容器在不破坏资源约束的前提下部署到合适的底层网络基础设施中,同时又要满足云计算服务提供商的某些特定条件,比如收益最大化、能耗最小化或者用户体验最优等[5-6]。

本章从边缘服务提供商的角度出发,将提供服务所需的各类 IT 资源收费视作系统收益,将服务效果及能耗开支视作系统支出,然后通过建立一个混合整数规划模型来描述 CC 在多个边缘节点上的部署。以往的相似研究工作中采取的传统深度强化学习(如 Q-learning)在处理具有高连续状态和动作维度高的虚拟网络部署问题时,会遇到诸如难以收敛和梯度爆炸等问题。与已有研究常采用的启发式方法不同的是,本章通过构建基于 Actor-Critic 的深度强化学习框架来求解所提出的优化问题。特别地,与已有研究工作仅考虑 VNF 单元之间的逻辑关系是链式[7]或者树状结构[8]不同,我们考虑多个容器之间的关联关系为更一般化的网状结构以适应各种复杂的业务功能需求,进一步通过引入图卷积网络[9]对 CC 中多个容器间的网状关联拓扑结构进行特征提取,并将结果作为深度强化学习的求解框架的输入以提高解的输出质量。通过与多个相关算法的求解结果进行对比,结果表明本章提出的求解方法能在多种参数配置的边缘计算环境下获得更优的部署方案,在保证求解效率的基础上显著提升了求解质量,明显地改善了系统收益。

11.2　系统描述与建模分析

11.2.1　系统框架描述

　　根据业务的特点及对资源的需求规模,将虚拟资源优化部署到底层物理基础设施,不仅直接影响到用户的服务体验,同时关系到服务提供商的资源使用效率,并最终影响服务提供的开支。由于云数据中心具有为远端用户提供服务的充足的 IT 资源(如算力、存储和网络等资源),因此在云计算环境下,学界研究更多的是如何通过虚拟资源的映射,从而提高资源利用效率和控制数据中心的能耗开销[10-11]。相比之下,在网络边缘采用分布式方式部署的服务节点由于资源受限但却往往需要更快速地响应用户的各种请求,因此在进行 CC 部署时需要同时考虑系统生成部署策略的效率、部署策略所能够提供服务的质量和边缘 IT 资源的利用效率。

　　Chowdhury 等人[12]通过将虚拟网络的嵌入问题(VNE)描述成一个混合整数规划问题。然后通过松弛技术,使之转变成线性规划问题,并分别使用确定性和随机舍入技术设计了启发式算法。Yong 等人[13]研究了基于链式结构关联的多个 VNF 的部署问题,通过统一控制机制来确保功能部署和数据传输的准确性。在文献[14]中,作者将服务功能链部署过程视为一个无限期的马尔可夫决策过程,提出了一个基于主服务与备份服务同时分配的动态可靠性感知服务部署模型,实验表明所提出的算法相对于静态部署算法能够考虑到当前可能的部署决策对以后部署产生的影响,进而降低整体部署成本。在文献[15]中,作者所提出了一种基于介数中心数(betweenness centrality)的启发式算法,该算法面向小规模和大规模数据中心的 VNF 部署问题,通过复杂性分析和实验对比表明该算法能降低时延。Shahrukh 等人[16]则通过运用爬山算法和模拟退火算法(simulated annealing)找寻最优的边缘服务器的部署策略,取得了较满意的查找解的效率。基于启发式方法的算法,当面对较大问题规模时(如:业务请求规模增大或者网络规模较大)求解质量往往会下降,并最终导致输出解难以满足服务提供商的需求。

　　近年来,随着机器学习领域的发展,也开始出现了基于机器学习的虚拟网络功能或网络功能服务链的部署方法。文献[17]的作者使用强化学习对部署优化策略进行建模,提出了一种基于强化学习方法的网络功能服务链部署方法,该方法最终达到的智能体(agent)能够通过探索网络功能虚拟化基础结构来学习部署决策,以最大程度地降低服务器总体功耗。得出的实验结果表明,当将所提出的策略也与启发式方法结合时,使用相对简单的算法即可获得具有高度竞争性的结果。在文献[18]中作者提出了一种针对自主虚拟网络功能部署的适应性强化学习方法。在这项研究工作中,利用了端到端服务级别的性能预测来部署虚拟网络功能,其次,该方法基于适应于预测的特定形式的强化学习,使得产生的部署策略对于动态条件更具弹性,对于其他网络节点也可移植,并且该方法能够在异构网络环境中进行推广。与上述工作不同的是,我们考虑了关联关系更为复杂的 CC 部署问题,并同时将服务质量和资源利用效率等因素纳入考察。进一步,在通过 GCN 提取 CC 逻辑拓扑的基础上,我们构建了基于 Actor-Critic 的强化学习框架求解优化问题。

11.2.2　优化模型的建立

本章考虑的在边缘计算环境下进行容器部署场景如图 11.1 所示,边缘服务区域部署了多个相互连接的服务节点,服务节点可共同向终端用户提供基于计算、网络和存储等的近端服务。边缘服务区域通过核心网与云数据中心进行连接。用户通过就近的基站或无线热点将各类复杂任务[19]提交给边缘计算端,这类任务可以包括多个虚拟网络功能的端到端应用或分布式机器学习等任务请求。为了应对用户的各类业务请求,同时有效控制运营成本(即 OPEX),服务商能够通过集成了虚拟架构管理器(Virtual Infrastructure Managers, VIMs)[20]的控制系统实现对容器实例的管理与部署,例如:使用 OpenWhisk[21]。VIM 根据用户的任务请求特征完成多个容器之间的关联性分析,并结合周期性收集到的边缘服务节点可用 IT 资源信息输出优化的 CC 部署策略。部署策略实现了将 CC 中多个关联的容器映射至分布式部署的边缘节点之上,最后在边缘节点之上开启容器并提供服务。

当请求到达之后,VIM 在尽可能短的时间内做出高质量的 CC 部署决策存在挑战,主要原因在于:一方面,随着不断有新的请求到达以及部分请求服务完成,使得边缘服务节点的工作负载和可用的 IT 资源都存在动态变化。另一方面,在一段时间内 VIM 收到请求类型以及请求所需的资源均可能存在差异,更困难的是,任务自身的复杂性导致 CC 中多个容器之间的关联关系越发复杂。为了便于阅读和理解,这里将本章中出现的数学符号及其对应的含义汇总在表 11.1 中。

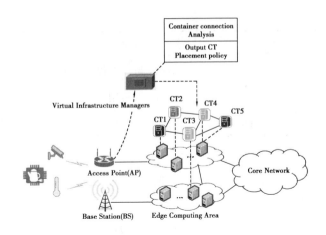

图 11.1　边缘服务区中容器集群的部署

表 11.1　符号汇总

符号	含义
G_c	边缘服务提供商获得单位计算资源收入
G_m	边缘服务提供商获得单位内存资源收入
G_s	边缘服务提供商获得单位存储资源收入
V_i	由多个容器组成用于服务请求 i 的容器集群
N	边缘计算区域中的服务节点集合
I	服务请求集合
C	边缘服务提供商的单位能耗支出
$\eta_{k,c}$	服务节点 k 的计算资源利用
W_k^{max}	服务节点 k 的最大能耗
W_k^{min}	服务节点 k 的最小能耗
$X_{j,k}^i$	判断服务请求 i 的容器集群中容器 j 是否部署在边缘服务节点 k 上
$a_{i,j}^C$	服务请求 i 的容器集群中容器 j 需要的计算资源
$a_{i,j}^M$	服务请求 i 的容器集群中容器 j 需要的内存资源
$a_{i,j}^S$	服务请求 i 的容器集群中容器 j 需要的存储资源
$\phi_{m,n}^i$	服务请求 i 的容器集群中容器 m 和容器 n 之间的带宽需求
B_{k_u,k_v}	服务节点 k_u 和服务节点 k_v 之间的物理带宽资源
R_k^C	服务节点 k 的可用计算资源

续表

符号	含义
R_k^M	服务节点 k 的可用内存资源
R_k^S	服务节点 k 的可用存储资源
u_k	判断服务节点 k 是否开启。1 表示开启,0 表示关闭

本章从边缘服务提供商的角度出发,构建了包含服务收入和服务成本的优化模型。目的是在满足用户对服务质量要求的前提下,有效平衡系统能耗,从而为边缘服务提供商实现系统利益最大化。优化问题可以表示为

$$\text{Max}(\text{service revenue}-\text{service cost}) \tag{11.1}$$

本章将边缘服务提供商的收益表示如式(11.2)所示。其中,对于服务请求 $i \in I$ 所需的容器 $j \in V_i$。占用的 IT 资源,分别表示如下:计算资源 $a_{i,j}^C$、内存资源 $a_{i,j}^M$ 和存储资源 $a_{i,j}^S$,另外为了衡量不同的收费模式,分别定义了三种资源的计费系数:G_c、G_m 和 G_s。值得注意的是,对于计算资源的计费规则,本章增加了服务效果系数($1-\eta_{k,c}$),这是因为已有研究表明当在单台物理服务节点上实例化过多容器虽然能够减少提供服务所占用的服务节点数量,从而降低整体能耗,但多个容器对计算资源和内存资源的竞争使用会导致服务延迟和吞吐量的显著下降[22-23]。用户获得的服务质量的降低,必然会导致边缘计算服务商的收益下降。大多数容器的内存需求并非瓶颈,因此我们考虑对服务效果影响最大的计算资源,定义了($1-\eta_{k,c}$)作为计算资源敏感的容器集群服务效果系数。

$$\sum_{k \in N} \left(G_c(1-\eta_{k,c}) \cdot \sum_{i \in I} \sum_{j \in V_i} X_{j,k}^i \cdot a_{i,j}^C + G_m \cdot \sum_{i \in I} \sum_{j \in V_i} X_{j,k}^i \cdot a_{j,k}^M + \right.$$
$$\left. G_s \cdot \sum_{i \in I} \sum_{j \in V_i} X_{j,k}^i \cdot a_{i,j}^S \right) \tag{11.2}$$

本章定义式(11.3)表示边缘服务节点的服务成本。考虑到能耗开支占服务提供商日常运营开支的主要部分,因此本章主要采用能耗作为优化模型的服务成本。在式(11.3)中,定义了 $W_k^{\max}$ 和 $W_k^{\min}$ 分别表示边缘服务节点 k 的最大能耗和最小能耗。能耗与资源使用率呈正相关,因此我们使用($W_k^{\max}-W_k^{\min}$) $\cdot \eta_{k,c}$ 来表示边缘服务节点 k 在工作状态下的能耗。

$$\sum_{k \in N} \left((W_k^{\max} - W_k^{\min}) \cdot \eta_{k,c} + W_k^{\min} \cdot u_k \right) \cdot C \tag{11.3}$$

所提出的优化模型受一下约束的限制。式(11.4)表示物理服务节点 k 上关于计算资源的利用率 $\eta_{k,c}$，其值的范围限定在 $[0,1]$。

$$\eta_{k,c} = \frac{\sum\limits_{i \in I} \sum\limits_{j \in V_i} X_{j,k}^i \cdot a_{i,j}^C}{R_k^C} \in [0,1] \tag{11.4}$$

式(11.5)限定服务请求 i 的第 j 个容器只能部署在一个物理节点上，不能重复部署。

$$\sum_{k \in N} X_{j,k}^i \leqslant 1, \quad \forall i \in I, j \in V_i, k \in N \tag{11.5}$$

式(11.6)限定了服务请求 i 中分别部署在服务节点 k_u 和 k_v 上的任意两个容器 m 和 n 之间的数据通信所占用的带宽不能超过 k_u 和 k_v 之间的带宽资源总量。

$$\sum_{i \in I} \sum_{m,n \in V_i} \phi_{m,n}^i \cdot X_{m,k_u}^i \cdot X_{n,k_v}^i \leqslant B_{k_u,k_v} \tag{11.6}$$

此外，式(11.7)—式(11.9)分别限定了服务请求 i 包含的所有容器资源需求总量不超过服务节点 k 的可用资源 R_k^C、R_k^M 和 R_k^S。

$$\sum_{i \in I} \sum_{k \in N} X_{j,k}^i \cdot a_{i,j}^C \leqslant R_k^C \tag{11.7}$$

$$\sum_{i \in I} \sum_{k \in N} X_{j,k}^i \cdot a_{i,j}^M \leqslant R_k^M \tag{11.8}$$

$$\sum_{i \in I} \sum_{k \in N} X_{j,k}^i \cdot a_{i,j}^S \leqslant R_k^S \tag{11.9}$$

11.3　结合图卷积网络强化学习的容器部署方法

本章定义的关于容器集群部署的优化问题可以简化为一个经典的多维背包问题。这里假设在一段时间内只有一个请求，进一步将在计算，内存和存储等维度上具有容量限制的边缘服务节点视作多维度的"背包"，而将一个容器集群所包含的多个在计算，内存和存储等维度上具有资源需求的容器视作待放入背包中的"物品"。由于每件"物品"都有自身的价值，那么本章所定义的优化目标也即可视作通过将"物品"放入"背包"中使得"背包"中物品价值最大。由于多维背包问题(Multidimensional Knapsack Problem)是一个 NP-Hard 问题[24]，因此本章所提出的关于容器集群部署的优化问题是一个 NP-Hard 问题，难以在多项式时间内找到全局最优解。

　　虽然已有工作常采用的启发式求解方法通常具有较高的求解效率,但求解质量往往难以评估,且当求解问题规模较大时解的质量更是难以令人满意。而对于容器集群的部署问题,从本质上是在决策空间内进行决策变量的最优选择的问题,这与强化学习的"动作选择"相似,因此基于强化学习,让模型根据容器集群部署的需求目标实现自我学习寻求最优解的方法,是实现容器集群的高质量部署决策的一种新的思路。

　　本章提出了一种基于演员-评论家算法[24]的容器集群部署策略求解框架。演员-评论家算法结合了基于策略和基于值的算法,其中演员 Actor 是指策略函数,用于生成动作。评论家 Critic 是指价值函数,用于评价演员的表现。该方法可以在连续动作空间中高效地学习随机策略,即解决了维度高的问题。同时,该算法也具有较好的收敛性,大大缩短了训练时长。因此,本章对容器集群部署问题的求解框架基于该算法提出。当把需要在边缘服务区块进行部署的容器集群输入框架中时,智能体 agent(即演员网络)将根据当前的网络状态 S_t 给出合适的决策 A_t(也即部署策略),它指示容器集群中容器的部署位置。然后,整个边缘计算区域被视作环境(Environment),环境会评估部署策略并输出指示部署策略质量的反馈信息 R_{t+1}(即奖励),同时 Environment 会更新并得到部署之后的新环境 S_{t+1}。另外,评论家网络(即 Baseline)会给出当前输入的预期收益,然后演员网络将根据实际利润和预期利润的误差更新参数。如图 11.2 所示,上述过程不断执行并构成了基于强化学习的决策-奖励反馈循环。

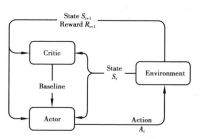

图 11.2　决策-奖励反馈循环

11.3.1　求解复杂性分析及马尔可夫形式化描述

　　如图 11.3 所示,求解框架 RL-GCN 主要包括演员网络和评论家网络。演员网络 Actor 由图卷积网络和序列到序列网络[25]组成。图卷积网络用于提取容器之间存在的拓扑关联关系,并辅助序列到序列网络推断出更准确的部署策略。演员网络模型运作流程如下:假设系统在 t 时刻接收到了 k 个容器集群部署请求,这 k 个容器集群组成的集合表示为 $[CC_1, CC_2, \cdots, CC_k]$,每一个容器集群最多包括 m 个容器。$[CC_1, \cdots, CC_k]$ 被输入至图卷积网络用于容器间链接关系的特征提取。需要说明的是,容器集群集合中的多个容器集群的特征信息被组合成一个块对角矩阵后输入给图卷积网络进行训练[26],并同时输入给序列到序列网络的编码器进行信息编码的提取。图卷积网络的输出与序列到序列的编码器的输出经过矩阵点乘运算之后输入给序列到序列的解码器,最后由序列到序列的解码器推断出容器集群的部署策略。另外,我们基于一个简单的循环神经网络(Recurrent Neural Network,RNN)设计了评论家网络,网络的输入是经过嵌入后的容器集群集合,输出是奖励的预期值。

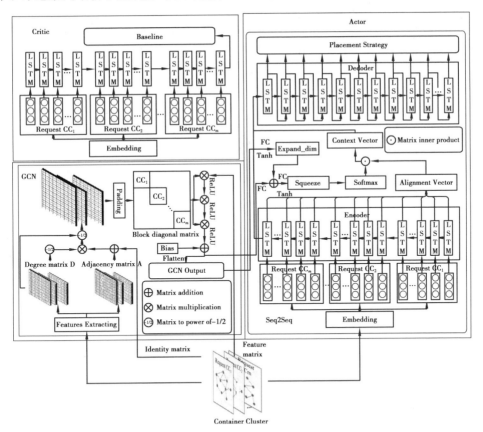

图 11.3　RL-GCN 框架细节

11.3.2　基于图卷积网络的容器关联关系提取

图卷积网络能够从非欧几里得数据中高效提取特征,因此适用于完成节点分类、图分类或关系预测等任务[2]。为了达到更优的容器集群部署任务,有必要分析容器集群中多个容器之间建立的复杂互联关系。由于图卷积网络在处理图结构数据方面的独特优势,本章采用图卷积网络提取容器集群中多个容器之间的拓扑特征。目的是使虚拟基础设施管理器在部署容器集群之前提前感知容器集群的拓扑关系,人能够在不违反约束条件的前提下更加准确地给出部署策略,降低容器部署成本,提高边缘服务提供商的整体效率。用 $G=(V,E)$ 表示容器集群,其中 V 表示顶点集也即容器集合中的容器,E 表示边集也即容器集群中容器之间的关联关系。那么 G 中顶点的特征就组成了一个 $N×D$ 的矩阵 X,其中 D 表示特征数量。容器集群汇总容器之间的关联关系可以用 V 维的矩阵 A 表示,也就是 G 的邻接矩阵。那么图卷积网络的分层传播方式可以表示为

$$H^{l+1} = \sigma \left(\tilde{\boldsymbol{D}}^{-\frac{1}{2}} \tilde{\boldsymbol{A}} \tilde{\boldsymbol{D}}^{-\frac{1}{2}} H^{(l)} \boldsymbol{W}^{(l)} \right) \tag{11.10}$$

其中,$\tilde{\boldsymbol{A}} = A + \boldsymbol{I}_V$ 是具有附加自连接的 G 的邻接矩阵,$\boldsymbol{I}_V$ 是单位矩阵。$\tilde{\boldsymbol{D}} = \sum_i \tilde{\boldsymbol{A}}_{ij}$ 是矩阵 $\tilde{\boldsymbol{A}}$ 的度矩阵。$\boldsymbol{W}^{(l)}$ 是对于第 l 层的训练参数矩阵。σ 代表的是激活函数,例如 ReLu、Sigmoid 等(本章模型中采用的是 ReLU)。$H^{(l)}$ 代表的是第 l 层的特征,对于输入层 $H=X$。

11.3.3　基于策略梯度的约束优化

如前面所提到的,我们提出的算法给出的部署策略 p 是与当前环境的状态相关的,由此也就构成了一个非确定性策略,假设一个容器集群的集合用 C 表示,其中的一个容器集群用 c 表示 $c \in C$,c 的策略函数表示为:

$$\pi(p \mid c, \theta) = P_r \{ A_r = p \mid S_t = c, \theta_t = \theta \} \tag{11.11}$$

该策略函数表示 t 时刻,输入 c,参数为 θ,输出部署策略 p 的概率为 P_r。该策略赋予高收益部署策略 p 更高的概率,赋予低收益部署策略 p 更低的概率。T 时段内输入容器集群与输出策略的交互生成一个马尔可夫决策过程的一个轨迹(trajectory)τ 的概率可表示为:

$$\pi_\theta(\tau) = P_\theta(c_1, p_1, \cdots, c_T, p_T) = p(c_1) \prod_{t=1}^{T} \pi_\theta(p_t \mid c_t) p(c_{t+1} \mid c_t, p_t) \quad (11.12)$$

在上述策略函数中,对于当前输入容器集群 c_t 的部署策略 p_t 的概率取决于之前容器集群的部署位置 $p_{(<t)}$ 和系统状态。为简单起见,本章假设系统状态是由容器集群 C 完全定义的。策略函数输出的只是指示容器集群部署位置的概率。策略梯度方法的目标是找到一组最佳的参数 θ^* 来得到容器集群的最优部署位置。为此,需要定义一个目标函数来描述部署策略的质量。

$$J_R(\theta \mid c) = \mathop{E}\limits_{p \sim \pi_\theta(\cdot \mid c)} [R(p)] \quad (11.13)$$

在式(11.13)中,本章使用给定容器集群 c 对应部署策略的预期服务收益 $R(p)$ 作为描述部署策略质量的目标函数。因为 VIM 会根据所有容器集群去推断部署策略,因此收益期望则可以用容器集群的预期概率分布来表示,即

$$J_R(\theta) = \mathop{E}\limits_{c \sim C} [J_R(\theta \mid c)] \quad (11.14)$$

同理对于违反约束条件产生的预期惩罚可以用式(11.15)表示。

$$J_C(\theta) = \mathop{E}\limits_{c \sim C} [J_C(\theta \mid c)] \quad (11.15)$$

本章定义了资源需求的 4 个约束条件,分别用式(11.6)—式(11.9)表示。本章通过拉格朗日松弛技术将式(11.1)中定义的约束优化问题转化为无约束优化问题。无约束优化问题可以表示为

$$\max J_L(\lambda, \theta) = \max \left[J_R(\theta) + \sum_i \lambda_i \cdot J_C(\theta) \right] = \max \left[J_R(\theta) + J_\xi(\theta) \right]$$
$$(11.16)$$

其中,λ 为 4 个约束条件的权重,$J_\xi(\theta)$ 是 4 个约束条件的预期收益加权和。接下来,本章使用对数似然法计算 $J_L(\lambda, \theta)$ 的梯度。

$$\nabla_\theta J_L(\lambda, \theta) = \mathop{E}\limits_{p \sim \pi_\theta(\cdot \mid s)} [\nabla_\theta \log \pi_\theta(p \mid c) \cdot Q(c, p)] \quad (11.17)$$

在式(11.17)中,$Q(c, p)$ 用于描述在给定输入 c 和 VIM 做出的决策 p 所能获得的奖励。计算方法可以表示为

$$Q(c, p) = R(p) + \xi(p) = R(p) + \sum_{i=1} \lambda_i \cdot C(p) \quad (11.18)$$

随后,使用蒙特卡洛采样来近似拉格朗日梯度 $\nabla_\theta J_L(\theta)$,其中 m 表示采样数量。为了减小梯度的方差并加快模型的收敛速度,本章使用评论家网络作为基准评估,其该网络由一个简单的 RNN 网络组成。拉格朗日梯度可以表示为

$$\nabla_\theta J_{\mathrm{L}}^\pi(\theta) \approx \frac{1}{m} \sum_{i=1}^m \left(Q(c,p_i) - b(c,p_i) \right) \cdot \nabla_\theta \log \pi_\theta(p_i \mid c) \qquad (11.19)$$

基准评估器 b 预测了当前容器集群的收益值 $b(c,p)$，随后基准评估器的参数 σ 使用随机梯度下降法基于 $b(c,p)$ 与奖励值 $Q(c,p)$ 的均方误差进行更新。

$$L(\sigma) = \frac{1}{m} \sum_{i=1}^m \left(Q(c,p_i) - b(c,p_i) \right)^2 \qquad (11.20)$$

最后，采用随机梯度下降法更新网络模型的参数 θ。

$$\theta_{k+1} = \theta_k + \alpha \, \nabla_\theta J_{\mathrm{L}}(\lambda, \theta) \qquad (11.21)$$

其中 α 是演员网络的学习率。在表 11.2 和表 11.3 中分别描述了模型训练过程和推理过程的伪代码。

表 11.2　训练过程伪代码

算法 1：训练过程伪代码
输入：容器集群 c，训练轮次 $epoch$，智能体学习率 l_a，基线学习率 l_c
输出：演员参数 θ，评论家参数 σ
1.　初始化环境 S_t，智能体参数 θ，基线参数 σ
2.　for all $ep \in (1,2,\cdots,epoch)$ do
3.　　$p_i \leftarrow \mathrm{agent}(c)$ where $i \in (1,2,\cdots,m)$
4.　　$L(p_i) \leftarrow \mathrm{environment}(p_i)$ where $i \in (1,2,\cdots,m)$
5.　　$\nabla_\theta J_{\mathrm{L}}(\theta) \approx \dfrac{1}{m} \sum_{i=1}^m \left(Q(c,p_i) - b(c,p_i) \right) \cdot \nabla_\theta \log \pi_\theta(p_i \mid c)$
6.　　$L(\sigma) = \dfrac{1}{m} \sum_{i=1}^m \left(Q(c,p_i) - b(c,p_i) \right)^2$
7.　　$\theta \leftarrow \mathrm{Adam}(\theta, \nabla_\theta J_{\mathrm{L}}(\theta))$
8.　　$\sigma \leftarrow \mathrm{Adam}(\sigma, L(\sigma))$
9.　　$\theta_{k+1} = \theta_k + l_a \cdot \nabla_\theta J_{\mathrm{L}}(\theta)$
10.　　$\sigma_{k+1} = \sigma_k + l_c \cdot L(\sigma)$
11. end for

表 11.3　推理过程伪代码

算法 2:推理过程伪代码
输入：容器集群 c
输出:最优策略 π^*
1.　加载训练好的演员模型
2.　$D,A,H_0 \leftarrow GcnPreOp$// GCN 预处理, D 为度矩阵, A 为邻接矩阵, H_0 是 GCN 输入特征
3.　$\alpha \leftarrow Actor.GCN$// 获取容器集群特征
4.　$u \leftarrow Actor.Encoder(c)$//对齐向量
5.　$v \leftarrow u \cdot \alpha$ //上下文向量
6.　$\pi \leftarrow Actor.Decoder(v,\alpha)$// 调度策略
7.　$\pi^* \leftarrow Sampling(\pi)$//通过采样技术获取最优策略

11.4　实验分析与性能评估

11.4.1　实验场景建立与主要参数设定

本章基于 TensorFlow 实现了本章提出的 RL-GCN 方法,并将其与多种代表算法进行了性能比较。实验环境基于英特尔 I9 处理器、NVIDIA GeForce-RTX 3090 GPU、64 GB 内存和 2 TB 硬盘的服务器。本章根据现有研究中通用的参数定义来设置边缘计算网络环境,并使用生成的数据来评估 RL-GCN 的性能。

对于底层物理网络数据,每个物理节点包含 3 种 IT 资源:计算资源、内存资源和存储资源。考虑到物理节点可能存在的性能差异,物理节点上各种资源的值是不同的。物理节点上各类资源的数量范围设置为:计算资源[40,60]、存储资源[400,600]和存储资源[800,1 200]。资源数量具体数值在上述范围内随机生成。此外,节点之间的物理链路由随机规则生成。同样地,考虑到物理链路上的容量差异,本章将链路上的带宽资源设置为[240,400]。对于服务请求,不同类型的容器具有不同的资源需求。容器对计算资源、内存资源和存储资源的需求范围分别设置为[4,9]、[20,50]和[80,190]。此外,表 11.4 中列出了模型的超参数设置。

表 11.4　超参数设置

超参数	值
Batch size	128
LSTM hidden size	128
LSTM layers	1
GCN hidden size	(300,200,50)
Embedding size	15
Epoch	5 000
Learning rate(agent)	0.000 1
Learning rate(baseline)	0.01
Gradient clipped by norm	1
Temperature	15
Samples with temperature	16

11.4.2　对比基准算法和评估方法

（1）对比算法。

本章将 RL-GCN 与以下三种代表性算法进行了比较。

①NCO：该方法采用基于强化学习的方法来解决组合优化问题。本章在该方法的基础上进行了改进，使其能够用于解决容器部署问题。容器集群经过嵌入之后输入给序列到序列网络的编码器进行编码，由解码器给出对应的部署策略。

②FFSA：该算法定期收集边缘计算区域中服务节点的可用资源信息，并将给定的容器集群中的每个容器部署在可以同时满足多种类型资源需求的服务节点上。

③UFSA：该算法定期收集边缘计算区域中服务节点的可用资源信息。在满足容器对各类资源需求前提下，优先选择资源利用率最低的服务节点部署容器。与FFSA 算法不同，该算法旨在提供更好的用户体验。

（2）评估方法。

本章首先评估 RL-GCN 的收敛性，然后继续比较 RL-GCN 与上述三种算法在部署错误率、求解时长和部署累积收益等方面的性能。为了客观地评估算法的性能，本章设置了 3 种典型的服务请求场景和不同的边缘计算网络规模。为了更清晰地介绍实验场景,本章将边缘计算区域在时间 T 内接收到的服务请求数量称为服务请求规模。此外,本章将容器集群中包含的容器数量称为容器集群规模。本章模拟的服务请求场景包括小规模(Scenario Ⅰ)、中等规模(Scenario Ⅱ)和大规模(Scenario Ⅲ)。在这 3 种实验场景下,服务请求规模分别在[1,2]、[2,4]和[4,6]的范围内随机生成,容器集群规模分别在[1,5]、[8,15]和[12,15]的范围内随机生成。此外,这 3 种实验场景下的边缘节点的数量分别设置为 10、20 和 50。值得注意的是,由于任务本身的差异,容器集群中不同容器之间存在数据通信的可能。因此,在实验中,容器之间的连接关系是随机生成的,并且通信连接的数量被限制为 $[n-1, n(n-1)/2-1]$,其中 n 是容器集群中容器的数量。

11.4.3　实验结果与分析

图 11.4 展示了 3 种实验场景下 RL-GCN 的收敛性实验结构。需要注意的是,由于使用梯度下降法更新权重,因此拉格朗日乘子取的是正数。因此拉格朗日目标函数的值(即 Lagrangian)、惩罚值(即 Penalty)以及每次迭代时拉格朗日目标函数与基准评估器的差值(即 Advantage)通常都是负值。因此,在图中,我们对上述实验数据进行了取反操作以便阅读。

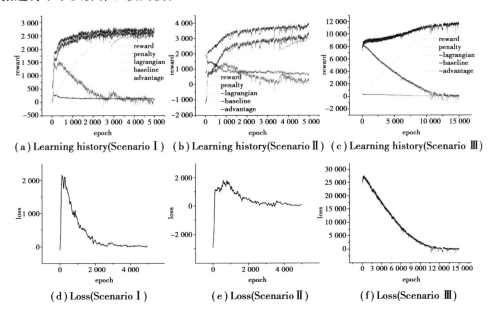

(a) Learning history(Scenario Ⅰ)　(b) Learning history(Scenario Ⅱ)　(c) Learning history(Scenario Ⅲ)

(d) Loss(Scenario Ⅰ)　　(e) Loss(Scenario Ⅱ)　　(f) Loss(Scenario Ⅲ)

图 11.4　在三种实验场景下的学习历史

在训练开始时,RL-GCN 会生成一些惩罚值较高的策略,随着学习的进行,权重不断地被修正,生成策略也不断地被改进。在训练结束时,惩罚值被大大减少。在如图 11.4(d)所示的 Scenario Ⅰ 下,loss 趋近于 0 意味着此时模型已经收敛。训练过程中惩罚值则趋近于零,而拉格朗日值趋近于收益值,这意味着由于资源充足边缘计算系统能够满足绝大部分的容器集群的部署请求。相比之下,如图 11.4(e)所示的 Scenario Ⅱ 中,模型直到训练结束且 loss 趋近于 0 时依然存在着一定的惩罚值,其原因是当容器集群中包含的容器数量增加时,除了对 IT 资源的需求增加,同时也伴随着对链路带宽的需求增加。边缘计算系统中物理链路带宽的限制导致系统不能够满足容器集群的部署请求。在图 11.4(c)所示的 Scenario Ⅲ 中,本章将底层物理节点扩大至 50 个节点,底层物理网络规模的增大使得解空间急剧增长,极大地增加了求解难度,在这一底层网络环境下,本章测试了 RL-GCN 在 Scenario Ⅲ 下的求解表现。因为规模的增大,为了获得更好的求解质量,本章不得不将模型的训练轮次扩大至 15 000 次,可以看到,相对于 reward 值 penalty 值很低,这表明底层网络拥有十分充沛的资源去支持容器集群的部署,但当惩罚值趋近于零时,reward 值还保持较大的增长,这说明模型经过训练之后,学习到了更优的部署策略,在不违反约束条件的前提下,将容器部署至能够带来更高收益的物理节点上。

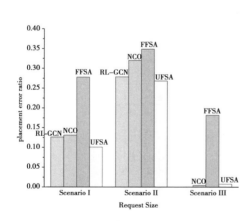

图 11.5　部署错误率对比

此外,本章还进行了部署错误率的比较。本章在 3 种实验环境下测试了 128 次实验以平衡偶然性,本章将所有容器集群中的容器部署到服务节点中记为一次正确地部署,当算法给出的部署策略因为违反约束而导致容器集群没有被正确地部署则记为一次部署错误。将 128 次实验中所有部署错误的容器集群数量与 128 次实验中容器集群总数的比值称为部署错误率。实验结果如图 11.5 所示。

从图 11.5 中可以发现随着服务规模与容器集群规模的提升,系统资源不足的问题在部署错误率中暴露了出来。当底层网络规模较小时(即 Scenario Ⅱ 和 Scenario Ⅲ 实验环境下),由于约束较少,基于启发式的 UFSA 算法每次部署时选择剩余资源率最高的节点进行容器部署,能够尽量地满足服务请求,在 4 种算法中拥有最低的部署错误率。FFSA 算法每次选取第一个能够满足容器资源需求的节点进行容器部署,尽可能将所有容器部署在同一节点上以节省能耗开支,这样带来的后果是 FFSA 拥有 4 种算法中最高的部署错误率。RL-GCN 对比 NCO 算法因为多了对容器集群拓扑特征的学习过程,能够更好地将容器部署至合适的节点,故 RL-GCN 的部署错误率在各类实验环境中都要低于 NCO 算法。而在底层网络规模较大时,基于 NCO 理论的算法在复杂约束下庞大解空间的优势开始显示,RL-GCN 算法和 NCO 算法部署错误率都要优于基于启发式的两种算法。

　　算法的执行效率与 VIM 是否能够及时输出部署策略以高效服务用户服务请求有关,并且直接影响任务请求的相应延迟。本章在 3 种情况下分别进行了 128 次实验。实验计算了从服务请求到达边缘网络到每个算法输出相应的部署策略的求解时长。实验结果如图 11.6 所示。

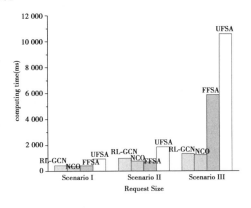

图 11.6　输出最优部署策略所需时间比较

　　在实验场景 Scenario Ⅰ 和 Scenario Ⅱ 中,由于 UFSA 需要遍历所有边缘服务节点来找到剩余 IT 资源最多的服务店,因此 UFSA 的求解时长明显长于其他 3 种算法。此外,由于需要对容器集群中多个容器之间的关联关系进行特征提取,因此 RL-GCN 的求解时长比 NCO 稍长。此外,当服务请求的规模和容器集群的规模增加时(在 Scenario Ⅲ 中),RL-GCN 并没有像基于启发式的 FFSA 和 UFSA 的两种算法那样随着规模的增大导致时长呈现倍率增长。这体现了 RL-GCN 在模型训练完成后直接输出效率更高的优化解的特点,这意味着 RL-GCN 的优化解的求解时长不会因为问题规模的增大而大范围地增长。

　　本章建立的优化模型的主要目的是提高系统的累积收益。因此本章在 Scenario Ⅰ 、Scenario Ⅱ 和 Scenario Ⅲ 这 3 种实验场景下随机生成了 128 组任务请求用于比较 4 种算法的累积收益。目的是模拟服务提供商选择不同算法时在一段时间内获得的系统收益。实验结果如图 11.7(a)—(c)所示。

　　当面对相同规模的服务请求是,在 4 种算法中,RL-GCN 总能获得最高累积收益,其次是 NCO 算法,最后是 FFSA 和 UFSA 算法。特别是 RL-GCN 通过集成 GCN

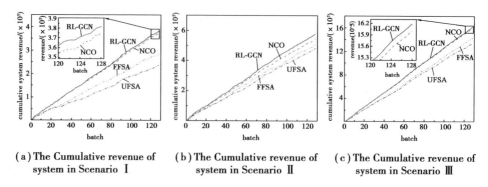

(a) The Cumulative revenue of system in Scenario Ⅰ

(b) The Cumulative revenue of system in Scenario Ⅱ

(c) The Cumulative revenue of system in Scenario Ⅲ

图 11.7　累积收益对比

实现了容器关联关系的提取,因此与 NCO 算法相比,RL-GCN 可以通过对拓扑关系的感知来实现更合理的容器集群部署,从而节省能耗开支,增加服务的接收率,进而提高服务提供商的累计收益。而基于启发式的 FFSA 和 UFSA 算法,FFSA 算法的思想是尽可能将容器部署至同一节点以降低能耗开支,从而提高服务提供商的累计收益。而 UFSA 算法则是从用户体验出发,在部署过程中将容器尽量部署至剩余资源率最高的节点中。因此 UFSA 算法的累计收益率要低于其他 3 种算法。RL-GCN 算法提前掌握了容器集群的拓扑结构,能够将需要通信的容器尽可能部署在同一物理节点上,降低能耗开支的同时减少对物理链路带宽资源的占用,从而实现在相同物理资源和满足服务水平协议的情况下部署更多的容器集群,进而提高提供商的整体收益。

在 3 种实验场景下与系统能耗和收益相关的配置信息见表 11.5。

表 11.5　与系统能耗和收益相关的参数配置

参数	值	参数	值
C	6.4	G_s	1.5
G_c	3.0	W_{max}	30.0
G_m	2.3	W_{min}	100.0

边缘服务(Scenario Ⅰ 和 Scenario Ⅰ)服务节点的参数配置信息见表 11.6。

表 11.6　服务节点参数配置

节点编号	计算资源	内存资源	存储资源
A	40	600	1 100
B	50	500	800

续表

节点编号	计算资源	内存资源	存储资源
C	50	400	1 100
D	40	600	1 100
E	60	400	800
F	50	500	1 200
G	60	400	1 100
H	50	500	1 100
I	60	600	1 200
J	50	600	100

边缘服务区域网络链路及其带宽的参数配置（Scenario Ⅰ 和 Scenario Ⅱ）见表 11.7。

表 11.7　边缘服务区域网络链路带宽参数配置

链路	带宽	链路	带宽	链路	带宽	链路	带宽
(A, I)	240	(B, C)	240	(B, F)	240	(B, G)	270
(C, E)	240	(C, G)	270	(D, H)	300	(E, G)	300
(E, H)	240	(G, H)	270	(G, J)	240	(H, I)	300

本章小结

本章针对边缘计算环境下的容器部署问题,建立了最大化服务提供商累积系统收益的优化模型,再在利用图卷积网络提取容器集群中多个容器的相关特征的基础上,提出了基于强化学习的部署框架 RL-GCN,并在不同规模的物理边缘网络和用户请求下进行了大量实验,实验结果表明,采用 RL-GCN 可以获得更低的系统部署错误率、更高的求解效率和更高的累积系统收益。更重要的是,RL-GCN 几乎不受问题规模的影响。

参考文献

［1］ CHEN Z X, ZHOU Z K. Dynamic task caching and computation offloading for mobile edge computing［C］//GLOBECOM 2020-2020 IEEE Global Communications Conference. Taipei, China. IEEE, 2020: 1-6.

［2］ ZHANG Y T, DI B Y, ZHENG Z J, et al. Joint data offloading and resource allocation for multi-cloud heterogeneous mobile edge computing using multi-agent reinforcement learning［C］//2019 IEEE Global Communications Conference（GLOBECOM）. Waikoloa, HI, USA. IEEE, 2019: 1-6.

［3］ YAN Z X, GE J G, WU Y L, et al. Automatic virtual network embedding: A deep reinforcement learning approach with graph convolutional networks［J］. IEEE Journal on Selected Areas in Communications, 2020, 38(6): 1040-1057.

［4］ SOLOZABAL R, CEBERIO J, SANCHOYERTO A, et al. Virtual network function placement optimization with deep reinforcement learning［J］. IEEE Journal on Selected Areas in Communications, 38(2): 292-303.

［5］ DOLATI M, HASSANPOUR S B, GHADERI M, et al. DeepViNE: Virtual network embedding with deep reinforcement learning［C］//IEEE INFOCOM 2019-IEEE Conference on Computer Communications Workshops（INFOCOM WKSHPS）. Paris, France. IEEE, 2019: 879-885.

［6］ WANG Y, HUANG C K, SHEN S H, et al. Adaptive placement and routing for service function chains with service deadlines［J］. IEEE Transactions on Network and Service Management, 2021, 18(3): 3021-3036.

［7］ GUO D K, REN B B, TANG G M, et al. Optimal embedding of aggregated service function tree ［J］. IEEE Transactions on Parallel and Distributed Systems, 2022, 33(10): 2584-2596.

［8］ KIPF T N, WELLING M. Semi-supervised classification with graph convolutional networks［EB/OL］. 2016: 1609.02907. https://arxiv.org/abs/1609.02907v4.

［9］ VARASTEH A, MADIWALAR B, VAN BEMTEN A, et al. Holu: Power-aware and delay-constrained VNF placement and chaining［J］. IEEE Transactions on Network and Service Management, 2021, 18(2): 1524-1539.

［10］ SHARMA G P, TAVERNIER W, COLLE D, et al. VNF-AAPC: Accelerator-aware VNF placement and chaining［J］. Computer Networks, 2020, 177: 107329.

［11］ ASSI C, AYOUBI S, EL KHOURY N, et al. Energy-aware mapping and scheduling of network flows with deadlines on VNFs[J]. IEEE Transactions on Green Communications and Networking, 2019, 3(1): 192-204.

[12] CHOWDHURY M, RAHMAN M R, BOUTABA R. ViNEYard: Virtual network embedding algorithms with coordinated node and link mapping[J]. IEEE/ACM Transactions on Networking, 2012, 20(1): 206-219.

[13] LI Y, ZHENG F, CHEN M, et al. A unified control and optimization framework for dynamical service chaining in software-defined NFV system[J]. IEEE Wireless Communications, 2015, 22 (6): 15-23.

[14] KARIMZADEH-FARSHBAFAN M, SHAH-MANSOURI V, NIYATO D. A dynamic reliability-aware service placement for network function virtualization (NFV)[J]. IEEE Journal on Selected Areas in Communications, 2020, 38(2): 318-333.

[15] HAWILO H, JAMMAL M, SHAMI A. Network function virtualization-aware orchestrator for service function chaining placement in the cloud [J]. IEEE Journal on Selected Areas in Communications, 2019, 37(3): 643-655.

[16] KASI S K, KASI M K, ALI K, et al. Heuristic edge server placement in industrial Internet of Things and cellular networks[J]. IEEE Internet of Things Journal, 2021, 8(13): 10308-10317.

[17] BUNYAKITANON M, VASILAKOS X, NEJABATI R, et al. End-to-end performance-based autonomous VNF placement with adopted reinforcement learning [J]. IEEE Transactions on Cognitive Communications and Networking, 2020, 6(2): 534-547.

[18] GU L, ZENG D Z, HU J, et al. Layer aware microservice placement and request scheduling at the edge[C]//IEEE INFOCOM 2021-IEEE Conference on Computer Communications. Vancouver, BC, Canada. IEEE, 2021: 1-9.

[19] HUANG Z N, SAMAAN N, KARMOUCH A. A novel resource reliability-aware infrastructure manager for containerized network functions[C]//ICC 2021-IEEE International Conference on Communications. Montreal, QC, Canada. IEEE, 2021: 1-6.

[20] USTOK R F, ACAR U, KESKIN S, et al. Service development kit for media-type virtualized network services in 5G networks[J]. IEEE Communications Magazine, 2020, 58(7): 51-57.

[21] TOOTOONCHIAN A, PANDA A, LAN C, et al. Resq: Enabling slos in network function virtualization[C]. 15th {USENIX} Symposium on Networked Systems Design and Implementation ({NSDI} 18). 2018, 283-297.

[22] YU H, ZHENG Z L, SHEN J X, et al. Octans: Optimal placement of service function chains in many-core systems[J]. IEEE Transactions on Parallel and Distributed Systems, 2021, 32(9):

2202-2215.

[23]CORMEN T H, LEISERSON C E, RIVEST R L, et al. Introduction to algorithms[M]. MIT press, 2022.

[24] LILLICRAP T P, HUNT J J, PRITZEL A, et al. Continuous control with deep reinforcement learning[EB/OL]. 2015: 1509. 02971. https://arxiv. org/abs/1509. 02971v6.

[25] ZHANG P Y, WANG C, KUMAR N, et al. Dynamic virtual network embedding algorithm based on graph convolution neural network and reinforcement learning[J]. IEEE Internet of Things Journal, 2022, 9(12): 9389-9398.

[26] KARPATHY A, LI F F. Deep visual-semantic alignments for generating image descriptions[C]// 2015 IEEE Conference on Computer Vision and Pattern Recognition (CVPR). Boston, MA, USA. IEEE, 2015: 3128-3137.